양자학파 편저

양자학파는 자연 과학(수학, 과학 및 철학)분야에 중점을 둔 교육 플랫폼이다. 공식 계정 인 〈양자학파〉는 100,000개 이상의 자연 과학 관련 글을 게시하며 중국 국내에서 가장 인 기 있는 10대 과학 교육 플랫폼 중 하나로 꼽힌다.

지금까지 《수학의 아름다움》,《논리의 아름다움》,《이성의 아름다움》,《과학의 아름다움》 등 독자들에게 호평을 받은 프로그램을 선보이며 다양한 활동을 계획하고 있다. 양자학파 의 설립자인 나금해는 소설 《삼체》 (휴고상수상작)의 서문을 썼다.

이 책은 인류에게 가장 보편적이고, 가장 진지하며, 가장 실용적인 23개 공식을 통해 천재 들이 자연과 사회의 찬란한 역사를 어떻게 탐구했는지를 보여 준다.

김지혜 옮김

고등학교 수학교사로 한국교원대학교에서 수학교육학 석사 학위를 받았다. 어떻게 하면 학생들이 수학을 통해 새로운 관점을 가질 수 있을지를 고민하며 삶과 수학의 연결고리에 서 그 실마리를 찾으려고 한다. 지은 책으로 《아무것도 모르면서》, 옮긴 책으로는 《이토 록 재미있는 수학이라니》,《수학, 풀지 말고 실험해 봐》,《생각을 깨우는 수학》 등이 있고, 《개미가 알려주는 가장 쉬운 미분 수업》의 감수를 맡았다. 현재 중국 북경한국국제학교의 예쁜 학생들과 소중한 시간을 보내고 있다.

《公式之美》
作者：量子学派
Chinese Edition Copyright ⓒ2020 by PEKING UNIVERSITY PRESS
All Rights Reserved.
Korean Translation Copyright ⓒ2021 by DAVINCIHOUSE Co.,LTD.
Korean edition is published by arrangement with PEKING UNIVERSITY PRESS through EntersKoreaCo.,Ltd.

공식의
아름다움

감수 강미경

서강대학교 수학과를 졸업(부전공 : 수학교육, 전자계산학)하고 서강대학교 대학원에서
위 상수학 전공으로 이학석사와 이학박사학위를 취득하였다. 현재 배재대학교 AI. 전기공
학과에서 부교수로 재직 중이며 강의 외에도 수학사에 관심을 가지고 공부하고 있다.
감수 책으로는 《이토록 재미있는 수학이라니》 등이 있다.

공식의 아름다움

펴낸날 2021년 11월 10일 1판 1쇄

지은이_양자학파
옮긴이_김지혜
감수_강미경
펴낸이_김영선
책임교정_정아영
교정교열_이교숙, 남은영
경영지원_최은정
디자인_바이텍스트
마케팅_신용천

펴낸곳 (주)다빈치하우스-미디어숲
주소 경기도 고양시 일산서구 고양대로632번길 60, 207호
전화 (02) 323-7234
팩스 (02) 323-0253
홈페이지 www.mfbook.co.kr
이메일 dhhard@naver.com (원고투고)
출판등록번호 제 2-2767호

값 24,800원
ISBN 979-11-5874-129-7 (03410)

원자폭탄에서 비트코인까지
세상을 바꾼 절대 공식

수학·물리
이론·응용

공식의
아름다움

양자학파 편저 | 김지혜 옮김 | 강미경 감수

인류 문명의 모든 출발점인 공식,
그 아름다움을 인문학으로 산책하다

미디어숲

인류는 수학 공식을 발명하며 광대한 우주와 인생의 온갖 자태를 묘사하였다. 늘 변화무쌍한 이 세계에서 오히려 공식의 간결미는 그 자체로 훨씬 돋보인다. 아인슈타인의 질량 에너지 방정식과 양전닝의 게이지이론은 우주 궁극의 게임 규칙을 모색하고, 페르마 대정리와 오일러 공식은 우주 변화 이면의 수학 세계를 제시했다. 켈리 공식과 베이즈 정리는 인간의 행동을 점진적으로 예측하고, 나비 효과의 로렌츠 방정식과 삼체문제는 수학의 한계를 알려 준다.

《공식의 아름다움》은 인류에게 가장 보편적이고, 가장 진지하며, 가장 실용적인 공식 23개를 이야기하며 천재들이 자연과 사회와 우주의 찬란한 역사를 어떻게 탐구해었는지 보여 주는 비장한 결과물이다.

공식은 문명으로 가는 계단이다

1854년 이전, 유럽 수학자들은 별처럼 찬란했다. 데카르트, 라그랑주, 뉴턴, 베이즈, 라플라스, 코시, 푸리에, 갈루아, 푸앵카레 등 누구 하나 빠짐없이 수학 천재로 불렸다. 이후 1935년까지 독일의 수학자 가우스, 리만 등이 수학계의 군론群論(군의 이론과 응용에 관하여 연구하는 학문)을 이끌자 독일은 단숨에 영국과 프랑스를 제치고 수학의 중심지로 떠올랐다. 그리고 1935년 이후, 히틀러는 미국에 '과학 선물 보따리'를 안겨 주었다. 괴델, 아인슈타인, 드베이어, 폰 노이만, 페르미, 폰 카르만, 헤르만 바일 등 많은 과학자가 미국으로 이주하면서 세계의 수학 중심지는 독일에서 미국으로 바뀌었다.

매번 수학의 중심이 바뀔 때마다 문명의 중심도 동시에 요동쳤다. 이를 통해 우리는 문명은 수학을 낳고 수학은 문명을 움직이는 것을 알 수 있었다. 수학과 문명은 서로 상생 관계임이 확인된 것이다. 돌이켜 보면, 인류는 1+1=2의 원리를 깨닫고 소박한 수학적 사고를 하게 되면서 문명의 사다리를 쌓기 시작했다. 그리고 이것은 곧 문명의 초석이 된다. 고대인들이 수리적 사고로 자연법칙을 이해하기 시작했을 무렵, 문명의 진화는 시작되었다. 석기시대에서 농경시대로, 또 공업시대에서 정보시대로 들어서면서 수학은 없어서는 안 될 '1등 공신'이었고, 공식은 무사의 손에 쥐어진 가장 날카로운 검이 되었다.

인간은 우주의 미세한 먼지에 불과한 존재지만 거대한 우주의 참뜻을 꿰뚫어 볼 수 있는 혜안을 지녔다. 인간이 문명을 만들어내고 인간 그 자체는 이제 문명의 하나의 개체가 된 시점에서 공식은 인간이 만들어낼 수 있는 인류 최고의 지혜를 응집한 결과다. 인간은 잠시 우주에 머무르다 떠나고 육체는 먼지가 되어 바람에 날아가 흔적조차 없이 사라질 것이다. 하지만 공식은 그 어떤 흔들림 없이 우주에 영원히 남게 된다.

공식은 지혜로움으로 가득하고 심지어 아름답기까지 하다. 오일러 공식에 나타나는 상수, 카오스 정리에서 춤추는 나비, 피보나치 수열의 황금나선…. 이 외에도 공식의 아름다움은 겉으로 보이는 화려함도 눈부심도 아닌 내재된 항상성이다.

낙엽 한 조각이 떨어지는 것은 우주의 아름다운 함수 방정식이다.
공식보다 더 감동적으로 우주를 묘사할 수 있는 방법은 없다.

이 책의 서문을 쓰면서 내 마음은 꽤나 서정적이 되었고 감동을 받았다. 수학 애호가로서 이런 책을 내는 게 쉽지 않다는 것을 잘 안다. 각각의 공식은 하나의 전문 분야이자, 하나의 세계이다. 책에서 언급하는 공식은 대수·군론·정수론·미분방정식·해석기하학을 포괄할 뿐만 아니라 비유클리드 기하 등 여러 수학 분야에 걸쳐 있고 역학, 열역학, 전자기학, 상대성이론, 양자역학, 천체물리 등 수학 영역을 초월한다. 또한 컴퓨터, AI, 블록체인 등 첨단 분야도 망라하고 있다. 실로 방대한 양의 세계이다.

《공식의 아름다움》은 꽤나 복잡한 전문 지식을 포괄하고 있어 일반 대중을 위해 쉽게 설명하고자 노력하였지만 결코 쉽지 않은 과정이었다. 점점 더 각박해지는 요즘, 공식은 점차 희미해져 가는 시대적 이성을 되살리는 가장 중요한 지식 중의 하나가 되었다. 공식으로 인간의 지혜를 타고 올라가는 사다리를 만들었다고 믿는 사람이 있는 한, 문명을 대표하는 사다리는 무한히 뻗어나갈 수 있다.

베이징대학교 수학과학대학 교수, 베이징 수학회 이사장

차례

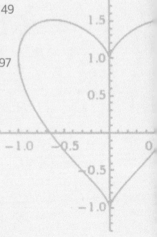

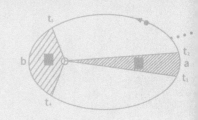

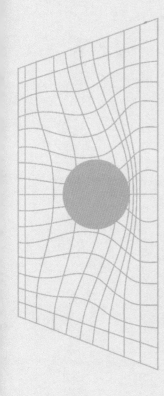

응용편

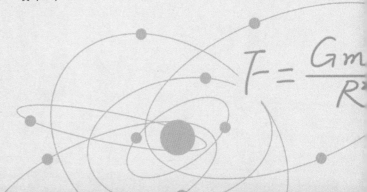

이론편

1

1+1 = 2 : 수학의 기원

$$1 + 1 = 2$$

수학은 시공간을 초월하여
우주 어디에서든 변하지 않는다

먼 옛날부터 이야기를 시작하다 ────────●

어느 날, 고대 이집트인 두 명이 나일강에서 물고기를 3마리 잡았다면 그날은 가장 행복하고 운이 좋은 날이었을 것이다. 물자가 턱없이 부족했던 원시 부족에게 3은 그들이 생각할 수 있는 가장 큰 숫자이기 때문이다. 만약 어떤 숫자가 3보다 크면 그들의 머리는 복잡해져서 '여러 개' 또는 '셀 수 없이 많다'고 답할 수밖에 없다. 그러다 이내 두 명의 머릿속에 깊은 고뇌가 시작었는데 그것은 향긋한 생선 굽는 냄새가 나면서부터다. 그들은 남몰래 손가락을 만지작거리기 시작한다.

'한 사람당 물고기 한 마리씩 먹으면 되겠군. 그런데 남은 물고기는 어떻게 할까? 추장에게 갖다 줄까? 아니면 부락을 보살피는 파라오 제사에 바칠까? 그것도 아니면 그냥 나일강에 놓아줄까?'

결국 세 번째 물고기의 운명이 어떻게 되었을지는 모르지만 음식을 분배하는 과정에서 선조들은 '양'이라는 개념을 알게 되고 '1+1=2'를 의식하게 되었다. 이는 네 살짜리 아이도 할 수 있는 단순한 계산이지민 인류 문명사의 위대한 공식이 탄생한 순간이다. 선조들은 두 수를 합쳐 또 하나의 확실한 수가 생긴다는 것을 인식했고 이는 이미 다른 종족을 초월하는 수학적 사고를 갖는 계기가 되었다. 이렇게 해서 위대한 공식이 생겨났으니 이것이 바로 덧셈이다. 수학에서 중요한 성질 중 하나는 바로 더할 수 있다는 것이다.

1+1=2, 이 식은 덧셈과 자연수 1을 그대로 다룬다. 보기에 단순해

보이지만 수학에서 가장 원초적인 씨앗으로 이 씨앗에서 시작해 수학이라는 나무는 비로소 뿌리를 내리고 무럭무럭 자라 오늘날 인류 문명의 초석이 되었다.

덧셈과 자연수[1]의 탄생

덧셈과 뺄셈 연산은 인류가 최초로 습득한 두 가지 수학연산으로 기록되어 있다. 고대 이집트의 아메스 파피루스에는 오른쪽으로 가는 두 표시 ＼＼을 플러스, 왼쪽으로 가는 두 표시 ＜＜ 을 마이너스로 표시했다. 현재 통용되는 '+' '-' 는 유럽 중세시대 당시 상인들이 술을 팔면서 술통에 있는 술을 가로줄로 표시했다가 통에 술이 늘자 세로줄로 원래 그렸던 가로줄을 잘라내면서 '-'와 '+'라는 기호가 되었다. 1630년 이후 '+'는 연산기호로 정식 인증을 받게 된다.

자연수는 '+' '-' 보다 먼저 탄생했다. 약 1만 년 전 빙하기가 끝난 석기시대에 말을 타던 유목수렵꾼들은 말에서 내려 농사를 짓기 시작했고 음유시인들은 자유로운 유목 생활을 정리하고 정착을 시작했다. 그들은 비옥한 땅을 찾아 밭을 일구고 씨를 뿌려 생계를 유지했고 후손을 번성하게 되었다. 이런 삶의 양식은 획기적인 수학적 변화를 만들어냈다. 유목 생활의 단순하고 난폭한 약탈 방식과 달리 더 많은 수학 지식을 습득하고 계절과 날짜를 기록하며 작황과 씨앗을 계산해야 했기 때문이다. 이로 인해 남자들은 더 골치 아픈 일을 떠

17

안게 되었다.

나일강 계곡과 티그리스, 유프라테스 강 유역에서는 더 복잡한 농업사회가 발전했고, 새로운 시대에 들어선 농민들은 조세를 납부하는 문제에 봉착했다. 과거 석기시대 부족 문화에서 '1, 2, 3'으로는 이미 충분하지 않았고 더 많은 '수'에 대한 명칭이 절실했으며 계산이 훨씬 더 정확해야 했다. 그러나 당시는 자연수라는 것을 본 사람도 없고, 어떻게 배열되어 분포해야 하는지 아는 사람도 없었다.

자연수는 사물의 개수를 세거나 순서를 나타낼 때 쓰인다. 하지만 그것의 배열이 한 바퀴씩 빙빙 돌리는 방식인지, 나선이 뒤엉켜 감기는 방식인지, 기하급수적으로 커지는 방식인지 알 수 없었다. 어떤 것을 선택하느냐에 따라 그 결과가 크게 달라진다. 수학의 마지막 선택은 거스를 수 없는 직선의 순서체계로 [그림 1-1]에서 보는 것과 같은 표현방식을 갖게 되었다.

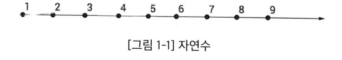

[그림 1-1] 자연수

우리는 1+1=2인 것을 이미 알고 있다. 하지만 1+1이 왜 2인지 생각해 본 사람은 없을 것이다. 이 문제를 생각하려 하면 인간은 끝없는 번뇌에 빠지게 된다. 수학의 본질에 관해 파고 들어가면 인간은 우주 대폭발에서 무엇이 '제1의 추진력'인지에 관한 질문을 받은 것처럼 쩔쩔맨다.

많은 사람이 '1+1=2'라는 등식은 증명할 필요도, 해석할 필요도 없다고 할 것이다. 하지만 진리를 좇는 사람들은 왜 '1+1=2'의 증명이 필요 없냐며 핏대를 세운다. 다행히 몇몇 수학자들이 부지런히 탐구해 이 문제의 해답을 찾아냈다. 그중 이탈리아 수학자 페아노^{Peano}는 수학 세계에 자연수를 안착시켰고, 다섯 가지 공리^{2}로 '1+1=2'라는 가장 단순한 등식을 유도할 수 있는 페아노 공리$^{\text{Peano's axiom}}$를 만들었다.

공리 1. 1은 자연수이다.

망망한 수학 우주에 [그림 1-2]와 같은 1이 있다.

1
●

[그림 1-2] 1

공리 2. 정해진 자연수 a마다 따름수[3] a′가 있다.

그렇다면 자연수가 시작되는 기점 1은 어떻게 폭발적으로 커졌을까? 뒤이어 나오는 수는 어떤 형태일까? 장난스럽게 1 주변으로 회전할 것인가, 아니면 1 뒤로 슬그머니 달려갈 것인가, 아니면 무정하게 1을 남겨둘 것인가? 공리 2는 무한한 수학 공간에서 나오는 각 수마다 [그림 1-3]과 같이 따름수를 함께 선택하도록 한다.

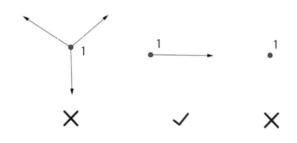

[그림 1-3] 따름수의 배열

공리 3. 1은 어떤 자연수의 따름수가 아니다.

공리 3은 따름수가 1보다 앞서가는 것을 막기 위해 1은 반드시 자연수의 첫 번째 수라고 못 박았다. 그러나 이에 대비해 따름수도 안주하지 않고 [그림 1-4]와 같이 2의 따름수 2′=3일 수 있고 3의 따름수 3′=3이 될 수 있다고 한다. 이럴 경우, 2의 따름수와 3의 따름수는 같은 값을 갖는 오류가 생긴다.

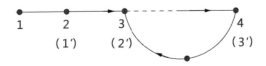

[그림 1-4] 따름수의 전후 연결 (1)

공리 4. 서로 다른 자연수는 서로 다른 따름수를 가진다.

위와 같은 상황을 피하기 위해 공리 4는 다음과 같이 정의한다. 만약 n과 m이 모두 자연수이고 n≠m이라면 n′≠m′이다. 그리고 반대로 b, c가 모두 자연수이고 b′=c′라면 b=c이다.

같은 자연수의 따름수는 같고, 다른 자연수의 따름수는 같지 않다는 것이다. 다시 말해, 3은 2의 따름수이면서 3의 따름수가 될 수 없다. 그런데 만약 [그림 1-5]과 같이 2.5와 같은 숫자가 나온다면 어떻게 해야 할까?

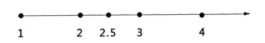

[그림 1-5] 따름수의 전후 연결 (2)

2.5와 같은 비자연수의 출현을 막기 위해 공리 5가 등장한다.

공리 5. 명제 P(n)이 자연수의 한 성질이라고 하자. P(1)이 참이고 P(n)도 참이라고 가정하면 명제 P(n′)은 참이 되어 모든 자연수에 대하여 참이 된다.

이것의 또 다른 표현을 보자. S를 자연수계 N의 부분집합 중 하나라고 하자. (1) 1은 S의 원소이고 (2) n이 S의 원소라면 n′도 S의 원소이므로 S는 모든 자연수를 포함하는 집합이다. 즉, S=N이다.

다소 억지처럼 들릴 수도 있지만 이것은 수학의 귀납 공리로 어떤 자연수의 성질을 정의하면 모든 자연수가 이 성질을 만족시키며, 만족하지 못하는 것은 자연수가 아님을 말한다. 이로써, 우리는 자연수계를 정의할 수 있다. 자연수계 N에서 원소가 공리 1~5를 모두 만족할 때 그 원소를 '자연수'라고 한다.

덧셈의 정의는 다음 두 가지 규칙을 만족시키는 연산이다.

(1) 임의의 자연수 m에 대하여, $1+m=m′$이다.
(2) 임의의 자연수 m과 n에 대하여 $n′+m=(n+m)′$이다.

이렇게 정의하면 $1+1=2$를 증명할 수 있다.

$$1+1=1′=2$$

또는

$$(1+1)′=1′+1=2+1=2′$$

1+1의 따름수는 1의 따름수의 따름수인 3이고, 2의 따름수도 3이기 때문에 페아노 공리 4에 따라 서로 다른 자연수의 따름수는 서로 다르다. 반대로 말하면, 두 자연수의 따름수가 같으면 이 두 자연수가 같기 때문에 1+1=2라고 할 수 있다.

이 같은 페아노의 다섯 가지 공리에 근거하여 1+1=2를 유도할 수 있다.

골드바흐의 추측, 또 다른 1+1

어떤 방법으로 1+1=2를 이끌어냈든지 간에, 수학자는 자신의 세계에서 만족할 만한 답을 찾게 되었고 수학의 진보로 향해 가는 징검다리 하나를 놓게 되었다. 하지만 이보다 더 귀찮은 일이 생겨버렸다. 세상의 또 다른 1+1을 해결하는 것이다. 이것이 역대 수학자들의 가슴앓이가 되었다. 이 골칫덩이를 만든 인물은 골드바흐^{Goldbach}로 골드바흐 추측은 세계 3대 난제 중 하나로 꼽힌다.

18세기 전후, 독일의 한 부잣집 아들 골드바흐는 어느 불면의 밤이 지난 후 가족의 만류에도 아랑곳하지 않고 중학교 교사가 되겠다고 선언한다. 그는 여러 과목 중 주로 수학에 흥미를 느꼈는데 그가 밤새도록 몰두한 것은 아라비아 숫자였다. 골드바흐가 일생 동안 가장 즐겨한 게임은 덧셈 연산이었고 그 과정에서 5보다 큰 어떤 홀수는 세 소수의 합이라는 법칙을 발견하게 된다. 하지만 그는 이 신비로운 수학 법칙을 발견하고도 이를 증명하지 못했고 당시 수학계의 권위자였던 오일러에게 도움을 청할 수밖에 없었다.

1742년 6월 7일. 골드바흐는 오일러에게 한 통의 편지를 보낸다. 편지에는 5보다 큰 홀수는 세 소수의 합임을 제시한 글을 실었다. 홀수 77을 예로 든다면, 이는 세 소수의 합, 즉, 77=53+17+7로 쓸 수 있다. 홀수 461도 461=449+7+5로 세 소수의 합이 되는데 461은 461=257+199+5로도 가능하다. 5보다 큰 홀수는 어떤 수든 세 가지 소수의 합이 된다는 것이다. 하지만 이를 증명하는 것은 어려운 일이었다.

수학자인 오일러도 이 문제의 난관에 봉착했다. 1742년 6월 30일. 오일러는 이 명제가 맞는 것 같지만, 자신도 엄격한 증명을 하지 못했다고 회신한다. 오일러는 자신의 체면을 살리기 위해 또 다른 등가 명제 '2보다 큰 임의의 짝수는 두 소수의 합이다'를 내걸었다.

'충분히 큰 짝수는 a를 넘지 않는 소수와 b를 넘지 않는 또 다른 소수의 합이다.'(당시 골드바흐는 1을 소수로 간주하였다)라는 명제를 $a+b$라고 썼는데 이는 골드바흐의 추측(골드바흐-오일러 추측이라고도 한다)이고 또 다른 1+1이라고 부른다. 지금까지 이 1+1은 여운을 남기고 있는데 [그림 1-6]에 나오는 수기 원고 증명은 여전히 수학계를 괴롭히는 중이다.

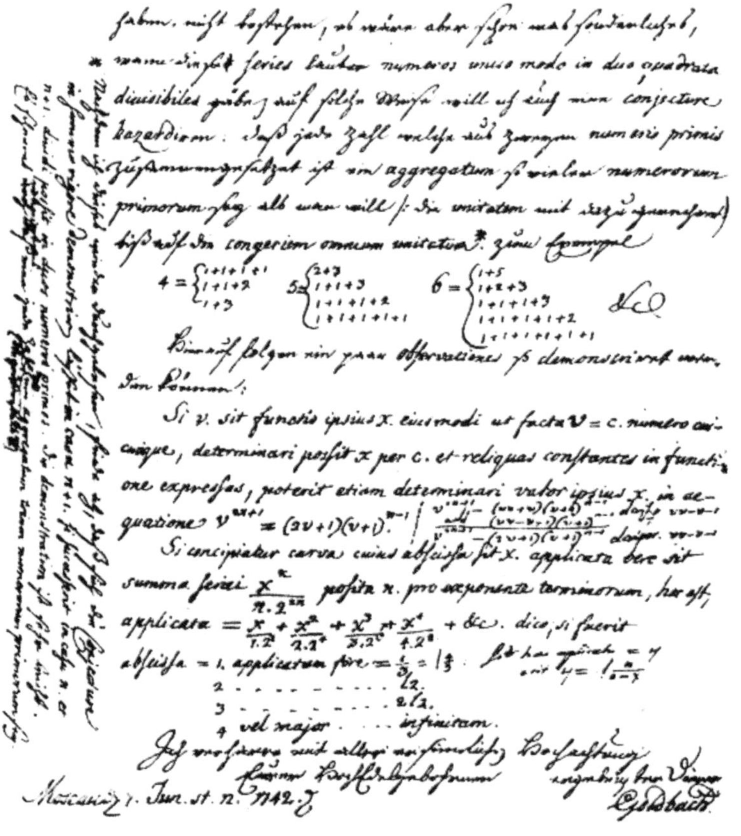

[그림 1-6] 골드바흐 추측의 수기 원고

이진법⁴ 세계의 1+1

독일 튀링겐의 유명한 고타 왕궁 도서관에는 '1과 0, 모든 숫자의 신비한 인연. 이는 모두 천상에서 온 것으로 조물주의 비밀이 담긴 아름다운 본보기'라는 제목의 진귀한 원고가 있다. 이는 독일의 천재 철학자이자 수학자인 라이프니츠^{Leibniz}가 신비롭고 미묘한 디지털 시스템인 이진법을 세련되게 묘사한 것이다. 그는 이진법을 통해 1+1≠2이고 1+1=10임을 알려 준다. 이는 어떤 이에겐 획기적인 계산법이었고 어떤 이에겐 쓸모없는 궤변으로 들렸다. 하지만 안타깝게도 세상에는 전자보다 후자에 속하는 사람들이 많았다.

라이프니츠는 1697년 [그림 1-7]처럼 이진법으로 은화를 디자인하고 이를 아우구스트 공작에게 새해 선물로 바쳤다. 라이프니츠가 이 은화를 설계한 목적은 공작으로 하여금 그가 창안한 이진법에 대한 관심을 끌기 위해서였다.

은화 앞면에는 무언가 깊이 생각하는 듯한 위풍당당한 공작의 모습이, 동전의 뒷면에는 수면 위에 어둠이 드리워지고 꼭대기에서 빛이 발하는 창세기의 이야기가 표현돼 있는데 중간 부분에는 자연수 1부터 17까지 수의 이진법 표현식이 새겨져 있다.

이진법은 현재 컴퓨터 기술에서 광범위하게 채택하고 있는 일종의 수 체계다. 이진법으로 나타난 데이터는 0과 1 두 개의 숫자로 표시된

[그림 1-7] 이진법 동전의 뒷면

다. 이진법의 자릿값 규칙은 '2가 되면 자릿값이 하나 올라간다'이다. 자릿값을 빌리는 규칙은 하나를 가져오면 둘을 빌리는 것이다. 현재의 컴퓨터 시스템은 기본적으로 이진 시스템을 사용하고 있으며, 데이터는 주로 컴퓨터에 1의 코드를 보충하는 형태로 저장된다.

20세기 3차 과학기술혁명이 시작된 이래 인간은 컴퓨터의 시대로 접어들었고, 우리는 가상 네트워크에서 게임과 소셜 네트워크, 엔터테인먼트를 즐겼다. 21세기에 접어들면서 AI 개발에 힘을 쏟기 시작했고, 이는 본질적으로 컴퓨터에 의해 이루어졌다. 완전한 디지털 시대에 살고 있는 우리는 앞으로 더 많은 이진 코드에 둘러싸일 것이다. 아마도 먼 훗날의 인류는 우리가 당연하다고 생각하는 계산법을 의심할지 모른다. 그리고 이런 질문을 던질 것이다. 과연 1+1=2일까?

1+1=2의 아름다움
: 인류 문명의 뿌리

현실에서 쉽게 알 수 있는 1+1=2, 인터넷 세상의 1+1=10 모두 그 나름의 객관성과 적절성으로 오랜 시간 그 '위대함'을 보여줬다. 1+1=2라는 씨앗은 수학의 종자를 낳고 이성 세계를 가동시켰다. 이는 간결하고 아름다우며 어디에나 있는 인류 문명의 중요한 뿌리이다.

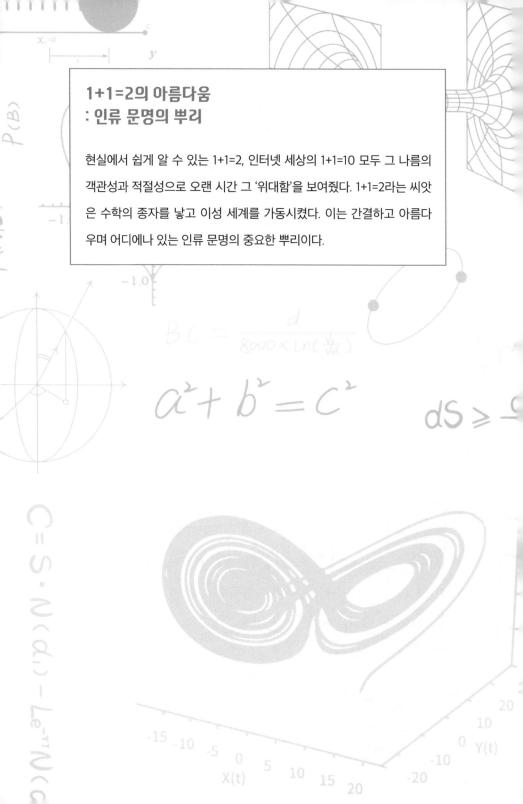

$$a^2 + b^2 = c^2$$

2

피타고라스 정리 :
수와 형의 결합

$$a^2 + b^2 = c^2$$

인류 최초의 수형 결합

피타고라스의 수[5]

주어진 직각 삼각형에서 [그림 2-1]과 같이 직각을 낀 두 변의 길이가 각각 3과 4라면 빗변의 길이는 얼마일까?

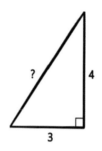

[그림 2-1] 직각 삼각형

당신은 바로 답이 5라고 말할 것이다. 지금은 누구나 피타고라스 정리를 배우고 그 기초가 되는 피타고라스의 수 중 3, 4, 5는 가장 기본이 되기 때문이다. 그런데 이 피타고라스보다 600년 먼저 답을 낸 사람이 있으니 기원전 11세기의 인물인 중국의 상고商高이다. 상고는 주나라의 귀족 왕자로 흔히 중국 사람들이 일상적으로 행하는 하늘을 관찰해 점을 치거나 귀뚜라미를 훈련해 투기를 하고 말을 산책시키는 등의 일을 싫어했다. 그는 하루 종일 방안에만 틀어박혀 수학 공부에만 몰두했고 이에 웃어른이었던 주공은 그가 우울증에 걸리지나 않을까 우려되었다. 어느 날 주공은 상고를 불러 물었다.

"도대체 무엇을 연구하고 있느냐?" 이에 상고는 "너비를 3, 높이를 4

라고 하면 5가 되는 것을 알았습니다."라는 이해할 수 없는 답변을 한다. 이 말은, 직각 삼각형의 두 직각 변의 길이를 각각 3과 4로 하면 빗변의 길이는 5가 된다는 것이다.

아쉽게도 상고는 직각 삼각형의 오묘함을 최초로 발견했음에도 더이상 연구를 진행하지 않아 이름을 남길 수 있는 기회를 놓치게 된다. 아마 그가 연구를 계속했더라면 우리는 피타고라스의 수가 아닌 상고의 수를 배웠을지도 모른다. 이 외에도 중국에서는 피타고라스에 버금가는 연구들이 줄줄이 나왔다.

삼국시대에 이르러서는 조상^{趙爽}이 '구고원방도^{勾股圓方圖}(직각 현을 가진 원그림으로 '현도^{弦圖}'라고도 부름)'를 구상하게 된다. 그는 현도에 상세한 주석을 달아 모든 직각 삼각형이 어떤 정리로 귀결된다는 걸 보였는데 이는 문자 없는 증명 방법으로 여겨진다. 이것이 바로 동양의 피타고라스 정리인 구고정리^{勾股定理}이다.

이후 중국에는 또 다른 수학의 대가 유휘^{劉徽}가 세상에 나오게 된다. 그는 위진 때 독학으로 공부한 수학자로 《구장산술^{九章算术}》의 가장 뛰어난 주석을 붙였다. 유휘는 이해하기 어려운 복잡한 것을 그림을 이용해 쉽고 분명하게 설명하였는데 그중에서도 가장 뛰어난 업적은 고대 그리스의 피타고라스 정리의 증명 방법과 다른 구고정리에 대한 증명을 기록했다는 것이다. 그는 정사각형 3개로 연구를 시작하였는데 직각 삼각형의 직각변의 짧은 길이를 a로 하는 정사각형을 만들고 이것의 넓이를 '주^朱', 긴 길이 b를 한 변으로 하는 정사각형을 만들고 이것의 넓이를 '청^青'으로 하였다. 그리고 남는 부분으로 부족한 부분을 메우는 식으로 넓이 '주'와 '청'을 서로 합하여 넓이 '현^㵪'으로 삼는다. 이 넓이 관계를 식으로 표현하면 $a^2+b^2=c^2$이다. 옛사람들의 음양 조화를 융합하는 이 방법은 출입상보법^{出入相補法} 또는 할보법^{割補法}이라고도 부르는데 이는 [그림 2-2]와 같다.

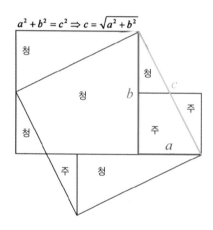

[그림 2-2] 출입상보법을 이용한 구고정리의 증명

이 증명은 그림으로 설명한 탓인지 간단하고도 이해가 쉽다. 이후에도 여러 차례 중국 수학자들에게 이용되었지만 여러 가지 제약으로 결국은 서양의 증명보다 늦게 알려지게 된다.

처음으로 구고정리를 세상에 알린 사람은 조상도, 유휘도 아닌 피타고라스이다.

피타고라스^{Pythagoras}는 고대 그리스의 저명한 철학자, 수학자, 천문학자로 역사상 처음으로 수학을 체계화한 사람이다. 그는 평생 '만물은 수이다'라는 정의를 굳은 신념으로 지닌 학자였다. 젊은 시절에는 이집트, 바빌론 등을 돌아다니며 견문을 넓혔다. 이후 이탈리아 남부 도시 크로토네에 정착해 비밀조직을 창설하였는데 이 단체가 그 유명한 피타고라스학파이다.

피타고라스학파는 철학, 수학, 자연과학을 연구하는 학파이지만 신비 의식과 엄격한 계율을 지닌 종교적인 성질을 띤 교파와 같았다. 이 교파는 당시에는 허용되지 않았던 일부일처一夫一妻를 주장하며 여자에게 교육의 기회를 주었고 강의를 듣는 것도 가능하게 했다. 규율에 얽매이지 않은 자유로움 때문이었는지 이 교파는 오래지 않아 입소문을 타게 되고 내로라하는 학자들로 문전성시를 이루게 된다. 각지에서는 학문을 구하는 문의가 쇄도했다. 급격하게 몸집이 커진 피타고라스학파는 크로토네 도시의 문화와 생활을 이끄는 주체자가 되었다.

어느 비바람이 몰아치는 날 밤, 피타고라스는 성대한 파티를 주최했다. 모두 술잔을 기울이며 흥에 겨워할 때 정작 피타고라스는 식사

조차 중단하고 넋을 잃다가 갑자기 연회장 구석으로 뛰어가기 시작했다. 그리곤 바닥 위에 정렬된 네모난 타일을 뚫어져라 처다보며 깊은 생각에 잠겼다. 그는 무엇을 보았던 것일까?

피타고라스는 바빌론에서 공부할 때부터 '직각 삼각형에서 $a^2+b^2=c^2$를 어떻게 증명할 것인가'라는 질문을 잊지 못하고 있었다. 그리고 마침 성대한 파티를 진행하던 도중, 마치 아르키메데스가 '유레카!'를 외친 것처럼 정신이 번쩍 들었다. 아마도 머리를 비우고 술한 잔을 기울인 것이 새로운 영감을 불러일으켰을지도 모르겠다. 그의 머릿속에는 '바로 연역법으로 증명하는 거야!'라는 생각이 떠올랐다. 그는 즉시 바닥에서 타일 두 개를 골라 대각선 AB를 모서리로 하는 정사각형을 그렸다. 이 정사각형의 넓이는 두 타일의 넓이를 합한 것과 같았다. 그는 다시 두 개의 타일로 만든 직사각형의 대각선으로 다른 정사각형을 만들었다. 마지막으로, 그는 이 정사각형의 넓이가 타일 5개의 넓이를 합한 것과 같은 것을 확인하였다. 즉, 각각 1배, 2배인 타일 두 개의 길이를 한 변으로 하는 두 정사각형의 넓이의 합과 같다는 것이 발견된 것이다. 바로 [그림 2-3]처럼 말이다.

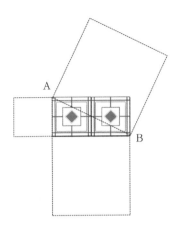

[그림 2-3] 타일 넓이의 합

이로써, 피타고라스의 마음속에 머물던 가설 '모든 직각 삼각형에 대해, $a^2+b^2=c^2$이 성립한다'가 증명되었다. 이것을 확인한 후, 그는 너무 기뻐 먹는 것을 잊을 정도였다. 그리고 바로 이어 [그림 2-4]처럼 수학에 예술적 미를 더한 아름다운 피타고라스 나무를 그려냈다.

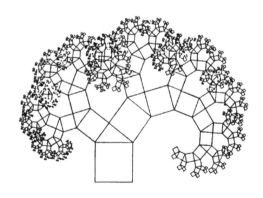

[그림 2-4] 피타고라스 나무

기본 원리에 근거하여 어떤 정리를 증명한다는 것은 수학의 기초적 사고에 속한다. 이후 고대 그리스인들은 피타고라스의 행보에 따라 전례 없는 풍부한 공리화 유도 체계를 이어가며 승승장구했다. 이것이 바로 서양의 문화적 정수인 형식논리이다. 이런 사유의 극치는 바로 유클리드가 기원전 300년에 쓴 ≪기하학원론^{Stoicheia}≫[6]이다. 그 후 2천 년이 지난 후에도 이 책은 세계 각국에서 수학계의 금과옥조로 추앙받고 있다.

$a^2 + b^2 = c^2$을 어떻게 증명할까?

이제 동서양을 막론하고 $a^2+b^2=c^2$라는 공식이 발견되었다. 일반적으로 정리를 처음 제시하고 증명하는 사람의 이름을 따서 명명하게 되는데 파티장에서의 영감으로 인해 피타고라스가 그 영예를 안게 되었다. 피타고라스의 정리는 이제 전 세계 학생들이 반드시 배워야 하는 수학 공식이 되었다.

피타고라스가 구체적으로 어떤 연역법으로 증명했는지 고증할 수 없는 것이 안타까운 일이지만 오랜 세월이 흘러도 피타고라스의 발견은 전설처럼 전해지고 있다. 대다수의 사람들은 피타고라스가 정사각형을 나누는 방식으로 증명했을 것이라고 추측한다. 이는 ≪기하학원론≫에 상세히 기재되어있는 증명법이기도 하다. 이를 잠시 살펴보자.

합동인 정사각형 두 개를 택한다. [그림 2-5]와 같이 한 변의 길이를 $a+b$로 하는 두 정사각형의 넓이는 서로 같고 왼쪽 정사각형의 넓이가 $(a+b)^2$, 오른쪽 정사각형의 넓이는 $4\times\frac{1}{2}ab+c^2$이다. 좌우 두 정사각형 넓이는 같으므로 $(a+b)^2=4\times\frac{1}{2}ab+c^2$이고 간단히 하면 $a^2+b^2=c^2$이다.

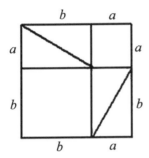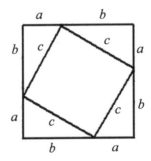

[그림 2-5] 정사각형으로 나눈 증명법

다시 중국 고대 조상趙爽의 증명을 보자. 제안한 시기가 조금 늦기는 하였지만 조상의 방법 또한 독창적이라고 할 수 있다.

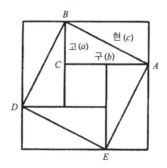

[그림 2-6] 구고원방도

구고원방도에서 현 c를 한 변으로 하는 정사각형 ABDE를 얻을 수 있는데, 이는 4개의 서로 합동인 직각 삼각형에 중간의 작은 정사각형을 더한 것이다. 각 직각 삼각형의 넓이는 $\frac{1}{2}ab$이고, 가운데 작은 정사각형의 한 변의 길이가 $b-a$로 넓이가 $(b-a)^2$이므로 아래와 같은 식을 얻을 수 있다.

$$4 \times \frac{1}{2}ab + (b-a)^2 = c^2$$

이를 긴단히 하여 정리하면 $a^2 + b^2 = c^2$

즉, $c = \sqrt{a^2 + b^2}$ 이다.

조상의 창의적인 사고는 기하학적 도형을 자르고 분할하고 합치고 보충하는 방식으로 대수식 간의 항등관계를 증명하는 것으로 엄밀함과 동시에 직관성을 갖추고 있다. 이는 수형 결합으로 대수와 기하의 긴밀한 결합이 독특한 형식을 갖춘 전형적인 에이다. 그 후 중국 수학자들은 대부분 이 스타일을 계승하며 발전하였다. 예를 들어, 위진시대 유휘도 구고정리를 증명할 때 조상과 같은 방법을 사용하였다.

$a^2 + b^2 = c^2$와 관련된 엄격한 증명 방법은 훨씬 더 많지만 너무 골치 아파지는 일은 막기 위해 여기까지 언급하는 것이 좋을 듯하다.

피타고라스는 '만물은 수이다'를 맹신하였는데 여기서 가리키는 수
는 유리수有理數7이다. 그는 우주 만물은 모두 유리수에 의해 통치되어
야 한다고 생각했고 이는 피타고라스학파가 굳게 믿고 의심치 않는
진리로 여겨졌다. 그러나 피타고라스의 정리는 결국 그를 스스로의
무덤에 빠지게 만든다. 그 사건은 단순한 삼각형에서 시작되었다.

우리는 백지 위에 가장 간단한 직각 삼각형을 그릴 것인데 [그림
2-7]처럼 직각을 낀 두 변을 모두 1로 한다. 그렇다면 피타고라스의 정
리에 따라 빗변은 얼마가 나와야 할까?

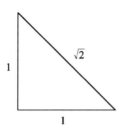

[그림 2-7] 직각 삼각형

피타고라스학파 철학자이자 수학자인 히파수스Hippasus는 피타고라
스 정리에 따라 계산했을 때 삼각형의 빗변의 길이가 유리수가 아닌
경우를 발견하게 된다. 그가 발견한 수는 오늘날의 $\sqrt{2}$였다. 이는 세계
최초로 $\sqrt{2}$를 발견한 일이다. 이 값의 길이는 1.41421356…으로 누구

도 이것의 형태를 정수나 분수로 표시할 수 없었고 수직선에 뚜렷하게 표시할 수 없었다. $\sqrt{2}$는 '무리수無理數'이기 때문이다.

하룻밤 사이, 새로운 숫자에 세상이 무너질 것 같은 일이 벌어졌다. 피타고라스학파의 '만물은 수이다'라는 신념이 흔들렸기 때문이다. '모든 수는 정수로 나누어지거나 정수의 비로 나타난다'는 이론은 더 이상 성립하지 않는 것이다. 피타고라스는 분통을 터뜨렸고 교파들은 공포에 떨었다. 결국 교파에서 히파수스라는 제자는 '무리수'의 존재를 발견하고, '이지 있는 수가 세상을 지배한다'는 교칙을 어겼다는 명목으로 많은 사람이 보는 가운데 산 채로 바다에 버려져 익사하게 된다. 새로운 숫자를 발견했다는 이유로 죽임을 당했던 세상, 수학은 그만큼 정확하고 명료해야 했기에 그 누구도 반발할 여지가 남아 있지 않았다.

어찌되었든 히파수스는 세계 최초로 무리수를 발견해 수학계에 위기를 불러왔다. 많은 사람들은 $\sqrt{2}$가 객관적으로 존재하지만 왜 이를 정확하게 나타낼 수 없는지에 대해서 고민하기 시작했다. 이는 어떤 수는 정해진 양, 어떤 범위 내에서 유리수로 나타낼 수 있다는 상식을 뒤집어 놓는 것으로 당시 사람들은 이 터무니없는 현상에 당황할 수밖에 없었다.

하지만 진실은 사라지지 않는 법. 기원전 370년쯤에 이르러 플라톤과 피타고라스의 제자 아르키타스와 에우도수스가 스승의 설욕을 위해 도전장을 내밀었다. 유리수를 숭배하는 상황에서 무리수의 도전을 받은 사람들은 기하학에서 어떤 진리는 산술과 무관하며, 기하량은 정수 및 그 비로만 표시할 수 없는 것이 존재한다는 것을 깨닫기 시작했다.

직관과 경험은 확실하지 않다. 엄밀한 추리 증명만이 설득력을 얻는다. 이로써 고대 그리스의 수학 연구 방법은 단순한 계산에서 추리로 바뀌었고 증명할 필요가 없는 자명한 공리로부터 출발하는 것으로 유클리드가 이끄는 연역 추리를 통한 기하학적 체계가 세워지게 되었다. 유클리드 기하는 수학에서 매우 중요한 초석 중의 하나가 된 것이다.

●──── 피타고라스 정리를 구면에도 적용할 수 있을까?

현재 우리는 유클리드의 기하[8] 공리가 이끌어낸 대량의 정리를 표준으로 받아들이고 있는데 이는 실생활 속에서도 눈부신 광채를 자아내고 있다. 가장 직관적으로 많이 응용하는 기하체계로 여겨지는 유클리드 기하는 우리의 상식에 매우 유용하게 적용된다. 하지만 앞서 말한 것과 같이 직관과 경험이 꼭 일치하는 것만은 아니다. [그림 2-8]과 같이 구면 위에 삼각형이 하나 있다고 하자.

여기서 당신은 피타고라스 정리가 성립하지 않는다는 것을 확인할

[그림 2-8] 구면 위에 그려진 직각 삼각형

수 있다. 구면은 유클리드 평면에서와 달리 확실히 다른 곡률을 갖고 있다. 이 곡률은 피타고라스 정리를 포함한 유클리드 기하 정리의 효력을 잃게 한다. 구면에서는 삼각형 내각의 합이 180°보다 크기 때문이다. 그림과 같이 삼각형의 두 꼭지점 사이를 이으면 구면에서 두 점 사이가 가장 짧은 변은 어떤 하나의 곡선이 된다.

이는 지도상에서도 살펴볼 수 있다. 서울과 뉴욕 사이의 최단 거리는 일직선으로 유클리드 기하를 따르지만 지구본에서 서울과 뉴욕 사이에 선을 긋는다면 그것은 하나의 곡선으로 유클리드 기하를 무시하는 계산이 나온다.

이처럼 유클리드 기하는 평평한 공간 이외에는 적용되지 않는데 이는 수학자로 하여금 비유클리드 기하[9]를 생각하게 하였다. 이것은 엄청난 발견으로 우주가 단지 가로, 세로만의 2차원적인 공간만 있는 것이 아니라 3차원, 4차원의 공간이 있는 것을 알려준다. 이런 공간에서 우주가 평평한지 판단하려면 피타고라스 정리를 이용하면 되고, 정리가 성립하지 않으면 우주는 평평하지 않다는 걸 알게 된다. 아인슈타인은 일찍이 비슷한 실험을 했는데 넓은 의미에서 공간을 구부려 물리적인 공간이 거대 질량의 근처에서 휘어지고 질량이 클수록 곡률이 커진다는 가설을 제시하였다.

아인슈타인은 스스로 낸 가설을 검증하기 위해 빛은 항상 최단 경로로 움직인다는 원리에 따라 태양 양쪽에 위치한 항성이 내는 빛의 각도를 관측했다. 해가 진 뒤 다시 관측해 만약 두 번의 관측 결과가 다르면 태양의 질량이 그 주변 공간을 휘어지게 하여 빛을 원래 경로에서 벗어나도록 한 것임을 증명했다. 아인슈타인의 이론으로 계산한 값은 $1.75''$[10]였다. 그리고 1919년, 영국 에딩턴^{Eddington}이 이끄는 탐사팀은 3개 장비로 두 항성의 거리를 실제 관측했는데 태양이 있을 때와 없는 상황에서 $1.61'' \pm 0.30''$, $1.98'' \pm 0.12''$, $1.55'' \pm 0.34''$의 차이를 보였다. 아인슈타인의 이론만으로 계산한 값과 거의 흡사한 것이다. 실제로 $1.5''$의 각은 굉장히 미미한 값이다. 그 차이가 드러난다 해도 크게 신경 쓸 일은 아니다. 하지만 태양의 질량이 주변의 공간을 휘게 한다는 것은 일반 상대성이론의 가설과 맞아떨어지는 것임을 증명하기에 충분한 것으로 아인슈타인은 이 가설과 실험으로 엄청난 명성을 떨치게 되었다.

피타고라스 정리의 아름다움
: 반기를 든 무리수 $\sqrt{2}$, 아름답고도 오묘한 숫자

기원전 500여 년 전, 피타고라스 정리는 인류가 발견한 최초의 정리이자 부정 방정식이다. 이는 처음으로 수학에서 '수'와 '형'을 하나로 결합시켜 수학을 계산과 측정에 따르는 양적인 것으로부터 논증과 추리의 과학으로 바뀌도록 한 것으로 위대한 증명이라 할 수 있다. 이로 인해 피타고라스 정리는 인류 문명사에서 눈부시게 빛나 영원히 사라지지 않는 명주^{明珠}로 남게 된다. 비록 피타고라스 정리에서 유도된 수 $\sqrt{2}$는 '만물은 수이다'의 진리를 어긴 수로 기억되지만 기초수학에서 가장 중요한 과정인 기하학 체계를 만드는 데 기여한 셈이 되었다. 비^非유클리드 기하는 철저히 유클리드 기하에 도전장을 내밀었고 이는 천문학의 근본적인 변혁을 이루어 고차원 공간인 우주의 베일을 벗겼다. 수학의 세계에서 무리^{無理}는 곧 알 수 없는 것이고 알 수 없는 것은 곧 무한한 가능성의 미래를 가리킨다.

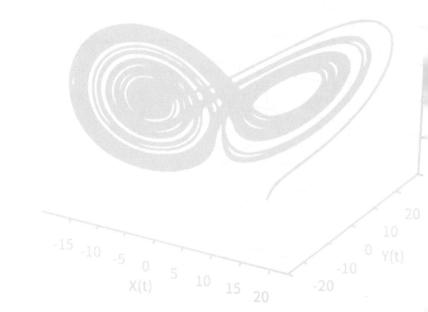

3

페르마 정리 :
인간을 괴롭힌 358년

$$x^n + y^n \neq z^n \, (n > 2)$$

황금알을 낳는 358년의 시간

$$x^n + y^n \neq z^n \ (n \in$$

"여백이 부족해 쓰지 않는다" ———————•

페르마가 남긴 이 말은 바다의 요정 세이렌의 노래처럼 300년이 넘도록 무수한 수학 천재들을 현혹시켜왔다. 이 매혹적인 문장은 수학 천재들을 끊임없이 도전하도록 했지만 허무하게 끝나기 일쑤였다. 수 세기를 뛰어넘어 오일러^{Euler}에서 가우스^{Gauss}로, 제르맹^{Germain}에서 디리클레^{Dirichlet}로, 라메^{Lamé}에서 코시^{Cauchy}로, 쿠머^{Kummer}에서 리벳^{Ribet}으로, 심지어 슈퍼컴퓨터로 밤낮없는 계산이 이어졌다.

그러던 1995년 어느 날, 영국의 수학자인 앤드류 와일즈$^{Andrew\ Wiles}$는 낙엽이 떨어지는 창가에 서서 생각에 잠겼다. 아마도 지난 수개월 동안 자신을 괴롭혀왔던 두 논문의 의미를 떠올리는 듯했다. 그는 일생을 괴롭힌 한 수학자로 인해 펜을 잡고 두 가지 논문을 정리했다. '타원곡선의 모듈형식과 페르마 정리', '어떤 헥케 대수의 환 이론 성질'이라는 이 두 편의 최신 논문은 ≪수학연보$^{Annals\ of\ Mathematics}$≫ 제141권에 실렸고 이는 세상을 향해 '이제 이쯤에서 끝내자'라고 평화롭게 선언하는 듯했다. 358년의 지혜로운 릴레이가 마침내 그 결승점에 도달한 것이다. 이로써 앤드류 와일즈는 페르마의 마지막 정리를 최초로 완벽하게 증명한 인물이 되었다.

논쟁의 출발은 17세기로 거슬러 올라간다. 페스트가 기승을 부리던 당시 프랑스 법정에 한 남자의 목소리가 울려 퍼졌다. 남자의 이름은 피에르 페르마^{Pierre de Fermat}, 17세기 최고의 수학자로 꼽히지만 인성을 들여다보면 그다지 추앙받을 인물은 아니었다. 페르마의 가정 형편은 부유했지만 구두쇠처럼 돈을 쓰지 않았다. 천성이 괴팍해 오히려 자신의 인색함이 세상에 전해지기를 바랐다. 또 자만심이 강해 자신이 세상을 도발할 인물임을 내세우길 좋아했다. 하지만 정작 일을 벌인 뒤 뒤처리할 일이 생기면 피해갈 궁리만 했다.

이런 모난 성격을 가진 그는 수학 공부에 열중했지만 결국 아버지의 말을 듣고 공무원 시험에 합격해 대법관이 된다. 당시로서는 가문을 빛내 세간의 부러움을 산 직업이었지만 페르마는 대법관으로서는 자격이 있는 사람이 아니었다. 자신의 인격도 다스리지 못하는 인물이 누군가의 잘잘못을 가리는 일에 관심이 있을 리가 없었다. 그는 하루 종일 수학을 연구하면서 명쾌한 여러 가지 수학 명제를 발견하는 일에만 관심을 가졌다. 아마도 그가 대법관 자리에 있을 때 억울한 법안이 몇 번이나 나왔을지는 굳이 상상할 필요가 없을 것이다. 어찌 보면 세상에 그다지 필요한 인물이 아닌 것처럼 보이는 '수학 애호가' 페르마에게도 장점은 있었다. 수학에 집중할 때만큼은 한 치의 오차도 인정하지 않는 빈틈 없는 사람이었기 때문이다. 그가 푸는 문제는 확실히 논리정연했다. 만약 어떤 문제에 대해 아무런 증명 없이 어정쩡한 과정이 보이면 몸을 배배 꼬며 어쩔 줄을 몰라 했다. 동시대의 많은 수학자는 이런 페르마를 혐오하기도 했다. 근대 철학의 초석을 다진 수학자 데카르트는 이런 페르마의 태도에 '허풍쟁이'라며 조롱했다.

'허풍쟁이'라는 별명이 전혀 근거 없는 것은 아니었다. 1637년 어느 날, 그는 세상을 향해 엄청난 허풍을 떨었다. 그날 오후, 그는 자신의 작은 뜰에서 《산술》[11]이라는 책을 보던 중 피타고라스 정리를 보게 된다. 그리고 갑작스레 그는 피타고라스 정리 $x^2+y^2=z^2$를 확장해가기 시작했다.

$$x^3+y^3=z^3$$

$$x^4+y^4=z^4$$

......

그는 피타고라스 정리에 무수히 많은 정수해가 존재한다는 것을 발견했다. 하지만 식을 조금만 바꾸면 양의 정수해를 찾을 수 없다는 것 또한 알게 되었다. 이로써 페르마는 과감하게 추측 하나를 제시한다.

$n>2$인 정수에 대하여, $x^n+y^n=z^n$을 만족하는 양의 정수해는 존재하지 않는다.

그런데 공교롭게도 이때 페르마의 그 괴팍한 성격이 나오게 된다. 갑자기 내세운 이 추측에 대한 어떤 구체적인 증명도 제시하지 않았

52

던 것이다. 그는 《산술》의 여백 부분에 훗날 수학자들을 골탕 먹일 세기의 명언을 남겼다.

"나는 절묘한 증명 방법을 찾았지만 이 책의 여백이 부족해 쓰지 않는다."

페르마 역시 이 간단한 메모가 훗날 358년 동안이나 인류를 괴롭히게 될 줄은 몰랐을 것이다. 그 후 이 추측은 마치 황금알을 낳는 거위 같았다. 17세기부터 20세기까지 부화의 과정은 인류의 근현대 수학사를 직접 관통하며 수학의 발전에 기여했고 수학 애호가 페르마에게는 '아마추어 수학자의 왕'이라는 타이틀을 안겨주었다.

페르마의 추측 이후 참담했던 300년

페르마의 추측이 세상에 나온 후 수많은 수학 고수들은 앞다투어 추측을 증명할 다양한 방법을 제시하였다. 하지만 이 엉뚱한 추측은 쉽게 풀리지 않았다. 백 년이 넘는 노력에도 뚜렷한 답은 나오지 않았다. 이에 18세기 수학 거장 오일러^{Euler}는 이 문제에 큰 관심을 가지게 된다. 그리고 여생 동안 페르마의 추측을 증명하기 위해 혼신의 힘을 다하기 시작했다.

세기의 천재가 손을 대자 단서가 잡혔다. 바로 무한강하법[12]이다.

무한강하법은 일종의 귀류법으로, 모든 자연수의 부분집합에는 항상 최솟값이 존재한다는 성질을 이용한 것이다. 이 무한강하법에서 출발해, $n=3$일 때 양의 정수해가 존재하지 않는다는 것을 성공적으로 증명하였다. 하지만 이 결론이 임의의 n에 대해서도 모두 적용할 수 있을지는 증명할 수 없었다.

오일러가 첫 단추를 꿰긴 했지만 계속해서 누군가가 무한히 많은 방정식에 양의 정수해가 없다는 것을 증명해야만 했다. 그러나 이후 수학자들의 진전은 더뎠다. 19세기 초에야 여성 수학사 제르맹^{Germain}이 시대의 성차별을 뚫고 모험을 시도해 페르마의 추측은 다시 활발히 연구되었다. n과 $2n+1$이 모두 소수일 때 페르마 추측의 반례로 x, y, z에서 최소 하나는 n의 배수임을 증명하였다.

$$x^4+y^4=z^4$$

$$x^6+y^6=z^6$$

$$x^7+y^7=z^7$$

$$......$$

이를 바탕으로 1825년, 독일 수학자 디리클레^{Dirichlet}는 $n=5$일 때 페르마의 추측이 성립함을 증명하였고 곧이어 1839년 프랑스 수학자 라메^{Lamé}는 제르맹의 방법을 더욱 발전시켜 $n=7$일 때를 증명하였다. 이로써 오일러 이후, 인류는 $n=5$와 $n=7$의 상황에서 페르마의 추측이 성립함을 보였다.

1847년 라메와 코시^{Cauchy}는 의기양양한 태도로 단단히 밀봉된 봉

투를 과학원에 전달하며 페르마의 추측을 증명했다고 밝혔다. 두 수학자는 '소인수분해 유일성'의 성질을 이야기한다. '소인수분해 유일성'은 어떤 수는 유일한 한 가지 방법으로 소인수 분해된다는 것으로 예를 들어 18=2×3×3으로 유일하게 표현됨을 말한다. 그러나 이것은 곧 까다로운 독일의 수학자 쿠머^{Kummer}에 의해 허점이 발견되었다. 실수일 때는 유일하지만 허수가 도입되면 그것이 반드시 성립된다고 할 수 없다는 것이다. 쿠머의 반박에 라메와 코시는 참패하였고 어둠의 순간은 계속되었다.

나중에 쿠머가 이로부터 '이상수$^{理想數, ideale Zahl}$' 개념을 제시하였고 대수적 정수론[13]의 이론을 창시했다. 그는 독창적인 이상 소수 이론을 응용해 100 이내에서 37, 59, 67을 제외한 모든 홀수에 대해 페르마 추측이 성립함을 증명하였다. 하지만 그의 대수론으로 2보다 큰 임의의 정수 n에 대해서도 성립한다고 할 수 있을지는 의문이었다.

200년이 지난 후에도 매번 전 세계의 수학자들은 새로운 시도로 페르마의 추측을 증명하려고 했지만 모두 실패로 돌아갔다. 1985년 인류는 슈퍼컴퓨터까지 발명해 4,100만 제곱 이하에서 페르마의 추측이 모두 성립함을 확인했지만 그다음 시행에서도 성립되는지는 확신할 수 없었다. 이것이 바로 페르마 추측의 난점이다. 2보다 큰 정수는 무수히 많아서 일일이 성립함을 확인하더라도 끝이 나지 않을 테니 말이다.

이렇게 300년의 세월이 소득 없이 지나자 수학자들의 열정도 실패에 대한 충격으로 점차 소진되었다. 어쩌면 페르마 자신도 데카르트의 조롱대로 어떻게 증명해야 할지 모르면서 허풍만 떤 것일 수도 있다. 하지만 어찌 되었든 그의 허풍으로 인해 수학의 역사는 실로 눈부신 발전을 일궈냈고 설혹 실패를 맛보더라도 수학자들의 실험정신을 자극할 만한 일이었다. 누군가가 던진 돌에 개구리는 죽임을 당할 수 있지만 살아남기 위해 발버둥 친 개구리는 오히려 살아남는 방법을 터득해 질긴 생명력을 유지할 수 있을 것이다. 수학 역시 마찬가지다. 어떤 정신 나간 이가 허풍을 쳤을지라도 실용성 있는 연구는 계속되어야 한다. 괴짜 페르마로 인해 단순한 수학자들이 영리해지기 시작했다.

페르마 대정리와 타니야마-시무라의 추측

페르마의 추측이 서서히 잊힐 무렵, 다시금 페르마를 떠올리게 하는 사건이 생긴다. 1908년, 자살을 결심한 재벌 2세 폴 볼프스켈 Wolfskehl은 유언장까지 썼지만 결국 목숨을 끊지는 못했다. 자살에 실패한 그는 '죽기로 마음먹은 좋은 날'을 놓친 셈이어서 아예 자살을 포기하고 대신 생명을 건진 것을 기념하기 위해 자신의 재산 대부분을 페르마의 추측에 걸었다. 수 세기 동안 풀리지 않은 이 난제를 증명한 사람에게 모든 재산을 주겠다는 공언을 한 것이다.

이로써 20세기에 들어, 또 한 차례의 페르마 열풍이 몰아쳤다. 당시 전 세계의 수학 아마추어들과 몇몇 미망인들은 경제적 갈증을 해소하기 위해서라도 모두 이 문제를 해결하고 싶어 했다. 하지만 안타깝게도 페르마의 추측은 갈수록 유명해지기만 할 뿐 증명하는 일은 여전히 기약 없어 보였다. 그리고 결국 1995년에 이르러 영국 수학자 앤드류 와일즈 교수가 거액의 상금을 받는 데 성공했고 페르마의 추측은 종지부를 찍었다. 수많은 전문가의 지능 게임은 승리하지 못했지만 오히려 와일즈라는 운 좋은 행인이 승리한 결과를 낳았다.

와일즈는 주로 타원곡선을 연구한 인물이다. 어떤 사람은 타원곡선과 페르마 추측이 과연 무슨 관계가 있는지 궁금해할 것이다. $X^3+Y^3=Z^3$을 예로 들어 보자. 그러면 다음과 같이 초기 변환을 할 수 있다.

$$x=\frac{12Z}{X+Y}$$

$$y=\frac{36(X-Y)}{X+Y}$$

이 식을 페르마 방정식에 대입하면

$$y^2=x^3-432$$

을 얻는다.

자, 어떤가? 단번에 타원곡선[14]이 되었다. 원래의 방정식에서 X, Y

중 하나의 수를 0이라고 하면 타원곡선 방정식은 자명한 해 (12, 36), (12, -36)을 가진다.

다소 익숙한 듯한 타원곡선과 페르마 추측의 전환은 일종의 페르마의 세계로 들어가는 '입장권'과 같은 역할을 한다. 이보다 앞서 오일러와 가우스가 일찍이 증명법을 알려주기도 했다. 여기서 관건은 타원곡선과 주어진 식 간의 일대일대응을 어떻게 증명하느냐에 달려 있다. 역설적으로 보면 페르마의 추측을 간접적으로 증명하는 것이 된다. 이것은 '타니야마-시무라 추측[15]'이 페르마 추측을 증명하는 열쇠가 되는 것과 마찬가지다.

일찍이 1985년에 수학자 프라이^{Frey}는 '타니야마-시무라 추측'과 페르마 정리 사이의 관계를 지적한 적이 있다. 그는 "만약 페르마의 추측이 성립하지 않는다면, 즉, $a^n+b^n=c^n(n>2)$을 만족하는 양의 정수 a, b, c가 존재한다면 이렇게 구성된 수 조합은 $y^2=x(x+a^n)(x-b^n)$과 같은 타원곡선일 수 없다."고 제시하였다.

프라이 명제와 타니야마-시무라 추측은 모순이다. 그러나 이 두 명제를 함께 증명하면 반증법에 따라 페르마의 추측이 성립하지 않는다는 가정이 틀렸다는 것이 증명된다. 1986년 켄 리벳$^{Ken Ribet}$은 프라이의 명제를 증명하는 데 성공했지만 그는 대다수 사람들처럼 타니야마-시무라 추측을 꺾을 수는 없다며 비관했다.

와일즈 같은 사람은 아마도 지구상에서 극소수일 것이다. 그는 리벳이 프라이의 명제를 이미 증명했다고 보고, 이것이 이미 페르마 추측의 마지막 단계에 이르렀다고 여겼다. 하지만 와일즈는 운이 좋은 사람이었다. 그가 8년간의 노력 끝에 세상의 가장 어려운 황금알의 부화를 성공시킬 수 있었던 것은 마침 그의 연구영역과 일치했기 때문이었다. 콩의 나무줄기에 매달려 거인의 어깨에 힘겹게 올라탄 와일즈는 먼저 오일러, 제르맹, 코시, 라메, 쿠머 등이 전념한 작업을 전부 처음부터 다시 연구했다. 그리고 문제를 해결하는 전략으로 타원곡선과 모든 기존 연구의 성과를 복습했다.

결국 그는 19세기의 비운의 천재 갈루아의 군론이 타니야마-시무라 추측을 증명하는 바탕이 된다는 점을 이용해 타원곡선 방정식을 무한히 많은 항으로 분해했다. 그리고 각 타원곡선 방정식의 첫 번째 항이 어떤 형식의 첫 번째 항과 짝지을 수 있다는 것을 증명해내는 쾌거를 이룬다. 그리고 1991년 여름, 와일즈는 콜리바긴-플라흐 방법을 각종 타원곡선 방정식의 해법에 응용해 증명을 갱신했고 타원곡선도 반드시 형식화될 수 있음을 증명한다. 이런 과정을 거쳐 와일즈는 자신이 페르마의 추측을 해결했다고 생각하고 이 소식을 대중에게 알렸다. 이후 페르마의 추측이 한 수학자에 의해 증명되었다는 소식이 전해지자 전 세계의 수학 애호가들은 참을 수 없는 궁금증으로 들끓기 시작했다.

하지만 마지막 논문 심사 때, 수학자 캇츠Katz는 오일러계 구조에 심각한 결함이 있다는 것을 지적했다. 이것은 치명적인 구멍이었다. 결국 와일즈는 다른 방법을 생각해 볼 수밖에 없었다. 그리고 3년이 지난 1994년 9월, 그는 자신이 이와자와 이론으로 돌파하지 못하다가 콜리바긴-플라흐 방법으로 이 문제를 해결하려 했던 것을 떠올렸다. 그중 어느 한 가지 방법만으로 문제를 해결할 수 없는 상황이라면, 둘을 결합해 보는 것은 어떤가 하는 생각이 들었다. 수학의 매력은 바로 이런 점이다. 딱 하나의 루트만 있는 것이 아닌 여러 가지의 공식을 결합하고 분해하면 새로운 공식이 나올 수 있는 것이다. 와일즈 역시 사고의 전환으로 해결책을 찾았다. 그는 이와자와 이론과 콜리바긴-플라흐 방법을 결합해 치명적인 구멍을 완벽하게 보완할 수 있었고 더 이상 빈틈은 찾아보기 힘들었다. 모든 사람이 와일즈의 증명에 의심을 쏟고 있을 때쯤 그는 결국 지옥의 늪에서 질긴 동아줄을 잡고 환생했다. 1995년, 와일즈는 358년이라는 지난한 시간 동안 세상의 모든 천재 수학자들을 지독히도 괴롭혔던 페르마의 추측을 증명하게 된다.

페르마 정리가 낳은 가장 성공한 황금알, 타원곡선 암호체계(ECC)

300여 년 동안 끝이 날 것 같지 않던 수학 역사상의 가장 긴 계주는 와일즈에 의해 결승선을 끊었다. 페르마의 추측이 사실로 밝혀지는 것을 보면서 가장 기분이 나빴을 사람은 아마도 19세기 수학계의 무관왕 힐베르트[Hilbert]일 것이다. 모든 수학자가 페르마의 추측을 증명하기 위해 달려들 당시, 누군가 그에게 왜 페르마의 추측을 입증해 보이지 않는지 이유를 묻자 그는 '왜 황금알을 낳는 늙은 암탉을 죽이느냐'고 반문했다. 그가 보기에 페르마의 추측은 인류 수학계에 큰 공을 세웠다. 다수의 학자들이 페르마의 추측을 연구할 때 수많은 새로운 수학 이론이 만들어졌기 때문이다. 하지만 이제 와일즈가 이 암탉을 죽였으니 힐베르트로서는 더 이상 수학의 황금기는 없을 것이라는 허무함이 들었다.

사실 힐베르트가 그렇게 슬퍼할 필요는 없다. 이 암탉은 오늘날까지 죽지 않고 황금알을 품고 있기 때문이다. 그중 타원곡선이 바로 최근 부화한 황금알이다.

2008년 페르마 대정리는 비대칭 암호화 분야에서 그 명성을 재현하였다. 암호학 벙커들은 타원곡선 암호체계[ECC16]를 비트코인에 적용해 비트코인을 수학적으로 견고한 '디지털 골드'로 만들며 암호보안 역사의 새 장을 열었다.

ECC는 비대칭 암호화 기술로 타원곡선의 특수한 성질을 이용해 키를 발생시키는 것이다. 이에 비해 큰 정수의 소인수분해 문제에 기반한 RSA 알고리즘은 단위 길이가 길고 계산 효율이 떨어지는 단점이 있으며 인자인 두 소수의 길이가 짧을수록 반파될 가능성이 크다. ECC는 RSA 알고리즘의 이러한 결함을 극복한 방식이다. 그 운영체제는 매우 교묘해 암호화 문제를 제한된 영역에 있는 아벨군에서 타원곡선으로 변환시킨다. 즉, 아벨군을 이용하여 문제를 해결하는 것으로 개인키, 공개키 그리고 이들을 서로 결합하는 방식으로 암호화 또는 암호를 푸는 것이다.

타원곡선은 보통 E로 표시되며 항상 암호 시스템에 사용되는 제한영역 $GF(p)$의 타원곡선 방정식은 $y^2=x^3+ax+b(mod\,p)$이다.

모든 점 (x, y)으로 구성된 집합에 원점 O를 더한다. 그중 a, b, x, y를 $GF(p)$에서 같은 값을 취하며 $p>3$인 소수로 $4a^3+27b^2{\neq}0$이다. 보통 이 곡선을 $Ep(a,b)$로 표시한다.

일반 타원곡선 방정식 $y^2=x^3+ax+b$에서 간단한 값을 취하면 되는데 타원곡선을 $y^2=x^3-x+1$을 예로 그래프를 그리면 [그림 3-1]은 $y^2=x^3-x+1$의 실수영역 위의 타원곡선이다.

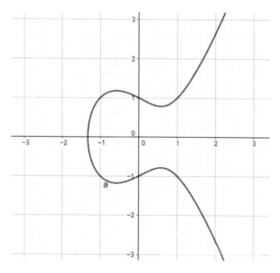

[그림 3-1] 실수영역 위의 $y^2=x^3-x+1$

[그림 3-2]는 타원곡선 $y^2=x^3-x+1$은 소수 97을 취한 후의 그래프이다.

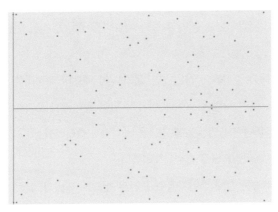

[그림 3-2] 값을 취한 후의 $y^2=x^3-x+1$

분명한 것은 [그림 3-1]보다 제한된 영역 위의 타원곡선 [그림 3-2]는 이미 형체를 알아볼 수 없는 것으로 원래 매끄러운 곡선 위의 무수히 많은 점이 흩어지는 점이 되었지만 수평직선 $y=\dfrac{97}{2}$에 대칭인 것은 여전하다. 이것은 암호학이 요구하는 유한점과 정확성에 딱 들어맞는다.

다항 시간[17] 계산법은 타원곡선 위의 이산대수 문제를 계산하므로 대수 문제의 어려움에 대한 타원곡선 암호체계[ECC]는 보안성이 매우 높고, RSA 등 다른 암호체계를 대체해 암호학의 새로운 스타로 부상하고 있어 향후 매우 중요한 공개키 암호화 기술로 꼽힌다.

페르마 공식의 아름다움
: 358년 만에 부화된 황금알의 의미

수학자들이 몇백 년을 들여 페르마 대정리를 증명한 것은 어떤 의미를 가질까?

수 세기 동안 수학자는 끊임없이 '불가능'한 페르마 대정리에 도전장을 내밀었다. 어떤 사람은 능력에 한계가 있어 일찌감치 포기했지만 어떤 사람은 발톱만큼의 가능성에 일생을 바치기도 했다. 인간의 지능을 뛰어넘는다는 슈퍼컴퓨터도 속수무책이었다.

그러니 수많은 천재 수학자들의 도전은 헛되지 않았다. 설사 컴퓨터는 오류 창을 띄워 포기를 선언했을지라도 인간은 특유의 강인함과 근성으로 이를 증명해냈다.

파란만장한 수학사는 결코 속도를 내지 않았다. 지혜로운 자가 세상의 신비를 정복하는 기나긴 장거리 계주에서 빛을 발하는 것은 믿음과 추구하고자 하는 의지였다. 358년 만에 부화된 황금알의 가장 큰 의미는 별을 바라보는 사람들이 있었기에 인류에 희망을 던질 수 있다는 것이었다.

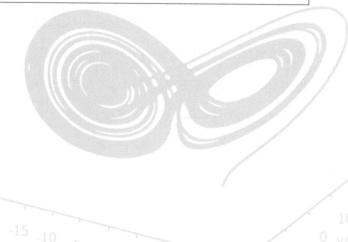

4

뉴턴-라이프니츠 공식 : 무한소의 비밀

$$\int_a^b f(x)\, dx = F(b) - F(a)$$

미적분이 없었다면 영국의 산업혁명은
최소 200년 이상 지연되었을 것이다

제논의 거북이로부터 시작되는 이야기 ──•

전쟁의 영웅인 아킬레스는 발이 빠른 것으로 유명하다. 그런데 이런 아킬레스와 거북이가 달리기 시합을 하면 아킬레스가 먼저 출발하게 한 거북이를 따라잡을 수 없다는 궤변을 늘어놓은 사람이 있다. 제논 Zénon이 제기한 이 유명한 역설은 세상 사람들을 곤혹스럽게 했다. 기원전 464년, 다리가 짧은 거북이는 어떻게 바다신의 아들 아킬레스를 이겼을까?

거북이가 [그림 4-1]과 같이 100m 앞서 달리고 있다. 아킬레스가 100m 따라잡을 때, 거북이는 10m 앞에 있다. 아킬레스가 또 10m 따라잡을 때 거북이는 1m 앞에 있다. 제논은 앞으로 1m만 더 쫓아가면 되지만 거북이는 다시 $\frac{1}{10}m$ 더 앞에 있다. 이렇게 제논의 거북이는 아킬레스와 일정한 거리를 유지하게 되는데 그 거리가 아무리 작더라도 거북이가 멈추지 않고 계속 가는 한 아킬레스는 영원히 거북이를 따라잡을 수 없다. 결국 아킬레스는 거북이에게 지고 만다.

제논의 거북이는 이때부터 명성이 자자해 대적할 자가 없었다. 이 논리가 억지스러운 이유는 현실에서는 이제 막 달리기에 재미를 붙인 6살짜리 꼬마도 거북이를 거뜬히 따라잡을 수 있기 때문이다. 또한 방정식 $t = \frac{s}{v_1 - v_2}$에 따라 아킬레스가 제논의 거북이를 따라잡는 시간을

[그림 4-1] 제논의 거북이와 아킬레스의 경기 장면

구할 수 있다.

　그런데 왜 수학의 세계에서는 빨리 뛰는 사람이 느리게 가는 거북이를 따라잡는다는 뻔한 내용을 '증명'하지 못하는 걸까? 누구나 제논의 역설이 옳지 않다는 걸 안다. 하지만 도대체 어디가 옳지 않은지 증명해 보라고 하면 그 오류를 논리적으로 잡아내는 경우가 많지 않다. 제논이 제기한 이 역설은 공간과 시간의 무한함을 전제로 한다. 아킬레스가 제논의 거북이를 따라잡기 전에 반드시 공간의 절반에 도달해야 하고, 그 전에 이 절반의 절반에 도달해야 하는 이런 유추는 무한으로 분할되어 출발점에서 무한 소량이 나타난다.

아킬레스가 t시간을 들여 두 번째 출발점에 도착했을 때, 거북이는 다시 전진해 새로운 공간을 만들었다. 한 번씩 쫓아갈 때마다 시간은 다시 쪼개지고 쪼개져 매번 걸리는 시간은 점점 짧아지지만 무한히 쪼개져서 나중에는 무한 소량이 된다는 것이다. 실제로는 이 무한 소량이 0이어야 한다. 그래야만 운동이 시작될 수 있고 아킬레스가 제논의 거북이를 따라잡을 수 있기 때문이다. 그런데 이 무한 소량은 0이 될 수 없다. 말 그대로 무한이라는 밀은 끝이 없다는 말이다. 그렇다면 공간과 시간은 과연 무한개로 나눌 수 있는 것인가?

이와 같은 철학적 모순으로 수학계에서는 제논의 역설과 같은 유명한 역설을 완성시켰다.

제논이 수학에 불만이 많아 트집을 잡으려는 의도는 아니었겠지만 그의 역설은 수학에서 엄밀성을 따지게 하고 수학의 내부 논리까지 의심케 하는 등 엄청난 파문을 일으켰다.

그렇다면 제논의 논리대로 아킬레스는 영원히 제논의 거북이를 따라잡을 수 없을까? 당연히 아니다. 제논은 교활하게도 시간과 공간을 계속 분할해 운동이 존재하지 않음을 완벽히 증명한 듯 보였다. 그는 아킬레스가 거북이를 쫓는 거리를 일부러 무시했다. 그 거리는 무수히 많지만 그 합은 어떤 유한값으로 확실한 거리이다. 그가 쓰는 시간 간격도 무한히 많지만 그 합 또한 확정된 값으로 제한된 시간의 현실에서 아킬레스는 느릿느릿한 거북이를 단시간에 따라잡는다. 이는 현대 수학으로 말하자면 미분과 적분(주로 정적분)에 해당된다. 시간과 공간(거리)을 무한 분할해 무한 소량에 대한 사고, 즉, 미분적 사고를 구현하였다. 이 무한개의 작은 조각들을 일정 형식으로 합해 어떤 확정된 값을 구할 수 있는데 이는 정적분 정의에 정확히 들어맞는다. 이런 관점에서 제논의 역설에 대해, 제논은 미분만 했을 뿐 적분은 하지 않았다고 할 수 있다.

미분과 적분은 역사적으로 아주 오랜 시간 동안 분명하게 구분되는 두 영역으로 서로 조금도 관련이 없는 독립적인 영역이었다. 제논이 언급한 '기괴한' 거북이에 자극을 받은 수학자들은 오랫동안 철저히 무한 소량을 연구하였고 뉴턴-라이프니츠 공식이 등장한 후에야 비로소 그들은 미분과 적분을 연결할 수 있었다.

두 수학자가 공동으로 명명한 이 공식의 구체적인 정의는 다음과
같다.

함수 *f(x)*가 폐구간 [*a, b*]에서 연속이고 *f*의 원시함수 F(*x*)가 존재하면
$\int_a^b f(x)dx = F(b) - F(a)$가 성립한다.

언뜻 보기에 평범해 보이는 이것을 우리는 '미적분의 기본정리'라고
부른다. 기본정리에서 원시함수와 도함수에는 막강한 유래가 있다.
고전 미적분의 세계에서 미분은 무한 소량의 축소판이며 도함수는 두
무한 소량의 비로 변환되어 $\frac{dy}{dx}$이 된다. 함수 *y=f(x)*에서 *dy*는 *y*의 미
분이고 *dx*는 *x*의 미분으로 도함수를 미분이라고 부르는 이유이기도
하다. 기하 도형에 대응하는 함수 그래프에서 어떤 한 점에서의 미분
계수는 그 점에서 함수 그래프에 접선을 그었을 때 접선의 기울기로
서 [그림 4-2]와 같다.

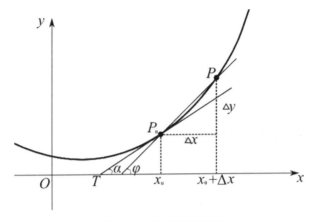

[그림 4-2] 미분계수와 접선

간단히 말해, 도함수 $f(x)$의 역연산은 원시함수 F(x)를 구하는 것이다.

어떤 구간에서 정의된 함수 F(x)에 대하여 도함수 f(x)가 존재한다면 이 구간의 임의의 점에 대해서 모두 $dF(x)=f(x)dx$, 즉, 주어진 구간에서 함수 f(x)의 원시함수 F(x)가 존재한다는 것이다.

도함수 $f(x)$의 원시함수 F(x)를 찾는 것은 바로 부정적분을 구하는 것이다. 부정적분과 원시함수는 전체와 부분의 관계로서 F(x)가 $f(x)$의 하나의 원시함수라면 $f(x)$의 부정적분은 {F(x)+C}으로 C는 적분 상수이다.

부정적분은 원시 함수의 하나의 집합이다. 정적분은 폐구간 [a, b] 에서 함수 $f(x)$로 둘러싸인 면적을 구하는 것으로 주어진 구간에서 면적 합의 극한을 구하면 그 결과로 확정된 값을 얻을 수 있다.

부정적분과 정적분은 원래 무관하지만 뉴턴-라이프니츠 공식을 통해 $f(x)$의 원시함수가 존재할 때, 정적분 계산은 $f(x)$의 부정적분을 구하는 것으로 바꿔서 생각할 수 있다.

즉, $\int_a^b f(x)\mathrm{d}x = F(b) - F(a)$ 이다.

이로써 부정적분은 미분의 역연산으로 구할 수 있고 뉴턴-라이프니츠 공식은 정적분과 부정적분을 연결함으로써 연속적으로 변화하는 수의 세계를 열게 되었다. 또한 미분과 적분을 통일시켜 '미분과 적분은 상호 역연산이다'라는 미분과 적분의 기본관계를 밝혀내었다.

미적분은 탄생과 더불어 수학의 진정한 분야가 되었고 어처구니없는 역설에 번뇌하던 아킬레스도 시공간의 연속성을 깨고 제논의 거북이를 따라잡을 수 있게 되었다.

누가 미적분의 아버지인가?

독일의 사회주의자 엥겔스^{Engels}는 17세기 후반 미적분의 발견을 '인간 정신의 최고 승리'로 꼽았다. 하지만 수학계에서는 미적분이라는 신대륙의 발견을 두고 오랫동안 논쟁이 끊이지 않았다. 미적분은 수학으로 하여금 연속적인 변화의 개념을 철저히 파악하도록 했다. 한편, 근현대 과학도 모두 변화에 관한 것으로서 미적분 발견에 대한 공로는 아킬레스가 거북이를 따라잡는 것처럼 간단하게 결정될 문제가 아니었다.

뉴턴-라이프니츠 공식이라고도 불리는 미적분의 기본정리는 두 사람의 이름을 딴 것이다. 라이프니츠^{Leibniz}는 뉴턴보다 세 살 위로 처음에는 서로를 아껴주었다. 17세기에 그들과 동등한 지능으로 대화가 가능한 사람을 찾는 것이 서로에게 쉽지 않은 일이었기 때문이다.

다른 사람을 칭찬하는 것에 인색했던 뉴턴조차 라이프니츠를 향해 '수학에 대한 이해가 동시대를 뛰어넘었다'며 칭송하였고 라이프니츠는 뉴턴을 '창세 이래 지금까지의 수학 중에 뉴턴이 한 것이 절반 이상이다'며 칭찬을 아끼지 않았다. 이처럼 사이좋던 두 사람은 잉글랜드 해협을 사이에 두고 편지를 주고받으며 계산과 논리를 교류하게 되었고 그 과정에서 불편한 감정을 갖게 된다. 수학자들답게 수학 공식의 상호 해석에서 논쟁이 고조된 것이다. 그리고 오래지 않아 미적분의 등장으로 17세기 두 위대한 과학자는 사이가 완전히 틀어져 원수가 된다.

1684년 라이프니츠는 미적분이라는 신개념에 대한 논문을 발표한다. 뉴턴은 이 신개념의 이면에 얼마나 큰 위력이 숨어 있는지 알고 있었는데 그는 이미 몇 년 전에 미적분 개념을 완전히 정립하였지만 비웃음을 살까 봐 먼저 발표하지 않았다고 한다. 하지만 이처럼 중대한 성과를 경쟁상대인 라이프니츠에게 빼앗길 것이 뻔한 상황에서 뉴턴은 자신의 권력을 총동원해 라이프니츠를 제압하려 하였다. 라이프니

츠는 백과사전적인 위인으로 불릴 정도로 지능이 높았지만 갖은 권모
술수를 부리는 뉴턴에게는 상대가 되지 않았다. 이로 인해 미적분의
세계대전에서 라이프니츠는 한동안 사기꾼, 도둑, 절도범이라는 불명
예를 달고 다녀야 했다. 마치 뉴턴은 남은 반평생에 신학연구와 연금
술에 빠진 것 이외에 라이프니츠를 괴롭히는 것이 유일한 취미처럼
보일 정도로 라이프니츠에게 줄기차게 심술을 부렸다. 두 사람이 서
로에게 '최고의 수학자'라며 치켜세우던 일이 무색해지는 순간이었다.

1716년 11월 14일 라이프니츠는 통풍으로 생을 마감하였다. 그날
뉴턴은 런던의 정원에서 큰 별이 지는 것도 모른 채 태양볕을 쬐고 있
었다. 역사는 늘 최고의 산증인으로 남고 시간은 언제나 가장 공정한
심판자가 된다. 오늘날 수학계에서는 뉴턴과 라이프니츠를 미적분의
발견자로 간주하는데 두 사람의 발견이 서로 독립적이고 서로 참고가
되지 않은 것은 각기 다른 시각에서 제시하였기 때문이다.

뉴턴의 발견은 운동 문제를 해결하기 위해 도함수 개념 이후에 적
분개념이 뒤따른다. 한편, 라이프니츠는 철학사상의 영향으로 기하학
적 관점에서 먼저 적분개념을 명명하고 뒤에 도함수를 제시한다. 아
이러니하게도 두 사람의 길은 서로 달랐지만 결론은 같았다. 마치 두
위인은 생전에 불화를 겪었지만 결국은 수학 공식이 말해주듯이 같은
길을 걸을 수밖에 없는 운명처럼 보인다. 공식의 이름도 '뉴턴-라이프
니츠 공식'이라고 묶여 발표된 것만 봐도 이 둘은 죽어서도 하나의 운

명이 되어 서로 떨어질 수 없게 되었다.

뉴턴이 남긴 원고로 인해 그가 미적분을 더 일찍 발견했음이 증명되었지만 대학 교재에는 라이프니츠의 미적분 기호체계가 그대로 사용되고 있다.

사실 누가 미적분의 아버지인지는 중요하지 않다. 두 사람의 위대한 성과가 인류에게 함께 향유되고 수학에 위대한 혁명을 가져왔으며 계몽시대 학자들이 현대과학의 체계를 세우도록 해주었기 때문이다.

제2의 수학 위기, 유령 무한소

"수학은 엄밀함이 전부가 아니지만 엄밀함이 없으면 아무것도 아니다."

뉴턴은 평생 논쟁을 즐기는 것으로 유명했다. 더욱이 그는 논쟁에서 꼬리를 내린 적이 거의 없을 정도로 논리의 완벽함을 자랑했다. 그러나 그가 세상을 떠난 후, 뜻밖에도 누군가가 그의 '엄밀함'에 꼬투리를 잡는다.

1734년 영국대주교 조지 버클리$^{George Berkeley}$는 책 한 권에서 당시의 미적분에 대해 67개의 질문을 했는데 이는 미적분의 기초에 정면으로 공격하는 내용이었다. 공격의 대상은 바로 무한 소량 해석에 따른 치명적인 '엄밀함'의 결함이었다.

뉴턴은 도함수와 미분의 직관적이고 통속적인 의미를 부여했는데 도함수는 두 무한 소량의 변화량의 비 $\frac{dy}{dx}$로서 dy와 dx는 모두 무한 소량이다. 예를 들어, 함수 $y=x^2$의 도함수를 구할 때, 계산은 다음과 같다.

$$
\begin{aligned}
\frac{d}{dx}(x^2) &= \frac{f(x+dx)-f(x)}{dx} \\
&= \frac{(x+dx)^2-x^2}{dx} \\
&= \frac{x^2+2xdx+dx^2-x^2}{dx} \\
&= \frac{2xdx+dx^2}{dx} \\
&= 2x+dx \\
&= 2x
\end{aligned}
$$

독실한 기독교인 버클리는 조금의 주저함도 없이 뉴턴이 무한 소량을 처리할 때 그야말로 눈뜨고 새빨간 거짓말을 한다고 놀려댔다. 그 이유는 이와 같다.

첫째, 무한 소량 dx를 분모로 하여 나눈다. (이때 분모는 0이 될 수 없다)

둘째, 무한 소량 dx를 0으로 보고 그것을 포함하는 식을 없앤다. (+dx에서 dx를 0으로 본다)

여기서 우리는 고개를 갸우뚱거린다. 도대체 무한 소량은 0이라는 말인가, 0이 아니라는 말인가? 한 번은 0으로 보고, 또 한 번은 0이 될 수 없다니 이것은 앞뒤가 맞지 않는 모순이자 궤변으로 들린다. 뿐만 아니라 당시 사람들이 보기에는 무한 소량은 0보다 큰 임의의 수보다 작지만 0은 아니니 이것은 아르키메데스의 공리에 위배되는 것이 아닌가, 하는 의심이 들었다.

아르키메데스 공리는 아르키메데스 성질로 불리는데 실수 공리라고도 한다. 이것은 실수 성질의 기본 원리에 관한 것이다. 만약 아르키메데스 공리가 틀렸다면 수학에서 대부분의 정리는 성립되지 않을 것이다. 즉, 아르키메데스 공리에 의해 임의의 양수 ε에 대하여 $\frac{1}{n}<\varepsilon$을 만족하는 자연수 n이 존재한다. 하지만 무한 소량의 해석은 '$\frac{1}{n}<\varepsilon$을 만족하는 자연수 n이 존재하지 않는다.'이다.

이처럼 한 사람에 의해 지탄을 받는 무한 소량은 과연 미적분이라는 위대한 성과를 지탱할 수 있을까? 이 모순은 '버클리 역설'이라고 한다. 당시 많은 학자들은 사실 무한 소량의 폐단을 인식하고 있었다. 하지만 이런 역설은 뉴턴이 설명하지 못했을 뿐만 아니라 라이프니츠 역시 마찬가지였다. 수학계에서 이것을 명쾌하게 설명할 수 있는 사람은 단 한 사람도 없었다. 이런 인위적인 개념은 수학의 기본대상인 실수구조를 흐트러지게 하고 수학계와 철학계, 심지어 반세기의 쟁론을 불러일으키며 제2차 수학의 위기까지 몰고 왔다.

현대이론의 특징은 '논리서술이 분명하고, 개념 의미가 명확하며, 모호한 것이 없다'는 것이다. 따라서 미적분의 탄생은 엄밀함에 근거한 것이 아니라 '논리적 선로'로서 선형적으로 발전하였고 귀납적 추리를 실제로 응용하여 생긴 것이다. 이는 곧 연역적 추리의 논리 사고를 견뎌내기 어려운 원인이기도 하다. 그래서 뉴턴과 라이프니츠 이후에 수학자들은 무수한 노력으로 이를 증명해내려 했고 결국 코시와 바이어스트라스^{Weierstrass} 등이 이 문제를 해결하였다. 해결법은 바로 미분의 고전적 의미를 버리고 극한의 개념에 기초한 새로운 미적분이었다.

19세기, 프랑스 수학자 코시는 극한이론으로 현대 수학의 분석 체계를 확립하였고 현대 수학의 극한이론으로 도함수의 본질을 설명하였다. 그는 도함수의 명확한 정의를 하나의 극한식으로 표현하였다. 함수 $y = f(x)$를 x_0를 포함하는 어떤 근방에서 정의하고 '$x = x_0 + \Delta x$, $\Delta y = f(x_0 + \Delta x) - f(x_0)$'으로 한다.

만약 극한 $\lim_{\Delta x \to 0} \frac{\Delta y}{\Delta x} = \lim_{\Delta x \to 0} \frac{f(x_0 + \Delta x) - f(x_0)}{\Delta x} = f'(x_0)$의 값이 존재하면 이 함수 $y = f(x)$는 점 x_0에서 미분가능하고 이 극한을 '함수 $y = f(x)$의 점 x_0에서의 미분계수'라고 하고 $f'(x_0)$로 쓴다. 만약 값이 존재하지 않으면 $y = f(x)$는 점 x_0에서 미분가능하지 않다고 한다.

이 극한의 개념은 수학자들의 무한 소량에 대한 논쟁을 점차 잠재울 수 있었다. 직관적인 미분의 고전적 정의도 재해석되었다. 더 이상 무한 소량의 변화량에 국한되지 않고 극한의 도움 아래 하나의 선형 함수에서 함수의 변화된 의미를 나타내게 되었다.

일각에서는 극한^{limit}의 애매함에 대한 비판이 나오기도 했다. 하지만 '현대 해석학의 아버지'라 불리는 바이어스트라스는 ε-δ법으로 극한의 어려움을 극복하였다. 이후에는 그 어떤 의심의 목소리도 나오지 않았다. 그만큼 바이어스트라스가 극한을 정확하고 완벽하게 정의한 것이다.

함수 $f(x)$가 x_0의 근방에서 정의된다고 하자. 임의의 양수 $\varepsilon > 0$에 대하여 $\delta > 0$가 존재하여 $0 < |x-x_0| < \delta$인 모든 x에 대하여 $|f(x)-A| < \varepsilon$이 성립하면 $f(x)$의 x_0에서의 극한은 A라고 하고 $\lim\limits_{x \to x_0} f(x) = A$로 나타낸다.

이로써 제2차 수학의 위기는 논란을 잠재우고 무사히 지나갈 수 있었다.

줄곧 미적분 이론을 뒤엎으려고 완고한 태도를 견지했던 버클리는 스스로 수학 이론의 발전을 촉진시켰다고 생각할지는 모르겠지만 결국 미적분은 수학계의 '패권'으로 자리 잡게 되었다.

미적분 공식의 아름다움
: 수학과 과학계의 위대한 혁명

미적분의 탄생은 인류 역사에 엄청난 혁명을 몰고 왔다. 물론 수학계와 자연과학계의 미적분 쟁탈전은 여전히 멈추지 않고 있지만 미적분이 실생활에 끼친 영향은 그 누구도 부정할 수 없는 사실이다. 17세기 이후, 미적분으로 휘어진 면적, 접은 면적의 개념 등이 확립되었고 이때 무선 전기가 생겨났다. 그리고 19세기 초, 미적분을 이용해 푸리에 급수, 푸리에 변환 등의 개념이 만들어져 현대 전자기술과 통신기술을 갖게 되었다.

뒤이어 리플라스 변환이 발명되었고 이때부터 공정제어progress control개념이 생겼다. 라이프니츠도 그의 후견인인 공작부인 소피에게 "나의 여왕, 무한소는 한없이 넓은 곳에서 쓰여 우리는 그것으로 낙엽이 지는 자취를, 라인강변에 울려 퍼지는 하프 소리의 조화로운 진동을 계산할 수 있습니다. 또한 석양이 질 때 석양의 굽은 정도에 따라 당신의 그림자를 계산할 수 있습니다."라고 하였다.

수학, 공학은 물론 화학, 물리, 생명과학, 금융, 현대 정보기술 분야에서도 통용되는 미적분은 현대과학의 기초이며 과학기술의 발전을 촉진하는 도구로 자리 잡았다. 인류가 이 유용하고도 날카로운 칼을 다룰 수 있게 된 후부터 수학 역사상 무수한 난제가 일단락되었음을 알 수 있다. 미적분으로 도출된 각종 새로운 공식과 정리는 훗날 과학과 기술 영역의 혁신을 촉진시켰으니 이는 실로 위대한 혁명이라 불릴만하다.

5

만유인력 :
혼돈에서 광명으로

$$F = \frac{G m_1 m_2}{R^2}$$

뉴턴이 태어나지 않았다면
그 오랜 세월은
깊은 밤과 같았을 것이다

뉴턴에게 주어진 한 알의 사과 ───────•

뉴턴 이전의 인류는 '우주 만물의 진리는 신에 의해 움직이는 것'이라고 여겼다. 그러나 뉴턴 이후의 인류는 '하늘과 땅은 만유인력의 법칙, 즉, 뉴턴의 법칙으로 작동한다'는 것을 알게 되었다. 이로써 우주와 만물은 통일된 하나의 법칙을 찾게 되었고 물리학은 처음으로 진정한 합치에 이르렀다. 뉴턴을 알게 된 이후 사람들은 이제 이렇게 말한다.

"자연계의 법칙과 인간의 질서는 매우 자연스럽고 오랜 시간 현명하게 유지되고 있다."
"하늘이 뉴턴을 내려 만물이 분명하게 되었다."

그 후, 뉴턴이 모든 자연과학 분야를 200여 년이 넘도록 지배하였고 현대과학이 탄생하게 되었다.

1727년 뉴턴이 사망하자 영국은 그를 국장 자격으로 웨스트민스터 대성당에 안장하였다. 발인 날 당일에는 공작 2명, 백작 3명과 대법관이 지켜보는 가운데 장례가 치러졌고 이를 지켜보기 위해 많은 사람이 거리를 가득 메웠다. 마치 인기 스타의 죽음을 추모하는 듯한 분위기였다. 수많은 사람의 애도 속에 세상은 이 과학 거장과의 작별을 고

하였다.

애도 행렬 속에는 영국으로 피신한 볼테르^{Voltaire}[18]가 있었다. 그는 당시 그 광경에 큰 충격을 받아 뉴턴이 어떤 사람인지 반드시 알아내야겠다고 다짐한다. 도대체 얼마나 대단한 성과를 내었길래, 이렇게 엄청난 존경과 애도를 받을 수 있는 것일까? 볼테르는 오랜 시간 영국에 머물면서 뉴턴의 친척과 지인을 찾아다니며 어떻게 만유인력의 법칙과 같은 위대한 업적을 이루게 되었는지 캐물었다. 볼테르의 성화에 뉴턴의 조카사위는 '단지 한 알의 사과가 떨어져 뉴턴의 머리를 맞혔을 뿐이고 그 후 뉴턴이 뭔가를 알아차린 것 같다'고 말해주었다. 그러자 볼테르는 무언가 대단한 이론을 알게 된 것 마냥 고개를 끄덕거리고 아주 흡족해하며 돌아갔다. 이후 그가 이 이야기를 책에 소개하면서 그 유명한 '뉴턴의 사과'는 전 세계에 퍼지게 되었다.

그런데 과연 그 사과나무는 실제로 존재했던 것일까? 만약 존재했다면 아마도 뉴턴의 고향인 영국의 작은 시골 마을 울즈소프^{Woolsthorpe}의 마당 한 귀퉁이에 있었을 것이다. 1666년 뉴턴이 런던에서 공부할 당시에는 흑사병이 유행했다. 약 두 달 만에 5만 명이 사망할 정도로 심각한 상황이 되자 22세의 뉴턴은 안전을 위해 시골 고향으로 돌아가게 된다. 그의 시골에서의 삶은 매우 평온해 도시에서 일어나던 일들이 생생하게 느껴지지 않았다. 그저 사과나무 아래에 앉아 깊은 생각에 빠지는 것이 일상의 전부였다. 그리고 불과 18개월 동안 그는 수학을 비롯해 광학 실험, 별 궤도 계산, 중력의 미스터리를 탐구하는 등 생애 가장 중요한 성취들을 이루게 된다. 당시 그의 일기에는 이렇게 기록되어 있다.

"그때 나는 발명창조의 절정에 있었고 수학과 철학에 대한 관심은 그 이후 어느 때보다 높았다."

훗날, 이 찬란했던 1666년은 '뉴턴의 기적의 해'라고도 불린다.

천년을 뛰어넘는 신비한 힘

뉴턴은 시간이 나기만 하면 행성의 운동에 대한 사색을 즐겼다. 이는 인류의 선조들이 늘 하던 것으로 주로 머리가 총명한 사람들이 관심을 갖던 분야인 천문학이었다. 주로 그들이 고민했던 문제들은 이런 것이다.

태양은 왜 동쪽에서 뜨고 서쪽으로 지는가?
달은 왜 밝았다가 흐려지고 모양이 바뀌는가?
망망한 우주는 어떤 신비한 힘으로 그렇게나 많은 천체가 부딪히지도 않고 길을 잃지도 않으며 서로 잡아당기지도 않은 채 영리하게 자신의 궤도를 순차적으로 도는 것일까?

대부분의 사람은 이런 우주의 질서는 당연하다고 여기며 이것을 지배하는 어떤 힘에 대해 경외심만 가질 뿐이다. 그러나 소수의 지혜로운 사람들은 그 신비함에 대해 반문하고 왜 그런 일이 있었는지 그 원리를 알고 싶어 한다. 바로 이것이 범인과 기인의 차이다.

고대 그리스에서도 수많은 철학자는 저마다 천문학에서 지리학에 이르기까지 박식한 지식을 자랑하였다. 그중 아리스토텔레스^{Aristoteles}는 지구와 우주의 개념조차 낯설던 시절, '지구는 우주의 중심이고 다른 천체들은 모두 지구 주위를 돌고 있으며 운동 궤도는 원형'이라는 결론을 내렸다. 이후 프톨레마이오스^{Klaudios Ptolemaeos}(톨레미)는 '지구중심설'을 좀 더 발전시켜 천체의 가장 바깥에 있는 하늘을 [그림 5-1]과 같이 원동천^{原動天} 또는 최고천^{最高天}이라 하였다. 이 최고천에 하느님이 살고 있고 그가 모든 행성을 하나씩 돌린다고 여겼다.

인간은 신의 총애를 받고 있으며 만물은 인간 중심이라는 이와 같은 우주학적 관점은 교회의 지지를 받게 된다. 이는 종교계의 요구를 만족시킬 뿐만 아니라 인류의 자존심도 충족시키는 결과였다. 이로 인해 지구중심설로 불리는 '천동설'은 천 년이 넘도록 대대적인 지지를 받는다. 하지만 이 굳건한 이론에 의심을 품고 반기를 든 인물이 나오게 되었으니 바로 혜안을 가진 코페르니쿠스^{Nicolaus Copernicus}였다. 그는 태양중심설인 '지동설'을 제기하였는데 태양계에서 지구의 실제 위치를 과학적으로 설명한 최초의 이론이었다. 그러나 종교계가 이를

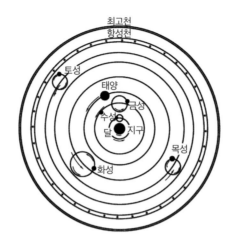

[그림 5-1] 프톨레마이오스의 지구 중심 체계도

가만둘 리 없었다. 종교계의 강력한 압력에 시달린 코페르니쿠스는 오랜 기간 자신의 주장을 숨긴 채 침묵으로 일관하다 나이 일흔에 저서 ≪천체운행론$^{De\ revolutionibus\ orbium\ coelestium}$≫를 출간하게 된다. 인생의 종점에 이르러서야 반역적인 일을 할 수 있었던 것이다.

　코페르니쿠스가 '지동설'을 주창한 뒤 세상을 떠나자 케플러^{Kepler}는 스승 티코 브라헤$^{Tycho\ Brahe}$의 관측 자료를 토대로 행성의 궤도가 원이 아니라 타원임을 계산으로 확인하였고 케플러의 3법칙을 이끌어낸다. 이것은 인류가 우주 운행의 법칙을 인식하는데 크게 기여한 것으로 [그림 5-2]와 같다. 행성은 같은 시간 동안 같은 면적(음영 부분)을 쓸고 지나가는데 여기서 a, b는 각각의 음영부분에서 곡선의 길이, A, B는 음영 부분 면적, t_1, t_2, t_3, t_4은 시간이다.

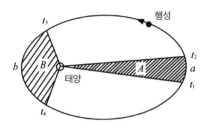

[그림 5-2] 케플러의 법칙

케플러는 천체의 운동을 연구하는 과정에서 타원 궤도를 돌게 하는 힘이 있다고 생각하였다. 그 힘은 지난 천 년간 종교에서 믿고 있었던 하느님이 아니었다. 점성술사 출신인 케플러는 겉으로는 신을 신봉하였지만 속으로는 대중들이 믿는 이론을 믿지 않았다. 그리고 계속해서 의문을 제기하였다. 도대체 행성을 돌게 하는 이 힘은 무엇일까? 지구와 태양 사이의 흡인력과 지구의 주변 물체에 대한 중력은 같은 것일까?

하지만 안타깝게도 케플러는 이런 문제들에 대한 답을 제시할 능력이 없었다.

케플러의 법칙이 이끌어낸 중력 연구

케플러가 비록 행성궤도를 만들어내는 힘의 원천을 알아내진 못했지만 일단 그가 고민했던 그 사안만으로도 이미 우주 천체학에는 새로운 창이 열린 셈이었다. 그리고 그로 인해 인류의 행성 운동 법칙에 대한 중력 연구가 본궤도에 오르게 되었다. 1645년 프랑스 천문학자 불리알두스Bullialdus는 중력과 거리의 제곱이 반비례 관계라는 추측을 내놓았는데 이후 케플러 제3법칙에 따라 이 결론이 옳다는 것이 확인되었다. 그런데 여기서 문제는 '힘과 거리의 제곱이 반비례인 것으로 하나의 타원 궤도에서 케플러 제1법칙과 제2법칙을 충족시킬 수 있을까' 하는 것이다.

대부분의 사람은 '제곱에 반비례하는 관계에서 타원 궤도 운동'에 대한 엄밀한 증명을 하기에는 수학 실력이 부족했다. 영국의 저명한 물리학자 후크Hooke는 뉴턴을 라이벌로 여기며 항상 뉴턴의 이론을 뒤엎는 꿈을 꿔왔는데 스스로 '힘과 거리의 제곱이 반비례한다'는 것을 증명했다고 주장했다. 하지만 증명은 발표하지 않았다. 그의 주장을 확인하기 위해 영국의 천문학자인 핼리Halley가 몇 번이나 후크의 집으로 달려갔지만 아무리 구슬려도 후크는 자신의 증명을 밝히지 않았다. 이 일은 핼리가 후크를 증오하는 계기가 되었고 핼리는 후크가 있지도 않은 증명으로 허풍을 떨었다고 여겼다.

1684년 핼리는 후크의 라이벌인 뉴턴을 만나기 위해 케임브리지로 간다. 뉴턴이 이미 5년 전에 이 문제를 증명했다고 했기 때문이다. 핼리는 반가운 마음에 뉴턴의 증명 원고를 정리해 출간할 수 있도록 돕겠다고 나섰다. 핼리의 적극적인 지원 덕에 뉴턴도 호흡을 맞춰 곧바로 프린키피아Principia의 원고를 정리하였고 그 결과, 뉴턴은 케플러 3법칙, 원심력 법칙에서 나온 구심력 법칙, 수학의 극한개념, 미적분 개념, 기하법을 토대로 타원 궤도에서의 만유인력이 거리의 제곱에 반비례하는 증명 등을 실을 수 있었다.

1687년 뉴턴은 핼리의 도움으로 《자연철학의 수학원리(프린키피아)》를 정식 출간한다. 그리고 뉴턴의 만유인력의 모든 것이 이 책에서 밝혀졌다. 이로 인해 뉴턴은 '영국 과학계의 일인자'로 자리매김하게 된다. 인류가 천년이라는 긴 시간을 좇으며 풀고자 했던 '신비의 힘'을 푸는 데는 뉴턴의 공이 컸다.

하지만 이 역사적인 순간에도 얼굴을 찡그리며 못마땅해하는 인물이 있었다. 바로 후크였다. 후크는 자신이 '만유인력'을 먼저 발견했다고 생각했기 때문에 적어도 뉴턴의 책 서문에 그의 공헌을 조금이라도 언급해줄 것을 요구했다. 이 부분만 보면 많은 사람이 후크가 괜한 심통을 부리고 어깃장을 놓는 것으로 볼 수도 있다. 하지만 후크가 뉴턴에게 이런 요구를 했던 것은 나름의 이유가 있다. 후크는 《프린키피아》를 출간하기 13년 전인 1674년에 만유인력에 관한 논문을 발표했고 뉴턴에게 힘의 반비례 법칙을 편지로 알려주기도 했다. 하지만 뉴턴은 이런 일련의 일들을 전혀 신경 쓰지 않았고 집에 돌아오자마자 책에서 후크와 관련된 인용을 모두 삭제해 버렸다. 후크의 심사가 꼬인 것도 이해가 간다. 이렇게 첨예하게 맞서던 '만유인력'의 싸움은 과학사의 유명한 화두로 남았다.

후크가 뉴턴만큼의 인정을 받지 못한 것은 행성과 태양 사이에 작용하는 힘만 제시하는 데에 그쳤기 때문이다. 반면, 뉴턴은 자신이 세운 미적분을 이용해 만유인력을 우주 모든 물체에 적용할 수 있도록 하였다. 뉴턴은 지상의 사과와 하늘의 행성에 같은 힘이 적용된다고 추측했다. 달이 궤도에서 움직이는 구심가속도와 지면에 작용하는 중력가속도의 비는 지구 반경의 제곱과 달 궤도의 제곱의 비로, $\frac{1}{3600}$이기 때문이다.

우리는 지상의 물체가 받는 지구의 중력과 달이 지구에서 받는 만유인력이 같다는 것을 알고 있다. 뉴턴이 천지 만물을 하나로 통일한 이 거대한 구조는 후크가 도달하기 힘든 것이었다.

비틀림 저울로 중력상수 G를 재다

안타깝게도 뉴턴은 수학으로 만유인력 법칙을 유도했지만 중력 상수 G의 구체적인 값을 끝내 도출하지 못했다. 일반적인 물체의 질량은 너무 작아서 실험에서 중력을 정확히 측정하기 어렵고, 천체 간에는 중력을 정확하게 측정하기 어렵기 때문이다.

100여 년 후에야 캐번디시^{Cavendish}는 비틀림 저울을 이용해 중력 상수를 구하는 데 성공하였는데 이로써 만유인력 법칙은 완벽한 식으로 성립될 수 있었다. 중력 상수를 구하지 못했다면 만유인력 법칙은 그저 쓸모없는 이론으로만 존재할 뿐 그 응용의 가치를 잃게 되었을지도 모른다. 모든 이론은 이론만으로 끝나서는 안 된다. 우리가 살면서 궁금해하는 일들에 대한 명확한 해답을 내놓을 수 있어야 하고 더 나아가 다양한 학문에서 응용이 이뤄져야 인류에 길이 남을 이론이 된다. 이런 점에서 만유인력 법칙의 진정한 의미는 중력 상수 G에 있다고 할 수 있다.

1789년 캐번디시는 빛 반사를 지혜롭게 이용해 미약한 중력 작용을 교묘하게 확대하였다. 그는 같은 질량의 쇠구슬 m을 [그림 5-3]처럼 각각 저울의 양 끝에 놓았는데 저울 가운데 받침대 위에 끊어지지 않는 철끈으로 작은 거울을 묶은 후 빛을 거울에 비추면 빛이 아주 먼 곳까

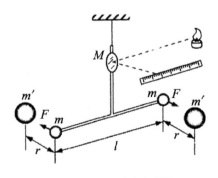

[그림 5-3] 캐번디시 실험

지 반사된다. 이때 빛이 반사되어 반점이 나타나는 위치를 표시한다.

이어, 같은 질량의 또 다른 큰 쇠구슬 m'로 저울 양 끝의 작은 쇠구슬 m을 동시에 끌어당긴다. 이때 만유인력의 작용으로 비틀림 저울이 약간 돌아가는데 반점의 위치는 비교적 큰 거리로 이동한다. 이에 따라, 캐번디시는 만유인력 법칙의 중력 상수 G의 값을 $G=6.754\times10^{-11}N{\cdot}m^2/kg^2$으로 측정했다. 이 값은 지금까지도 국제표준 $G=6.67259\times10^{-11}N{\cdot}m^2/kg^2$ (보통 $G=6.67\times10^{-11}N{\cdot}m^2/kg^2$를 쓴다)에 매우 근접한 값이다. 이후 두 물체 사이의 만유인력은 [그림 5-4]와 같은 식으로 표시한다.

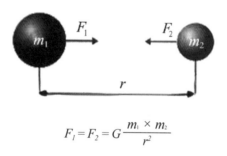

$$F_1 = F_2 = G\frac{m_1 \times m_2}{r^2}$$

[그림 5-4] 만유인력 법칙 설명도

F_1, F_2 : 두 물체 사이의 중력

G : 중력 상수

m_1 : 물체 1의 질량

m_2 : 물체 2의 질량

r : 두 물체(구심) 사이의 거리

국제단위제규정에 따르면 F의 단위는 뉴턴(N), m_1과 m_2의 단위는 킬로그램(kg), r의 단위는 미터(m), 중력 상수 G는 근삿값 $6.67 \times 10^{-11} N \cdot m^2 / kg^2$이다.

위 공식을 통해 중력이 물체의 질량 및 거리와 관련이 있다는 것을 직관적으로 알 수 있다. 만약 이 두 값이 변하지 않는다면 만유인력 F는 항상 일정할 것이다.

따라서 '무게와 상관없이 힘은 항상 그대로이며 늘지도 줄지도 않는다'는 말은 틀린 말이다. 물체의 질량이 커지고 거리가 같을 때 F는 '커지고 줄지 않는다'.

만유인력, 한계에 달하다

과학자들은 만유인력에 근거해 태양계의 해왕성과 명왕성을 계산해냈다. 만유인력 법칙으로 행성궤도가 정확하게 계산되는 것에 놀란 사람들은 세상 만물이 모두 이 법칙에 따라 움직인다고 믿게 된다. 신에 의지하지 않고 우리 스스로 해와 별, 우주의 운행 법칙을 알아낼 수 있다는 사실에 인류는 자신감이 넘쳤다. 그러나 만물은 모두 한계가 있는 법, 만유인력도 서서히 빛을 잃게 된다. 인류는 우주를 해석하면서 만유인력이 닿지 않는 암흑지대가 있다는 것을 알게 되었기 때문이다.

19세기 말에 과학자들은 수성의 근일점[19] 이동 속도가 이론값보다 크고 수성 궤도는 팽팽하게 선회한다는 것을 발표하였다. 당시 이를 만유인력의 법칙으로 설명하려 하자 난관에 부딪히게 된다. 설득력은 떨어져 갔고 뉴턴의 이론은 전혀 말을 듣지 않았다. 그리고 얼마 후, 아인슈타인의 상대성이론이 발표되었다. 이는 수성의 근일점이 100년마다 43초 움직이며 태양 정도의 질량이 되었을 때 그 중력으로 시공간을 구부려서 빛의 경로를 휘게 할 수 있다는 것이었다. 이로 인해 고전적 중력 이론은 아인슈타인에 밀려 힘을 잃게 된다.

고전적 만유인력 법칙은 사실 좀 더 정밀한 상대성이론으로 표현할 수 있다. 중력의 반경을 $R_g = \frac{2Gm}{c^2}$, G, m은 각각 중력 상수와 중력장을 만드는 구의 질량으로 나타내는데 여기서 c는 광속, R은 힘의 장인 구의 반경을 표시한다. 만약 $\frac{R_g}{R} < 1$이면 뉴턴의 중력 법칙을 쓸 수 있다. 태양은 $\frac{R_g}{R} \approx 4.31 \times 10^{-6}$으로 뉴턴의 중력 법칙을 적용하는 데는 문제가 없고 만유인력의 법칙도 그대로 사용할 수 있다.

그러나 블랙홀, 우주 대폭발 등과 같은 거시 영역으로 확장되면 만유인력은 넓은 의미의 상대성이론[20]에 비해 그 힘이 훨씬 약해진다. 만유인력 법칙은 저속과 중력이 약한 영역에서 활용이 가능하고 고속, 우주적 관점, 중력이 강한 장소까지 확장되면 더 이상 적용되지 않는 것이다. 이로써 사람들이 모든 것에 적용이 가능하다며 추앙했던 만유인력의 법칙은 명예의 자리를 내어주게 된다.

만유인력 법칙의 아름다움
: 혼돈에서 광명으로

만유인력은 마치 슈퍼 망원경과 같아서 핼리혜성, 해왕성, 명왕성을 볼 수 있고 또 하나의 거대한 거울처럼 태양, 지구 등 방대한 천체의 질량을 나타낼 수 있다.

이처럼 인류가 애타게 두드리던 우주의 문이 열리면서 천체운동의 신비는 사라졌다. 우리에게 익숙한 조석 현상도, 태양계 깊은 곳에 숨어 있는 행성도 만유인력의 손바닥에서 도망갈 수 없게 되었다. 만유인력의 출현은 인류로 하여금 천지 만물을 이해할 수 있는 믿음을 갖게 하였고, 사람들은 더 이상 맹목적으로 신을 숭배하지 않고 스스로 세상을 변화시킬 힘이 있다고 믿게 되었다. 물리학자 막스 폰 라우에[Max von Laue]의 말은 만유인력의 위대함을 생생하게 전해 준다.

"어떤 것도 뉴턴의 중력 이론처럼 행성궤도를 실제로 계산하여 젊은 물리학에 대한 존경을 힘있게 세운 것은 없다. 그 이후로 자연과학은 지혜로운 자의 정신적 왕국이 되었다!"

오일러 공식은 마치 한 줄의 아주 완벽하고 간결한 시와 같다.
수학의 왕자 가우스조차 "오일러를 좋아할 수
없는 사람은 평생 일류 수학자가 될 수 없다."라고 단언했다.

6

오일러 공식 :
가장 아름다운 공식

$$e^{i\pi} + 1 = 0$$

숫자가 있는 곳에 오일러가 있다

방안에서 풀어낸 쾨니히스베르크의 7개 다리 문제

　인류가 연구한 학문을 피라미드로 세운다면 가장 꼭대기에 근접한 것은 수학이다. 그러나 세상에는 극소수의 사람만이 천성적으로 수에 강하다. 이들이 가진 강력한 직관과 천재성은 우주 깊숙한 곳에 숨어 있는 법칙을 찾아내 세상에 알리는 역할을 한다.

　오일러는 선천적인 수학 천재 중에서도 으뜸으로 꼽힌다. 많은 사람은 그를 전재 중의 천재라고 감히 말한다. 그의 연구는 거의 모든 수학 분야를 다루고 있으며 물리학, 역학, 천문학, 탄도학, 항해학, 건축학, 심지어 음악까지 섭렵하고 있다. 많은 공식과 정리, 해법, 함수, 방정식, 상수 등은 모두 오일러의 이름을 따서 명명되었는데, 그중에서도 '오일러 공식'이 가장 눈에 띈다. 이 공식은 5개의 수학 상수 $0, 1, e, i, \pi$가 간결하게 연결되어 있고 동시에 물리학의 원주 운동, 단진동, 기계파, 전자파, 확률파 등을 연결하고 있어 수학자들은 오일러 공식을 '신이 창조한 공식'이라고 부른다.

　18세기 동프로이센의 쾨니히스베르크는 위대한 철학자 칸트가 태어난 곳으로 유명한 곳이다. 이 외에 프레겔강 또한 많은 이들이 이곳을 명소로 꼽는 이유이다. 이 강은 지역을 가로지르며 전 도시를 [그림 6-1]처럼 4개 권역인 섬(A), 동구(B), 남구(C), 북구(D)로 나눈다.

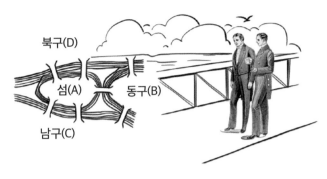

북구(D)

섬(A) 동구(B)

남구(C)

[그림 6-1] 쾨니히스베르크 7개 다리 문제

프레겔강과 작은 지류에는 7개의 다리가 걸쳐 있다. 이 다리는 네 구역을 연결하는 특징으로 많은 관광객을 모으고 있는데 이들은 마치 수수께끼를 풀듯이 이 7개의 다리를 중복 없이 다니다가 출발점으로 되돌아가는 시도를 즐긴다. 이는 일명 '쾨니히스베르크의 7개 다리 문제'라고 불린다. 하지만 이 문제를 시도하는 거의 모든 사람은 얼마 지나지 않아 기진맥진하고 만다. 중복 없이 다리를 건너는 것은 무리이기 때문이다.

당시 수학의 거인 오일러는 오른쪽 눈을 실명해 심란한 상황이었다. 하지만 주변 사람들이 이 문제로 난감해하자 수학자 특유의 호기심이 생기기 시작했다. 눈이 불편한 상황이라 다리를 직접 건널 수는 없지만 지도를 그려보면 모든 코스를 확인할 수 있었다. 실제로 걷는다면 아무리 체력이 좋은 사람이라도 무려 5,040가지나 되는 코스를 완주할 수 없다는 것을 오일러는 단번에 인식한 것이다.

이 흥미로운 수수께끼를 풀기 위해 오일러는 복잡했던 지도의 그림을 단순하게 그래프 문제로 만들었다. 네 개의 영역을 A, B, C, D의 네 개의 점으로 표시한 다음, 다리를 변으로 하면 [그림 6-2]와 같이 7개의 다리가 표시된 기하학적 그림으로 표현된다.

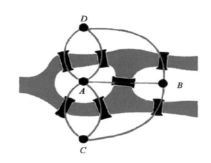

[그림 6-2] 7개의 기하학적으로 표시된 다리

이를 다시 단순화하면 [그림 6-3]과 같이 7개의 다리를 그래프로 나타낼 수 있다.

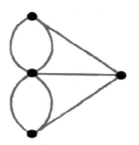

[그림 6-3] 7개의 다리를 나타낸 그래프

이제 상당히 복잡해 보였던 7개 다리 문제는 아이들이 가장 좋아하는 단순한 놀이로 탈바꿈되었다. 종이 위에 7개 다리를 중복되지 않게 그릴 수 있다면 이 문제는 간단히 해결되는 것이다.

오후 내내 오일러는 방 안에서 나올 생각을 하지 않았다. 수십 번 쓰고 버려진 종이 뭉치의 복잡한 선들이 풀리지 않는 털실처럼 보였다. 한참 후, 마침내 연필 부스러기가 가득 묻힌 손가락이 오일러의 뺨을 지나더니 뭔가를 발견해내었다. 한 번에 연결할 수 있는 도형은 우선 연결된 도형이어야 한다. 그다음, 연필을 떼는 지점이 시작점이나 끝점이 아니라면, [그림 6-4]와 같이 호가 들어가고 또 다른 호가 나오게 된다. 즉, 교차점의 선은 반드시 쌍을 이루며, 이러한 점은 반드시 짝수점(연결된 선의 개수가 짝수인 꼭짓점)이며, 도형에서 홀수점(연결된 선의 개수가 홀수인 꼭짓점)은 시작점 또는 끝점만 가능하다. 덧붙여 오일러는 어떤 도형이 한 붓으로 그려질 수 있는 필요충분조건은 연결된 도형이며 홀수점의 개수는 0 또는 2라는 그 유명한 '한붓그리기 원리'를 정리하였다.

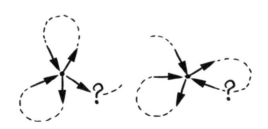

[그림 6-4] 한붓그리기

하지만 [그림 6-3]을 보면 홀수점의 개수가 4개로 조건에 맞지 않는다는 것을 알 수 있다. 결국 오랫동안 사람들이 찾으려고 애썼던 '7개 다리 문제'에서 반복 없이 단 한 번에 통과하는 코스는 사실상 존재하지 않는다는 결론이 나온다.

7개 다리 문제를 한붓그리기 문제로 바꾸는 것은 실제 문제를 추상적인 수학적 모형으로 바꾸는 과정으로 그다지 심오한 이론을 구사할 필요가 없었다. 하지만 이를 떠올리는 것이 난제를 푸는 최대 관건이었다. 그리고 이 곤란한 문제는 18세기 위대한 수학자 오일러가 실제 문제가 된 다리 근처에도 가지 않은 채 풀어냈다. 이후 우리는 이런 연구 방법을 '수학적 모델링mathematical modeling'이라고 부르게 되었다.

다면체 오일러 공식과 투시 기하의 아름다움

1736년 '쾨니히스베르크 7개 다리 문제' 논문이 발표되면서 수학의 새로운 갈래인 그래프 이론과 도형의 위상적 성질을 연구하는 위상기하가 생겨났다. 이때 오일러의 나이는 29세였다. 물론 13세에 명문대에 입학하고 15세에 학부 졸업, 16세에 석사, 19세에 박사, 24세에 교수가 된 오일러에게는 딱히 놀라울 일도 아니다. 오일러는 젊은 나이에 불행히도 한쪽 눈을 잃었지만 기하의 아름다움을 투시하는 눈을 가지고 있었다. 그는 7개 다리 문제 해결에 이어 위상수학[21]의 초석이면서 위상수학에서 가장 유명한 정리인 '다면체 오일러의 공식'을 제시하였다. 즉, 단순 볼록 다면체의 경우, 꼭짓점의 수 V, 모서리의 수 E, 면의 수 F 사이에 $V-E+F=2$가 성립한다는 것이다.

예를 들어, [그림 6-5]와 같이 정육면체는 꼭짓점 8개, 모서리 12개, 면 6개이므로 오일러 공식에 대입하면 8-12+6=2이다.

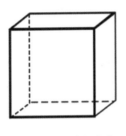

[그림 6-5] 정육면체

이 정리는 신기하게도 간단한 다면체의 꼭짓점 수, 모서리 수, 면의 수 사이의 특별한 법칙을 제시한 것으로 정다면체가 5개밖에 존재하지 않는다는 흥미로운 사실을 확인시켜 준다. [그림 6-6]과 같이 정다면체는 정사면체, 정육면체, 정팔면체, 정십이면체, 정이십면체로 다섯 가지로 국한된다.

정사면체   정육면체   정팔면체   정십이면체   정이십면체

[그림 6-6] 정다면체

다른 다면체의 특징을 파악하기 위해서 도넛과 같은 다면체를 본다면 [그림 6-7]과 같이 $V-E+F=0$으로 그 결과는 2가 아니다. 현재 $V-E+F$는 위상불변량位相不變量으로 '오일러의 수'라고도 불리는데 서로 다른 2차원 곡면을 구분한다. 구면의 오일러 수는 2, 도넛 모양 곡면의 오일러 수는 항상 0이다.

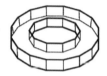

[그림 6-7] 도넛 모양 다면체

미적분의 눈부신 성장

오일러는 역사상 매우 많은 산출물을 가진 수학자로서, 886권에 달하는 서적과 논문을 썼다. 이 중에는 해석, 대수, 수론이 40%, 기하학 18%, 물리 및 역학 28%, 천문학 11%, 탄도학, 항공 해학 및 건축학 등이 3%를 차지한다. 상트페테르부르크 과학원은 이후 그의 저서를 정리하는 데만도 무려 47년이 걸렸다고 한다.

오일러의 일생에서 으뜸으로 손꼽히는 것은 해석학이다. 이 해석학에 대한 연구는 뉴턴과 라이프니츠의 미적분을 성장시킨 것으로 이로 인해 오일러는 '해석학의 화신'으로 불렸다.

그는 '미적분의 아버지'라고 불리는 뉴턴과 라이프니츠보다 확실히 더 많은 업적을 지니고 있다. 그 방증으로 《무한해석개론$^{\text{Introductio in Analysis Infinitorum}}$》(1748), 《미분학의 원리$^{\text{Institutiones Calculi Differontial}}$》(1755), 《적분학의 원리$^{\text{Institutiones Calculi Integrelis}}$》(총 3권, 1768~1770) 등 미적분에 관한 책 세 권을 연속으로 출간했다. 미적분 발전사에 기념비적이라 할 수 있는 그의 저서는 오랫동안 해석학 교과서의 교본으로 널리 사용되어 왔다.

그 중 《무한해석개론》에서 제시하는 유명한 식 $\lim_{x \to \infty}(1+\frac{1}{x})^x=e(e=2.7$ $182818\cdots)$, 복소함수론에서 $e^{i\theta}=\cos\theta+i\sin\theta$는 미적분 커리큘럼에서 중요한 위치를 차지하고 있다. 이 공식은 미적분의 극히 중요한 함수 세 개를 하나로 연결시킨 것으로 이런 함수는 인류가 수천 년 동안 연구했지만 결코 해결할 수 없었던 난제 중의 난제로 꼽힌다.

오일러가 제시한 지수 함수 e^x는 미적분에서 유일하게 미분과 적분이 모두 자기 자신이 되는 함수이다. 또한 삼각함수에서 코사인 함수 $\cos x$와 사인 함수 $\sin x$는 미적분의 꽃이라고 할 수 있다. 핀란드 수학자 알포스$^{\text{L. V. Ahlfors}}$는 '순전히 실수 관점에서 미적분을 다루는 사람은 지수함수와 삼각함수 사이의 어떤 관계를 알지 못한다'고 하였다. 오일러는 삼각함수의 정의역을 복소수까지 확장시키면서 삼각함수와 지수함수의 관계를 끄집어내었다.

더 직관적으로 이해하면, 복소평면에서 θ는 평면 위의 각을 나타내는데 $e^{i\theta}$를 단위원 위의 움직이는 점을 묘사하는 것으로 간주하면

$\cos\theta + i\sin\theta$ 역시 복소평면의 좌표를 통해 단위원 위의 점을 표현한다. 그리고 두 가지는 같은 점의 다른 표현이므로 [그림 6-8]과 같이 $e^{i\theta} = \cos\theta + i\sin\theta$ 이다.

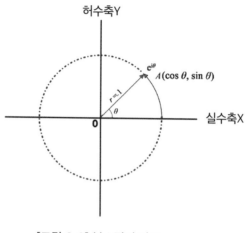

[그림 6-8] 복소평면 좌표

우리는 이 공식이 가져온 변화를 여러 분야에서 보게 될 것이다. 예를 들어 경제학에서는 $\sum_{n=1}^{N} \frac{\partial f(\bar{x}_1, \cdots, \bar{x}_n)}{\partial x_n} \bar{x}_n = rf(\bar{x}_1, \cdots, \bar{x}_N)$ 으로, 미시경제에서 소비자의 요구함수 또는 생산자의 생산함수로 이용되며 이는 미시 경제학의 기초가 된다.

뉴턴과 라이프니츠가 창립한 미적분은 그 기초가 불안정하여 응용에 한계가 있었고 연구도 주로 곡선과 미적분에 한정되었다. 그러나 오일러는 미적분의 응용 영역을 무한히 넓혔고, 새로운 학문 분야로 세분화하는데도 큰 기여를 하였다. 이렇게 형성된 해석학은 광범위한 영역에서 수학적인 분석의 중심은 함수여야 한다는 점을 공고히 했다.

이후 18세기 수학은 대수, 해석, 기하학의 세 분야를 중심으로 발전하였고 산업혁명으로 증기기관, 방직기 등 기계 중심의 운동으로 변화가 생겼으며 가장 적합한 수학적 도구로 정밀 계산되었다.

역사상 가장 아름다운 공식

오일러 공식은 비록 질량 에너지 방정식과 만유인력 법칙만큼 인류를 변화시키는 역사의 흐름에 있지는 않지만 공식이 가진 치명적인 수학적 아름다움을 보여 준다.

$\theta=\pi$를 복소수 함수인 오일러공식 $e^{i\theta}=\cos\theta+i\sin\theta$에 대입하면 $e^{i\pi}=\cos\pi+i\sin\pi$으로 $e^{i\pi}=-1+0$이 된다. 이 등식은 수학에서 매우 중요한 다섯 가지 상수 $0, 1, \pi, e, i$를 한자리에 모아 수학의 다른 분야를 아주 간단한 방식으로 연결하는데, 수학의 5대 상수를 융합한 이 공식은 '역사상 가장 아름다운 공식'으로 꼽힌다.

이 공식이 치명적인 매력을 가진 이유는 각각의 개성이 독특한 5대 상수를 한 자리에 불러모았다는 점이다. 수학의 5대 상수 중 하나인 0과 1은 가장 간단한 실수로서 군, 환의 기본 원소이자 대수의 기초이다. 어떤 수와 0을 더하면 자기 자신이고 어떤 수와 1을 곱해도 자기 자신과 같다. 0과 1이 있으면 다른 어떤 수든지 다 얻을 수 있다.

무리수 π는 가장 완벽한 평면대칭 도형인 원에 숨어 있는 수로서 π는 유클리드 기하와 넓은 의미의 상대성이론에 모두 들어있다. π가 있다는 것은 삼각함수가 존재한다는 것을 의미한다. 또한 무리수 e는 자연 대수의 하위 개념으로 비행선의 속도, 달팽이의 나선형에 이르기까지 사방에 널려 있다. e가 있어 미적분이 있고 산업혁명 시기에 적합한 수학도 있는 것이다. 허수 단위 i는 -1의 제곱근이자 방정식 $x^2+1=0$의 한 해이다. i는 허수로 평면벡터와 이에 대응하는 것은 모두 해밀턴의 사원수가 된다., 해밀턴의 사원수가 된다. 오일러 이후에는 허수가 전자학 혁명을 일으키는 양자역학의 이론적 토대가 되기도 한다.

그리고 이 다섯 가지 상수에 연산 기호 '+'와 등호 '='가 등식에 포함되어 있다. 뺄셈은 덧셈의 역연산, 곱셈은 덧셈의 누적이다. 덧셈으로 나머지 연산부호를 낼 수 있고, 등호는 균형을 나타낸다. 바로 이렇게 대단한 다섯 가지의 숫자를 하나의 공식으로 표현하였으니 오일러가 얼마나 위대한 수학자인지 상상조차 할 수 없을 지경이다.

오일러 공식은 마치 한 줄의 아주 완벽하고 간결한 시와 같다. 수학의 아름다움은 수학자들이 "신이 창조한 공식, 우리는 그것을 보고만 있을 뿐 완전히 이해하지 못한다."라고 평할 정도다. 이 공식은 수학에 깊은 영향을 끼쳤는데, 예를 들면 삼각함수, 테일러급수, 확률론,

군론 등 다수가 있다. 수학의 왕자 가우스조차 "오일러를 좋아할 수 없는 사람은 평생 일류 수학자가 될 수 없다."라고 단언했다. 이 밖에 오일러 공식은 전자기학, 양자역학과 같은 물리학에도 지대한 영향을 끼쳤다.

오일러 공식의 아름다움
: '만인의 스승'에게 경의를 표한다

60세 때, 오일러는 결국 시력을 잃게 된다. 하지만 그는 여전히 강한 기억력과 암산력으로 400여 편의 논문을 구술로 완성하였고 강체역학, 분석역학 등 새로운 분야를 독자적으로 만들었다. 프랑스의 대수학자 라플라스는 오일러를 '만인의 스승'이라며 칭송하였는데 그 말은 과언이 아니다. 현재 우리는 수학의 거의 모든 영역에서 빠짐없이 오일러의 이름을 볼 수 있다.

기하에서 오일러선, 다면체의 오일러정리, 입체해석 기하의 오일러변환 공식뿐만 아니라 정수론의 오일러 함수, 변분법의 오일러 방정식, 복소함수의 오일러 공식 등등. 오일러가 이렇게 많은 분야에 영향을 끼칠 수 있었던 것은 과학을 위해 지극히 헌신하는 정신을 보였기 때문이다.

오일러는 천부적인 재능을 가졌을 뿐 아니라 그의 근면함과 노력 또한 그 어떤 학자도 도달할 수 없는 수준이었다. 과도한 연구로 시력을 잃기까지 한 성실함에 더해 훗날 모든 시력을 잃은 뒤에도 멈추지 않고 마지막 순간까지 쏟아부은 그의 열정은 가히 그를 '만인의 스승'이라 부를 만하다.

7

갈루아 이론 :
해가 없는 방정식

$$x^5 + ax^4 + bx^3 + cx^2 + dx + e = 0$$

갈루아 군론,
현대 수학의 막이 오르다

$x^5 + ax^4 + bx^3$

군론의 등장으로 시작된 현대 대수학 ————•

1832년 자신의 죽음을 예감한 프랑스 수학자 갈루아^{Galois}는 반세기 가까이 어느 누구도 이해하지 못한 32쪽짜리 논문을 거침없이 써 내려갔다. 그는 항상 "나는 시간이 없다."고 말하곤 했던 학자였다. 그만큼 머릿속에는 뱉어내지 못한 수학 공식과 연구들로 가득 차 있었던 듯했다.

어느 날, 21살 청춘이었던 갈루아는 결투에 휘말려 총을 맞고 숨을 거두게 된다. 그는 비록 바짝 야윈 몸에 자신의 몸 하나 가누기 힘든 상태였지만 수학에서만큼은 늘 불같은 열정을 불태웠다.

갈루아의 죽음 이후 14년 동안 그의 논문을 이해하는 사람은 단 한 명도 없었다.

당대 최고의 수학자와 물리학자들, 이를테면 가우스, 코시, 푸리에, 라그랑주, 야코비, 포아송 같은 쟁쟁한 인물들조차도 갈루아의 이론을 제대로 해석할 수 없었다. 당시 스물한 살 젊은이가 남긴 생애 마지막 작품이 현대 대수학의 효시가 될 줄은 아무도 생각하지 못했다.

"계산에서 벗어나 군의 연산과 그것들의 복잡도에 따라 분류하는 것이 미래 수학의 임무라고 믿는다."

갈루아가 남긴 이 말은 지금도 번개처럼 밤하늘을 가로지른다.

세계적인 수학자들은 여러 공식 가운데서도 5차 방정식에 미련을 두고 아쉬움을 토로했다고 한다. 왜 그들은 5차 방정식에 그토록 미련을 두었을까? 그것은 5차 방정식의 해법 과정에서 수학자들이 빙산 아래에 숨어 있는 현대과학을 처음으로 끄집어내어 절묘하게 현대 군론에 편입시켰기 때문이다. 이 군론은 수학계에 전혀 다른 새로운 무대를 열게 된다. 군론으로 인해 계산연구에 편중된 사고방식에서 구조 관념으로 연구하는 사고방식으로 바뀌었고 수학연산이 분류되었다. 이로써 군론은 참신한 수학의 한 분야로 발전하게 된다. 또한 이것은 대수 형성과 발전에 큰 영향을 미쳤다.

군론의 등장은 20세기의 기초 물리의 토대를 마련하기도 하였다. 200년 가까이 인류를 지배해 온 뉴턴의 기계적 우주관은 이때부터 무작위적이고 불확실한 양자 세계와 막막한 시공간의 상대성이론을 논하기 시작했다. 이렇게 발화된 위대한 과학혁명이 폭풍처럼 전해져 오늘날에 이르게 된다.

양전닝(Yang chen ning, 미국 이론물리학자)의 게이지이론$^{Gauge\ theory}$은 당대 입자 물리의 표준 모형을 세웠는데, 그 기초는 군론의 리군$^{Lie\ group}$과 리대수$^{Lie\ algebra}$이며, 물리에서 대칭성을 설명하였다.

오늘날 물리와 수학은 군론이 없는 것을 상상할 수 없을 정도가 되었다. 갈루아 군$^{Galois\ group}$은 산술과 위상수학의 조화에 중요한 역할을 하고 있으며 이것은 현재 수학의 신비로운 현상으로 여겨진다. 갈루아 군과 위상수학에서의 기본 군을 잘 살펴보면 매우 유사하다는 것을 알 수 있다. 20세기 수학계 최고의 천재로 꼽히는 그로텐디크 Grothendieck는 모티브 이론Motive theory을 제시했는데 이는 지금까지도 여전히 신비롭게 여겨지는 것으로 갈루아의 이론은 모티브 이론의 0차원의 특수한 경우로 볼 수 있다.

또 다른 시각에서는 갈루아 군(기본 군)이 특수한 기하 대상을 완전하게 결정한다고 여기는데 이는 그로텐디크가 제시한 비아벨 이론 Nonabelian theory이다. 특히 최근에 abc추측을 입증해서 화제가 된 모치즈키 신이치Shinichi Mochizuki의 연구도 같은 방향이다.

대수학에서 갈루아 군은 가장 핵심적인 대상으로 '표현론'과의 융합은 또 다른 현대 수학, 랭글랜즈 프로그램Langlands program[22]을 창시하도록 하였다. 이는 갈루아 이론의 현대적 진화일 뿐 아니라 가장 감동적인 부분이라 할 수 있다.

⌐ 5차 방정식을 해결하는 근의 공식은 존재하는 것일까? →

우리는 다시 군론 탄생의 근원이자 수백 년 동안의 난제였던 '5차 방정식의 근을 구하는 일반적인 공식이 존재할까?'라는 질문으로 돌아가 보려고 한다.

수학 역사상 가장 오래되고 자연스러운 문제 중 하나는 일원일차방정식의 근을 구하는 것이었다.

2차 방정식은 일찍이 고대 바빌론 시대에 해결됐다. 어떤 이차방정식 $ax^2+bx+c=0(a\neq0)$이 주어지면 우리는 근의 공식 $x=\dfrac{-b\pm\sqrt{b^2-4ac}}{2a}$를 이용해 해를 구한다. 3차 방정식과 4차 방정식은 16세기 중반에 이르러서야 해를 구할 수 있게 되었다. 그 사이에 3천여 년의 유구한 세월을 뛰어넘어 타르탈리아[Niccolo Tartaglia], 카르다노[Girolamo Cardano], 페라리[Lodovico Ferrari] 등 수학 대가들의 암투 속에 3차 방정식의 근의 공식인 '카르다노 공식'이 탄생하였다. 4차 방정식의 근의 공식은 훨씬 빨리 찾을 수 있을 거라 예상되었는데 페라리는 스승인 카르다노의 3차 방정식 근의 공식을 슬기롭게 배운 후, 교묘하게 하강법을 이용하여 4차 방정식의 근의 공식을 얻었다. 이에 수학자들은 일원 n차 방정식은 모두 상응하는 근의 공식을 통해 해를 얻을 수 있을 거라고 믿었다. 이에 많은 이들이 곧 5차 방정식 해법이 나올 것으로 예상했지만 200여 년 동안 성과는 미미했고, 고수들의 노력에도 불구하고 헛수고로 돌아갔다.

5차 방정식 해법에 가장 먼저 새로운 아이디어를 낸 사람은 수학계의 '외눈 거인' 오일러였다. 그는 임의의 수에 대한 5차 방정식을 $x^5+ax+b=0$의 꼴로 바꿔 생각했다. 오일러는 이 아름다운 표현에 꽂혀 5차 방정식의 해법을 찾아낼 수 있다고 독자적으로 생각했지만 큰 소득은 없었다. 이와 동시에 수학 천재 라그랑주[Lagrange]도 5차 방정식의 근의 공식을 찾는 데 전력을 다하고 있었다. 페라리가 4차 방정식을 3차 방정식으로 격하시킨 역사적 경험을 되살려 그도 같은 시도를 하였지만 기대와 다르게 5차 방정식이 6차 방정식으로 차수가 커지는 결과를 낳았다.

수학자의 발걸음이 5차 방정식이라는 관문에 막히면서 일원 n차 방정식의 근의 공식을 찾는 노력은 한동안 미궁에 빠지기도 했다. n차 방정식에 관한 논쟁은 당시 두 가지 문제에 집중되었다.

(1) n차 방정식은 적어도 하나의 해를 가지는가?

(2) n차 방정식의 해가 있다면 몇 개의 해가 있을까?

이때 수학의 왕자로 꼽히는 가우스^{Gauss}가 나서서 수학자들의 전철을 밟으며 장애물을 확인하였다. 결국 그는 1799년에 모든 n차 방정식은 n개의 해를 가진다는 것을 증명했다. 그의 말대로라면 5차 방정식은 당연히 5개의 해를 가진다. 하지만 '이 해들을 일반적인 공식으로 구할 수 있을까?'라는 과제가 남아 있었다. 아무리 안개를 거치고 나아가도 그곳에는 또 다른 장애물이 앞을 가로막았고 5차 방정식의 공식이 있는지에 대한 의문은 여전히 인간을 괴롭혔다.

　수백 년에 걸친 고생으로 19세기 초 수학 제국은 5차 방정식에 낙담하였고 당시 가장 빛났던 두 젊은 천재를 연거푸 제압해버렸다. 한 명은 26세의 노르웨이 청년 아벨[Niels Henrik Abel]이었고 다른 한 명은 21세의 프랑스 천재 갈루아[Évariste Galois]였다.

　아벨은 1824년 〈일원 5차 방정식의 대수적 해는 없다〉는 논문을 발표해 일반적인 5차 방정식의 근은 공식으로 풀 수 없다는 것을 처음으로 완전하게 증명하였다. 하지만 북유럽에서 온 이름 없는 젊은이의 말에 수학자들은 고개를 갸우뚱거렸고 난제를 해결했다는 것을 인정하지 않게 된다. 심지어 코시는 아벨의 논문을 책상의 어느 서랍에 아무렇게나 넣어 버렸고, 가우스는 논문을 대충 훑어본 뒤 '이건 또 어떤 괴물의 망발인가'라는 논평만 남겼다.

　이 비운의 천재는 여러 수학자에게 인정도 받지 못한 채 결핵으로 짧은 생을 마감했지만 그의 논문은 고차 방정식과 저차 방정식의 차이를 밝혀내는 데 성공했다. 그리고 그의 주장대로 5차 대수방정식에 통용되는 근의 공식이 존재하지 않는다는 것이 증명되었다.

　아벨의 이 증명은 수학에서 방정식의 해를 공식으로 구한다는 사상적 속박에서 벗어나 방정식 계수를 연산하는 형식의 근의 공식으로 5차 방정식의 해를 구할 수 없다는 것을 알려주었다. 하지만 '어떤 방정식의 해는 간단한 대수 공식으로 표현할 수 있고, 어떤 방정식은 왜 그러지 못하는가?'라는 질문에는 완벽한 답을 내놓지 못했다. 갈루아가 세상을 떠난 후에서야 고차 방정식의 해법은 세상에 그 모습을 드러내게 된다.

1830년 19세의 갈루아는 한 편의 논문으로 광범위한 추상 대수의 세계를 열었다. 그는 새로운 개념인 군[23] 群, group을 도입했다. 그리고 일원 n차 방정식의 해를 근의 공식으로 구할 수 있는 필요충분조건은 방정식의 갈루아 군[24]이 가해군[25](유한군)이라는 것을 더 완전하고 강력한 방식으로 증명하였다.

일반적으로 일원 n차 방정식의 갈루아 군은 n개 문자의 대칭군[26] S_n이며, $n{\geq}5$일 때 S_n은 가해군Solvable group이 아니다. 즉, 5차 이상의 방정식의 근은 사칙연산과 거듭제곱근으로 나타낼 수 없다. 하지만 $n=4$일 때, S_n은 가해군이므로 사차 방정식의 일반적인 해법이 존재한다.

뛰어난 재능으로 수백 년간 숨겨져 있던 '군론'의 영역을 연 갈루아는 당시 수학의 거장이었던 코시에게 그의 논문을 건네줬지만 코시는 아벨에게도 그랬던 것처럼 역시 눈 깜짝할 사이에 그 논문을 잊고 지낸다. 심지어 그는 갈루아의 논문 요약을 잃어버리기까지 한다. 만약 그가 지금까지 받았던 수학 천재들의 논문을 잘 간직하고 발전시켰다면 아마도 현대 수학은 또 다른 길을 걷고 있을지도 모를 일이다.

갈루아는 방정식 이론을 세 문장으로 만들어 자신 있게 수학대회에 제출했는데 자료를 넘겨 받은 푸리에Fourier가 세상을 뜨는 바람에 갈루아의 논문은 또다시 어둠에 묻히게 된다. 이후 갈루아는 포아송 Poisson의 권유로 프랑스 과학원에 새 논문을 제출했지만 정작 갈루아를 격려한 포아송은 갈루아의 이론을 이해할 수 없다는 애매한 말을 한다. 젊고 패기 넘치는 갈루아는 포아송의 반응에 분노를 일으키고 수학 영역에조차 흥미를 잃게 되는 결과를 낳는다. 결국 그는 눈을 돌려 정치 활동에 빠지게 되고 국민을 일깨우기 위해 시신 한 구가 필요하다면 자신의 것을 바칠 용의가 있다고 말한다. 그다지 평안한 성격을 지니지 못한 갈루아의 이런 격한 어투는 새로운 시대에 대한 분노이자 세상에 대한 분노였던 셈이다. 그의 이런 불같은 성격은 연인 관계에서도 드러난다.

갈루아는 정치 활동 중 우연히 만난 여인에게 일생을 바칠 계획을 한다. 하지만 안타깝게도 그녀는 남편이 있는 여인이었다. 더욱 비참한 것은 그녀의 남편이 갈루아처럼 난폭한 사람이었다는 것이다. 결국 두 사람은 한 여자를 사이에 두고 격렬히 다투게 되고 결투 끝에 갈루아는 숨을 거두고 만다.

신은 갈루아의 비통스런 운명에 죄책감을 느꼈는지 그가 죽기 전에 낸 논문을 친구인 오귀스트 슈발리에Auguste Chevalier에게 맡기도록 한다. 친구는 그의 부탁을 어기지 않고 마지막 유고를 가우스Gauss와 야코비Jacobi에게 보냈지만 회신은 돌아오지 않았다. 1843년에 이르러서야 프랑스 수학자 리우빌Liouville은 갈루아의 안목을 알아보고 그의 군론사상을 인정하게 된다. 이로써 일원 5차 방정식의 근의 공식이 존재하지 않는 근본 원인이 세상에 알려지게 되었고 갈루아의 천재성과 공로는 10여 년이 지난 후에야 빛을 발하게 되었다.

갈루아 군 대수학의 새로운 장이 되다

이렇게 300여 년의 난관을 겪은 5차 방정식이 베일을 벗으면서 현대 군론으로 가는 철도가 슬그머니 놓이기 시작했고, 대수학도 새로운 장을 맞게 되었다. 사실 애초에 아벨과 갈루아는 5차 방정식이 풀리지 않는다는 것을 증명하는 것이 아니라, 대수적 연산 조작(사칙연산과 거듭제곱)으로 표현하기 어렵다는 것을 증명하려고 하였다. 그리고 이 증명 과정에서 갈루아는 다항식의 해의 대칭성을 관찰하였는데 이 대칭성으로 해의 근호 표현식 존재 여부를 완전히 결정짓는다는 것을 보여주었다.

가장 표준인 5차 방정식의 예를 보자.

$$x^5+ax^4+bx^3+cx^2+dx+e=0$$

이 방정식의 근으로 r_1, r_2, r_3, r_4, r_5가 있다고 가정하자. 표준 5차 방정식의 각각의 계수는 하나의 대칭 함수가 된다. 예를 들어, $a=-(r_1+r_2+r_3+r_4+r_5)$, $b=r_1r_2+r_1r_3+r_1r_4+r_1r_5+r_2r_3+r_2r_4+r_2r_5+r_3r_4+r_3r_5+r_4r_5$이다.

이 공식을 관찰하여 갈루아는 이 해들을 임의의 방식으로 배열하고, r_1, r_2를 서로 바꾸어도 이 표현식이 바뀌지 않고 다른 방식으로 배열할 수 있다는 사실에 주목한다. 다섯 개의 숫자는 *120*가지의 다른 조합이 있기 때문에 표준 5차 다항식은 *120*가지의 대칭이 있다. 이런 대칭성을 묘사하기 위해 갈루아는 군의 개념을 만들었다. *120*가지 배열 방식으로 이루어진 군에서 방정식이 요구하는 피라미드형 부분군을 생각하는데 갈루아는 5차 방정식이 허용할 수 있는 가장 높은 배열은 *20*이라는 것을 밝혀냈다.

이렇게 해서, 아벨이 해결하지 못한 문제-방정식에 따른 근의 공식 유무-를 갈루아가 해결하게 된다. 만약 지금 당신 앞에 놓인 여러 가지 다항식의 갈루아 군이 원소가 20개를 넘지 않는다면 주어진 식은 근의 공식을 찾을 수 있는 것이다.

갈루아는 5차 방정식의 문제를 해결한 이후에도 계속 가시덤불을 헤치며 $n \geq 5$일 때 n차 교차군은 비아벨의 단순군^{Simple group}으로 해가 없음을 성공적으로 증명해 보인다. 일반적으로 n차 방정식의 갈루아 군은 n차 대칭군의 부분군이기 때문에 보통 5차 또는 5차 이상의 방정식을 근의 공식으로 풀 수 없다는 것이 직접적인 추론이다. 만약 이 추론에서 몇 가지 모호한 점을 발견했다면 함께 좀 더 자세히 읽어보자.

$f(x)=0$를 정의역 F에서 기약다항식[27]이라 하고 분해 가능하다고 하자. $f(x)=0$의 분해체[28]^{Splitting field}를 E라고 하면 E는 F의 갈루아 군에

대해 $f(x)=0$의 해집합의 치환군이다. E는 F의 중간영역에서 $f(x)=0$에 대응하는 일부 필요한 중간방정식에 해당한다.

방정식 $f(x)=0$을 근의 공식으로 풀 수 있는 충분한 조건은 E가 F의 갈루아 군에 대해 가해군이라는 것이다. 그래서 $n \geq 5$일 때 n차 교차군은 해가 없다.

갈루아의 군론으로 결국 방정식의 가해성의 신비를 푸는 데 성공했는데 이는 단순히 방정식의 가해성의 해결로 끝난 것이 아니다. '왜 4차 및 4차 이히의 방정식은 근의 공식이 있고 4보다 높은 차수의 방정식은 근의 공식이 없는지'를 명확하게 밝힘으로써 고대의 3대 작도 불능 문제[29]중 두 가지 즉, '임의의 각을 3등분할 수 없다'와 '주어진 원과 넓이가 같은 정사각형을 눈금 없는 자와 컴퍼스만으로 작도 불가능하다'는 것을 해결하게 된다.

이것들은 모두 수학계에 큰 기여를 했다. '군^{Group}', '체^{Field}[30]'와 관련된 개념 도입은 추상 대수의 태동이다. 그래서 사람들은 갈루아의 성과를 갈루아 이론으로 정리하였고 갈루아 이론은 대수와 정수론의 기본 기둥이 되는 큰 공을 세우게 된다.

갈루아 군의 아름다움
: 천재 수학자의 탁월한 재능을 질투하다

지금까지 우리는 3차 방정식 해법에 성공한 지 300여 년 만에 꽃을 피운 이론이 인류를 수천 년 동안 괴롭혔던 고난도의 수수께끼까지 해결하는 것을 살펴보았다.

프랑스 수학자 피카[Picard]는 19세기 수학적 성취에 대한 평론에서 '갈루아의 개념과 사상의 독창성, 엄밀성은 누구와도 비교할 수 없다'고 하였다. 5차 방정식 문제의 해결 과정을 되돌아보면 군론, 체론이 얽혀 우여곡절도 많았으니 당시 학계 최고 정상급의 심사위원들이 오리무중에 빠지는 것도 당연한 처사였다. 인류 역사상 가장 천부적인 재능을 가졌던 수학자 갈루아는 불운한 인생을 살았지만 사람들은 그의 재능에 감탄하며 찬사를 보냈다. 어쩌면 그의 불운은 조물주의 시기 어린 질투가 아니었을까.

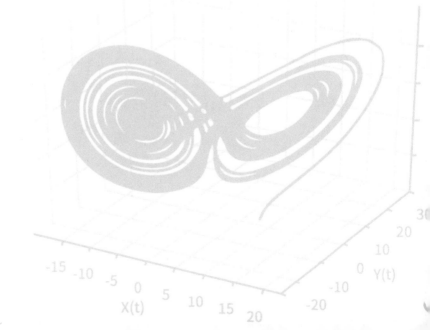

리만은 3차원 사람이 2차원 세계에 온 것처럼 단번에 짧고 긴 선으로만
이루어진 것처럼 보이는 세상을 다른 세계로 보았다.
리만이 '고차원 공간' 수학 이론을 제시하자 고전 수학의 경계는 허물어졌다.

8

위험한 리만 가설

$$\zeta(s) = \sum_{n=1}^{\infty} n^{-s} = \frac{1}{1^s} + \frac{1}{2^s} + \frac{1}{3^s} + \cdots = 0$$

수학자에게 영혼을 팔라고
유혹할 수 있는 것은
리만 가설뿐이다

$$\zeta(s) = \sum_{n=1}^{\infty} n^{-s} = \frac{1}{1^s} + \frac{1}{2^s} + \frac{1}{3^s} + $$

'고차원의 세계'에서 온 리만

직선 밖의 한 점에서 그을 수 있는 평행선은 몇 개일까?

유클리드 기하[31]Euclid geometry로 보면 당연히 1개이다. 하지만 비非 유클리드 기하에서는 최소 2개(무수히 많은 경우도 가능하다)이다. 수학 자 리만Riemann은 평행선이 서로 만나는지 아닌지 누가 알겠느냐며 유 유히 되물었다. '평행선공리'의 세기의 싸움은 리만 기하[32]Riemannian geometry로 끝난다. 리만이 제시한 바에 따르면, 직선 밖의 한 점에서 평 행선을 그릴 수 없다. 이것은 구와 타원체에 기초한 무평행선 결론을 얻게 하였고 상대성이론의 수학적 뒷받침이 되었다.

상대성이론의 최초의 영감은 아인슈타인이 '중력은 힘이 아니라 시 공간이 휘어진 표현'이라는 것을 인식한 데서 비롯되었다. 물리적인 직관이 보통 사람의 몇십 배 뛰어난 아인슈타인은 이를 표현할 마땅 한 수학적 도구를 찾지 못했다. 그가 중력이 시공간이 구부러져 생기 는 효과라고 직접 말하기에는 설득력이 없었는데 수학자 친구인 그로 스만Grossmann으로부터 리만의 비유클리드 기하를 알게 되면서 상대성 이론은 일찍 세상에 나올 수 있었다.

아인슈타인은 전 세계에 "만약 내가 없었으면 50년 내에 일반 상대 성이론도 나오지 못했을 것이다."라고 의기양양하게 말했다. 이때, 아 인슈타인과 함께 어깨를 나란히 할 수 있는 사람은 아마도 수학의 거장 리만뿐이었을 것이다.

　리만은 1826년 하노버(지금의 독일)의 가난한 목사 집안에서 태어났다. 그의 아버지는 본래 그가 신학을 공부해서 돈을 잘 버는 목사가 되기를 바랐지만 리만은 수학에 천부적인 재능을 보였고 이를 막을 수 없었다. 리만이 중학생일 때, 선생님은 이미 리만의 수학 지식이 자신을 능가한다는 것을 알게 되어 학교 도서관에 있는 책 중에서도 가장 두껍고 먼지가 가장 많이 쌓인 수학책을 그에게 빌려주었다. 이 책은 바로 르장드르^{Legendre}의 《정수론^{Théorie des nombres}》이다.

　일주일 후, 리만이 책을 반납하자 선생님은 책을 얼마나 읽었는지 물었다. 이때, 리만이 "다 봤는데요. 이론이 묘하네요."라고 답한 일화가 전해진다. 리만의 대답에 대경실색한 선생님은 바로 리만의 아버지를 찾아가 서둘러 리만을 가우스에게 데려갈 것을 권유한다. 리만의 인생은 원래 삼류 목사로 계획되어 있었지만, 선생님의 강력한 추천으로 수학 대가의 길로 나아갈 수 있었던 것이다.

　리만 이전까지 수학이나 공간에 대한 인간의 이해는 모두 《기하학 원론》에 근거하여 2차원, 3차원 세계의 직관적 체험을 세웠다. 그러나 자연계에서는 유클리드 기하에 맞아떨어지는 도형을 보기 힘들다. 높거나 낮은 협곡, 드넓은 바다와 들판 모두 완벽한 기하학적 도형이 아니다.

예를 들자면, 평평한 공간에서 삼각형 내각의 합은 180°이다. 하지만 공간이 평평하지 않고 일정한 곡률이 존재한다면, [그림 8-1]과 같이 삼각형 내각의 합은 곡률[33]에 따라 180°보다 크거나 작게 된다.

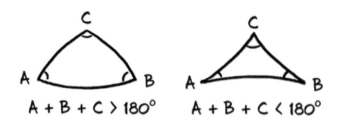

A + B + C > 180°   A + B + C < 180°

[그림 8-1] 평평하지 않은 공간의 삼각형 내각의 합

리만은 마치 이 세상이 아닌 고차원의 세계에서 온 듯 한눈에 이것의 결함을 간파했다. 이로써 리만은 인간의 상상을 뛰어넘는 최첨단 학술의 여정을 걷게 된다. 기본적으로 인간은 평면 위에 놓인 개미와 같아서 '고차원'의 공간이 보이지 않는다. 설령, 2차원 평면을 주름지게 한다고 하더라도 개미는 여전히 평면이라고 여긴다. 이 개미들이 주름진 곡선 위로 올라갔을 때 비로소 자신이 보지 못한 힘의 장벽을 느낄 수 있겠지만 공간의 개념은 여전히 알아차리지 못한다. 하지만 리만은 3차원 사람이 2차원 세계에 온 것처럼 단번에 짧고 긴 선으로만 이루어진 것처럼 보이는 세상을 다른 세계로 보았다.

리만이 '고차원 공간' 수학 이론을 제시하자 고전 수학의 경계는 허물어졌다. 그리고 그가 고차원 개념을 도입한 이후에도 전통 수학의 규율이 여전히 자연스럽게 존재한다는 것은 수학의 또 다른 저력이기도 하다. 또한 그는 전력, 자력과 중력도 모두 보이지 않는 '주름'에 의한 것으로 추정하였는데 '힘'은 원래 존재하지 않는 것으로 기하학적 변형에 의한 명백한 결과라는 것이다. 자세히 들여다보면 아인슈타인이 제시한 일반 상대성이론과 흡사하다.

1865년 리만은 공간의 주름에 대해 '틈새'를 제안했다. 이것은 한 세기 이후의 '웜홀Wormhole34개념'의 모태다. 2014년에 개봉된 영화 〈인터스텔라〉 속 주인공이 5차원 세계에 들어가 공간을 초월해 딸과 대화를 하는 장면도 리만의 '고차원 개념'의 한 모습이다.

병약한 수학 천재 리만은 이천여 년을 지켜온 고전 기하를 완전히 뒤엎었다. 하지만 안타깝게도 그에게 주어진 시간은 지극히 짧았다.

리만 가설이 가져온 100년간의 수수께끼

'기하'는 리만의 전문분야로서 그 깊이를 가늠할 수 없는 수학의 전당이다. 하지만 우리는 그의 전문분야에 대해 이야기하려는 것이 아니다. 1859년 리만이 한가롭게 제시한 어떤 추측을 살펴보려 한다. 이 추측은 세상 사람들에게 리만이라는 존재를 일깨워주는 계기가 되었다. '리만 가설'이라고 불리는 이 추측은 일종의 소수분포 법칙이 존재하여 제타ζ함수의 비자명한 영점에 결정적인 영향을 준다는 것이다. 리만 제타ζ함수의 모든 비자명한 영점35은 모두 복소평면 상의 직선 Re(s)=$\frac{1}{2}$ 위에 있다. 즉, 방정식 $\varsigma(s)=0$ 인 해의 실수부분은 모두 $\frac{1}{2}$ 이다.

일반적인 수학표현은 다음과 같다.

$$\varsigma(s) = \sum_{n=1}^{\infty} n^{-s} = \frac{1}{1^s} + \frac{1}{2^s} + \frac{1}{3^s} + \cdots = 0$$

이 식의 비자명한 영점은 모두 직선 Re(s)=$\frac{1}{2}$ 위에 있다. 훗날, 수학 자들은 이 직선을 '임계 직선Critical line'이라고 불렀다.

그렇다면 리만 제타ς함수는 무엇일까? 리만 제타ς함수의 급수 표현 $\varsigma(s) = \sum_{n=1}^{\infty} \frac{1}{n^s}$ (Re(s)>1)은 복소평면상에서 해석적 연속으로 즉, $\varsigma(s) = \frac{r(1-s)}{2\pi i} \oint \frac{(-z)^s}{e^z - 1} \frac{dz}{z}$ 이다.

이 추측은 보기에는 간단해 보이지만 증명하기는 매우 어렵다. 역사적으로 볼 때, 다항식의 영점, 특히 대수 방정식의 복소수 해를 구하는 것은 모두 간단한 문제가 아니었다. 특수한 함수의 영점도 찾기 쉽지 않았다.

리만 자신도 스스로 이런 추측을 할 줄은 몰랐을 것이다. 이 추측은 무려 100년이 넘도록 수학자들을 괴롭혔다. 만약 리만이 우리가 지금까지도 고민하고 있다는 것을 알았다면, 반드시 시간을 좀 들여서 과정을 보여주었을 것이다. 그의 스승인 가우스는 "수는 적으나 완숙하다."라는 좌우명을 가지고 있었는데 이런 절제된 태도는 리만에게 깊은 영향을 미쳤고 말을 아끼는 학자가 되게 하였다.

리만은 일생 동안 겨우 10편의 논문을 발표해 다른 수학자에 비해 양적으로는 만족스러운 수치를 내보인 건 아니었다. 하지만 한 편 한 편의 논문은 모두 각 분야를 아우르는 선두역할을 하였다. 리만은 마흔도 안된 나이로 세상을 떠났지만 그의 논문은 여전히 사람들에게 그의 놀라운 재능을 보여주고 있다.

1859년에 리만은 이 불멸의 추측을 던지며 소수의 비밀을 해결하고 싶어했다. 그는 소수가 임의 균등분포[36]를 이룬다고 여겼다. 암호학에서 많은 암호 시스템의 안전성은 무작위 수의 생성에 의존한다. 그래서 암호학에서 소수는 매우 중요하다.

오늘날 학자들이 엄청나게 큰 숫자는 여전히 반례가 없다고 검증한 바가 있어 리만의 가설은 사실이라고 여기고 있다. 또 이론상으로 현재의 소수 암호화 알고리즘이 충분히 안전하다는 것이 확인되었다. 반면 리만 가설의 반례를 찾아낸다면, 그것은 소수에 대한 무작위적이고 균일한 분포 법칙을 깨뜨릴 가능성이 크며 암호계에도 큰 변화가 생길 수 있을 것이다.

비대칭 암호화 알고리즘과 소수와의 관계

초등학교 때 우리는 수학을 공부하며 소수를 찾는 연습을 한 적이 있다. 처음에는 쉬운 숫자로 소수를 찾는다. 20보다 작은 소수는 몇 개일까? 답은 8개로 2, 3, 5, 7, 11, 13, 17, 19가 있다. 그렇다면 1000보다 작은 소수는 몇 개일까? 100만보다 작은 소수는? 10억보다 작은 것은 몇 개일까? 수가 늘어나면 아이들은 인상을 찌푸리고 수학책을 덮으려 한다. 하지만 재미있는 사실은 숫자가 커질수록 소수의 개수가 증가하는 속도가 점점 떨어진다는 것이다. [표 8-2]의 소수 배열표를 보자.

1~100에는 25개, 401~500에 17개, 그리고 901~1000에 14개가 있다. 소수를 100만까지 배열한다면 마지막 백 개의 수 (999901~1000000) 중에 소수는 8개 밖에 없다. 만약 1조까지 나열한다면 마지막 백 개의 수에는 4개의 소수, 즉, 999999999937, 999999999959, 999999999961, 999999999989만 있다.

N	N보다 작은 소수는 몇개일까?
1 000	168
1 000 000	78 498
1 000 000 000	50 847 534
1 000 000 000 000	37 607 912 018
1 000 000 000 000 000	29 844 570 422 669
1 000 000 000 000 000 000	24 739 954 287 740 860

[표 8-2] N보다 작은 소수 개수

뒤로 갈수록 소수 찾기가 힘들다는 것이 분명하다.

소수가 불규칙하게 분포한다면 영점도 무작위로 나타나게 된다. 또한 이 영점들이 한 직선 위에 존재한다는 것을 증명하는 것이 곧 소수의 규칙을 푸는 것이다.

1966년, 비자명한 영점이 350만 개인 것이 검증되었다. 그리고 20년 후, 컴퓨터는 이미 제타 함수에서 15억 개의 비자명한 영점을 계산해냈고 이 영점들은 예외 없이 리만 가설[37]Riemann hypothesis을 만족시켰다. 2004년에는 8500억 개를 기록했다. 최신 성과는 프랑스 팀이 리만 제타 함수를 개선된 알고리즘으로 10조 개까지 영점을 계산하였고 역시 반례가 발견되지 않았다. 10조 개의 열정이 담긴 증거들이 다시금 사람들로 하여금 리만 가설을 굳게 믿게 하였다.

그러나 리만 제타 함수가 끝도 없이 많은 영점을 가지고 있지만 10조와 무한을 비교하자면 여전히 망망대해이다. 리만이 짐작하는 미래는 어디인지 사람들은 막막하기만 할 뿐이다. 그래서 똑똑한 수학자들은 암호학에 소수를 활용한다. 인류는 아직 소수 법칙을 발견하지 못했기 때문에 이를 암호키로 암호화하면 설령 가장 빠른 컴퓨터를 사용하더라도, 암호를 풀기 위해서는 반드시 대량의 연산을 해야 한다. 소수를 구하는 과정이 너무 길어 암호해독의 의미를 상실할 수 있다.

현재 각 은행에서 보편적으로 사용되는 것은 RSA 공개 키 암호방식[38]이다. 이것은 매우 간단한 소수 성질에 기초한다. 두 개의 큰 소수를 서로 곱하는 것으로 매우 쉽지만 그 곱을 소인수 분해하는 것은 매우 어렵기 때문에 이를 암호화 키로 활용할 수 있다.

'Todd 함수'로 리만의 가설을 증명할 수 있을까?

많은 사람이 리만의 가설을 들으면 고개를 절레절레 흔든다. 리만의 가설이 그토록 어렵기 때문일 것이다. 임계 직선이 수학계의 지능 높은 수학자들을 적어도 100년 이상 난처하게 만든 것으로 보면 난제이긴 한 듯하다. 그간 얼마나 많은 수학자들이 리만의 가설을 건드리며 만족스러운 결과를 얻으려 했는지 살펴보자.

첫 번째 인물은 1896년, 프랑스의 아다마르[Hadamard]이다. 그가 추측한 임계 직선은 리만 제타 함수의 비자명한 영점은 영역 또는 내부에 분포한다는 것으로 인간을 100년 동안 괴롭힌 소수정리를 동시에 공략했다.

1914년에는 덴마크의 보어[Bohr]와 독일의 란도우[Landou]가 리만의 가설을 건드렸고 이들의 연구는 빙산의 일각에 닿는 듯했다. 리만 제타 함수의 비자명한 영점들이 '긴밀하게 단결되어' 임계 직선 부근으로 기울어져 있음을 알 수 있었던 것이다.

그리고 1921년, 영국의 하디[Hardy]는 리만 제타 함수가 무수히 많은 임계 직선 위에 비자명한 영점을 가진다는 것을 증명하였지만 무한히 많은 점유율이 얼마인지에 대해 평가하지 않았다. 그 후로 50년이 지난 1974년, 미국의 레빈슨[Levenson]이 임계 직선 위의 영점이 적어도 34%가 있다는 것을 증명하였다. 그리고 1989년, 미국의 콘레이[Conrey]

는 레빈슨의 추측을 개선하였는데 임계 직선 위의 영점이 최소 40%인 것을 증명하였다. 이후에도 굵직굵직한 수학자들의 관심이 넘쳐났지만 누구도 리만의 가설을 제대로 증명하지 못했다.

2018년 9월 24일에 이르러 20세기 최고의 수학자로 꼽히는 아티야Michael Francis Atiyah는 리만의 가설을 증명하였다며 그 과정을 전 세계에 보여줬다. 당시 89세였던 아티야 경은 리만 가설 증명 방법을 제출하였는데 이것은 2018년 ICM에서 제기된 미세 구조 상수Fine Structure Constant에서 영감을 얻은 것으로 물리학계에서 오랫동안 연구되었던 수학의 문제였다. 이 추론 과정은 폰 노이만Johann Ludwig von Neumann의 계산자 이론을 결합한 것인데 히르체부르흐Friedrich Hirzebruch가 창안하여 증명한 리만-로흐 정리Riemann-Roch theorem를 응용하고 Todd 함수로 계산하였다. 이 함수는 리만 가설을 증명하는 핵심이기도 하다. 아티야 경은 Todd 함수의 성질에 근거하여 하나의 F함수, 그리고 반증법을 이용하였다. 영점들이 임계 직선에 없다고 가정하면, 즉, $\text{Re}(s) = \frac{1}{2}$ 이 직선에 없다는 것으로 F함수가 Todd 함수와 성격이 배치된다는 결론이다. 만약 Todd 함수의 성질이 엄격히 성립한다면, 추측은 틀린 것으로 리만 가설이 증명된다.

너무 간단하지 않은가? 허술한 증명에 기대에 부풀었던 과학자들은 실망하는 기색이 역력했다. 결국, Todd 함수 자체의 정확성과 무관하게 현재 학계에서는 아직 보완해야 할 연구가 필요하다고 여긴다. 뿐만 아니라 이 분야에서는 아티야와 그의 제자들이야말로 권위자로 꼽히기 때문에 다른 사람들이 끼어들기도 쉽지 않다.

그렇다면 이와 같이 Todd 함수에 반증법을 더하면 리만 가설을 증명할 수 있는 것일까? 아직은 회의적인 반응이다. 일각에서는 신중하지 못한 증명이라며 아티야의 5쪽짜리 종이를 두고 끊임없는 논란을 제기하고 있다. 하지만 아직까지 제대로 된 반박을 낸 수학자는 없다. 앞으로도 수학계의 태산으로 불리는 아티야를 두고 그의 옳고 그름을 따지고 들 배짱 좋고 능력 있는 사람은 없을 것으로 본다. 최종 결과가 어떻든 간에, 89세의 이 수학사는 우리에게 귀중한 사고방식을 제공해주었다는 점에서 숭고한 경의를 표할 만하다.

불안하지만 황홀한 리만 가설의 추론들

2018년 아티야 경은 미세 구조 상수와 리만 추측은 해결했지만 그것은 그저 복소수 영역에서의 리만 가설만 해결된 것일 뿐 유리수 영역의 리만 가설은 더 연구해야 한다고 밝혔다. 리만 가설이 틀렸다는 것이 입증되면 수학의 뿌리가 흔들릴 것이라고 예상하지만 이것은 단순한 '음모론'이 아니다.

수학 문헌에는 모두 리만 가설이 성립한다는 전제하에 천여 개의 수학 명제를 세워놓았는데 리만 가설이 정설로 밝혀지면 모든 수학 명제는 정리로 자리를 잡게 된다. 하지만 반대로 추측이 틀렸다는 것이 밝혀지면 수학 명제 중 적어도 절반은 부장품이 될 수 있다.

이처럼 리만 가설에 근거한 추론들은 기초가 불안해 곧 무너질 것 같은 빌딩처럼 보인다.

하나의 수학적 추측과 수가 이렇게 많은 수학 명제와 밀접한 관련이 있는 것은 세계적으로 드문 일이다. 그래서인지 리만 가설의 후광은 더욱 빛나고 황홀해 보이기도 한다. 수학계의 무관왕 힐베르트 Hilbert는 만약 사후 500년 만에 인간 세상에 돌아올 수 있다면 리만 가설이 해결되었는지 묻겠다고 했다. 리만 가설을 해결하면 유명해질 것이라고 생각하지만 유명해지기 위해 가장 위험한 방법을 선택한 것이라는 농담을 던진다.

아마도 이것은 아티야 경이 리만 가설에 대한 증명이 옳고 그른지를 가리는 것에 집중하지 않고 온몸을 받쳐 리만 가설을 전제로 한 수학 체계에 영향을 준 이유이기도 하다.

리만 가설의 아름다움
: 신을 사랑하는 자로 불리는 이는 이로움이 있으리라

리만이 1866년 7월 20일 세상을 떠날 때는 마흔도 안 된 나이였다. 오일러, 가우스, 갈루아와 같이 수학에 뛰어난 재능을 가진 인물은 불행히도 젊은 나이에 세상을 떠났지만 매우 평온하고 만족스러운 인생을 살았다.

리만도 자신이 이 세상에 깊은 영향을 준 것을 의식하지 못한 채, 떠나기 전까지는 평온했고 그 어떤 몸부림도, 임종 직전의 경련도 없이 영혼과 육체의 분리를 흥미롭게 시켜보는 듯했다.

《소수의 연애》라는 책에서는 리만의 임종 당시 곁을 지켰던 아내의 이야기가 나온다. 아내가 그를 위해 주기도문을 읽어주자 그의 눈은 경건하게 위를 올려다보았고, 몇 차례 숨을 몰아쉬자 순수하고도 고상한 그의 심장이 박동을 멈췄다고 한다. 그는 셀라스카 교구 비간조로 교회에서 영면했고 안뜰에 있는 그의 비석 위에는 이런 글귀가 쓰여 있다.

여기에 편히 쉬고 있는
게오르크 베른하르트 리만
괴팅겐 대학교 교수
1826년 9월 17일 브레젤렌츠에서 태어나고
1866년 7월 20일 셀라스카에서 생을 마감하다
만사가 서로 통하고
신을 사랑한 사람이라 불리는 자는 이로움이 있으리라

9

엔트로피 증가의 법칙: 소멸은 우주의 숙명인가?

$$dS \geqslant \frac{dQ}{T}$$

우주 붕괴는 우주의
필연적인 숙명일까?

열소설^{Caloric theory}에서 열운동^{Thermal motion}으로의 발전

열역학 제2법칙은 '엔트로피 법칙'이라고도 불린다. 엔트로피는 자연 물질이 변형되어 원상태로 돌아갈 수 없는 현상을 말한다. 그렇다면 엔트로피가 증가한다는 것은 무엇을 의미하는 것일까?

오랫동안 방치된 방, 어느 누구도 관리를 하지 않으면 세월이 가면서 먼지가 쌓이는데 이것이 바로 엔트로피의 증가이다. 엔트로피의 물리적 의미는 물리계의 무질서한 정도를 나타낸다. 사실 오래된 집뿐만 아니라 우주 또한 이와 같다. 세상의 무질서는 서서히 그 크기를 키워가며 결국 더 혼란스러워진다. 엔트로피 증가는 결국 우주 소멸로 이어질 수 있다.

엔트로피 증가는 역전될 수 있을까? 이것은 유명한 공상 과학 작가 아시모프^{Asimov}의 궁극적인 질문으로 우주 진화와 인류 문명이 직면한 가장 절망적인 문제이기도 하다.

아시모프는 《최후의 질문^{The Last Question, 1956}》이라는 책에서 대담하게 천억 년 동안의 인류 진화의 발자취를 묘사하였다. 똑똑한 미래 인류는 매번 에너지를 낼 수 있고 에너지가 고갈되면 새로운 서식지를 찾는다. 인간은 슈퍼 스마트 '모형'으로 은하계 구석구석을 차지하고, 육체의 한계를 뛰어넘는다. 영혼의 형태로 자유로이 떠돌며 집단의식에 녹아든다. 그러나 인류는 멸망과 우주의 소멸을 피할 수 없다. 비록 거의 모든 것을 할 수 있을 정도로 강한 슈퍼 지능을 가진 '모형'도 끝내 이 문제를 해결하지 못한다.

그래서 결국엔 모든 것이 사라진다는 것일까? 이 답을 찾으려면 가장 근본적인 명제에서 시작해야 한다. 그리고 그 우선순위는 '열'이 무엇인지 알아야 하는 것이다.

찰스 퍼시 스노Charles Percy Snow는 《두 가지 문화와 과학혁명The Two Culture and Scientific Revolution》이라는 책에서 "열역학에 무지한 인문학자와 셰익스피어에 대해 아무것도 모르는 과학자, 모두 최악이다."라고 말했다. 만약 열역학의 법칙을 열심히 배우고 열역학에 대한 전반적인 내용을 알게 된다면 당신은 스노의 말에 분명히 수긍할 것이다. 특히 엔트로피라는 단어는 우주발전의 본질과 인간운명의 결말을 직접적으로 보여준다.

하지만 열역학이 탄생하기 전까지 인류는 '열'이 무엇인지 잘 몰랐다. 열과 온도의 개념도 혼동해서 많은 사람이 물체의 차갑고 뜨거운 정도를 곧 물체가 열을 얼마나 많이 가지고 있는지로 여겼다. 17세기에 이르러 갈릴레이가 온도계를 발명한 후에야 사람들은 점차 그 차이를 이해하기 시작하였다. 온도에 대한 구체적인 정의는 열역학 제0법칙이 제시되면서부터 시작되었고 [그림 9-1]과 같은 실험으로 우리가 일상생활에서 감지할 수 있다.

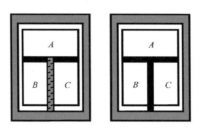

[그림 9-1] 열역학 제0법칙

물체 A와 B가 열 평형상태이고, A와 C가 열 평형상태에 있으면 B
와 C의 열을 절연시켜도 B와 C사이에서는 열 평형상태가 된다는 것
이 바로 열역학 제0법칙이다. 이 실험은 물체의 온도를 측정하는 기본
적인 근거가 된다.

처음에 사람들은 열의 본성을 '열소설'로 설명하였다. 열소설은 열
을 일종의 물질로 보는 이론으로 열을 고온의 물체에서 저온의 물체
로 흘러가는 물질로 보았다. 또한 실험 결과에 따르면 열이라는 물질
은 질량이 없어 '칼로리Calory'라고도 불리는데 이는 근육남이 태우려
고 애쓰는 대상이기도 하다.

언뜻 보면 이 이론은 매우 설득력이 있다. 지금 테이블 위에 방금
우려낸 뜨거운 차가 있다고 해 보자. 차가 식는 것은 '열소설'로 설명
할 수 있다. 즉, 온도가 높은 뜨거운 차는 열 물질의 농도가 비교적 높
기 때문에 열 농도가 낮은 부분으로 자연스럽게 흘러간다. 이외에도
열소설을 이용하여 많은 열 현상을 설명할 수 있다.

18세기 말, 럼퍼드Rumford는 '열소설'로 마찰이 열을 발생시키는 현상을 설명할 수 없다는 것을 발견한다. 미국인이었던 럼퍼드는 독립전쟁에 참전해 영국 정부 편에서 반동파로 활동하며 워싱턴과 무장 교전을 벌이기도 하였다. 이후 그는 매리 앤 라부아지에^{Maire Anne} Lavoisier라는 여인과 결혼하게 된다. 그녀 또한 평범한 인물은 아니었다. 그녀의 전남편 라부아지에는 《화학 원론^{Elementary Treaties of} Chemistry》이라는 책에서 열을 기본 물질 중의 하나로 열거하였다.

엔지니어였던 럼퍼드는 일찍이 뮌헨의 군수공장에서 대포를 시추해서 만드는 일을 했다. 이 과정에서 그는 대포가 아주 짧은 시간 동안 대량의 열을 만드는 것을 발견하게 된다. 드릴로 대포를 뚫을 때 나온 구리 부스러기는 뜨거워져 녹아내리고 마찰로 인해 발생한 열은 끝없이 분출됐다. 구리 안에 어떻게 그렇게 많은 열이 녹아내릴 수 있는지 의심이 들었던 그는 열은 물질이 아니라 운동이라고 생각하게 된다. 그러나 당시 사람들은 '반동파'인 럼퍼드의 말을 믿지 않았다. 다행히 19세기에 이르러 독일의 의사 마이어^{Mayer}와 영국 물리학자 줄^{Joule}의 노력으로 사람들의 생각이 조금씩 바뀌기 시작했다.

마이어는 사람들에게 새로운 이론을 전달하는 데는 막힘이 없는 인물이었지만 인생 자체로 보면 그다지 행복하지만은 않았다. 인도네시아 장거리 항해 중 에너지의 비밀을 처음 알게 되었지만 이 발견이 가져다줄 영광은 누리지 못했다. 마이어는 의학적 조예가 높지 않아, 병이 난 선원을 치료하는 수단으로 사혈밖에 할 수 없었다. 물론 이 사혈은 과학적이지 못하다는 이유로 환영받지 못했지만 그는 이 과정에서 색다른 현상을 관찰하게 된다. 열대에서 선원의 정맥혈은 온대에 사는 사람처럼 색이 어둡지 않고 동맥혈처럼 선명하다는 걸 알게 된 것이다. 즉, 열대와 온대에 사는 사람들은 각기 환경에 따라 다른 색의 정맥혈을 가지고 있다는 것이다.

이 발견은 마이어로 하여금 음식물에 화학에너지가 포함되어 있다는 생각까지 하게 된다. 화학에너지는 기계 에너지처럼 열로 바뀔 수 있다. 열대 고온에서 생물체는 음식물에서 비교적 적은 열량을 필요로 하므로 체내의 음식물 연소 과정은 상당히 약해진다. 이럴 경우 정맥혈에는 많은 산소가 남아 색깔이 더욱 선명해진다. 이런 이유로 마이어는 열은 일종의 에너지로 생물체 내 에너지의 입출력이 균형을 이루어 늘 일정하다는 열역학 제1법칙을 제시한 첫 번째 인물이 된다.

하지만 마이어의 총명함은 끝내 세상의 이해를 받지 못했다. 오히려 세속적인 편견과 비웃음을 살 뿐이었다. 이후에도 불운은 계속되었다. 출판사는 그의 논문을 계속해서 압류해 갔고 사랑스러운 두 아이는 요절했으며 동생은 혁명 활동으로 체포돼 옥고를 치러야만 했다. 일련의 불행으로 극심한 스트레스에 시달리던 마이어는 한때 정신병원에 갇히는 고초까지 겪어야 했다.

이에 비해 비슷한 시기에 활동했던 줄Joule의 인생은 행복했다. 그의 마그네틱 모터 실험은 마이어가 쓴 추리법보다 사람들에게 쉽게 받아들여졌다. 당시는 전기 열풍이 유럽을 휩쓸었고, 막 출현한 마그네틱 모터는 증기기관을 대체하는 가장 유력한 대안이 되었다. 그래서 양조장을 운영하던 아버지는 여유 있게 아들의 연구를 지원할 수 있었다. 마그네틱 모터의 각종 시험을 통해 줄은 모터와 전기회로 중의 발열 현상을 눈여겨보게 되었고 전류의 열 반응 연구를 시작하게 된다. 이후 거의 40년에 걸친 노력을 기울인 결과, 일이 열로 바뀔 때 일과 열을 발생시키는 비율은 일정한 값을 가진다는 것을 증명하였다. 1848년, 그는 실험을 통해 물체의 역학 에너지가 열에너지로 바뀔 때 전체적인 에너지는 그대로 유지되며 에너지의 형식이 서로 바뀐다는 것을 발견하였다. 줄은 이것을 근거로 열역학 제1법칙을 발전시켜 열역학 발전을 위한 토대를 마련하였다.

인간의 욕망을 산산이 무너뜨린 영구기관

만약 마이어와 줄, 두 사람을 과학 실험 자체로만 비교하지 않고 열역학 제1법칙에 대한 연구 성과만 가지고 비교한다면 줄의 연구가 당시 대중에게 더 많이 받아들여졌을 것이다.

19세기 초창기에 사람들은 신비로운 물체인 제1종 영구기관에 푹 빠져있었다. 이것은 에너지 없이 영원히 구현할 수 있는 일종의 기계이다. 줄 또한 애초에 제조 효율을 높이기 위해 마그네틱 모터를 연구했기 때문에 영구기관을 만들려는 시도를 하였다.

영구기관을 만들겠다는 생각은 터무니없어 보이지만 일찍이 서기

1200년경까지 거슬러 올라가면 인도인 바스카라^{Bhaskara}가 서구에 전한 것으로 나온다. 이후 15세기에 이르러 서구의 인문주의 각성과 더불어 에너지에 대한 사회적 요구가 점점 커지자 천재 화가 레오나르도 다빈치$^{Leonardo\ da\ Vinci}$를 포함한 각계 거장들도 영구기관 연구에 뛰어들었다.

다빈치는 영구기관 플랜을 설계할 때 바퀴를 생각했다. 바퀴의 왼쪽에 있는 공의 중심이 오른쪽에 있는 것보다 더 멀어지기 때문에 왼쪽 부분에서 생기는 힘이 더 커진다는 걸 알게 됐다. 그리고 이것으로 바퀴는 [그림 9-2]와 같이 화살표 방향으로 계속 돌아갈 것이라고 여겼다.

[그림 9-2] 다빈치의 영구기관

그러나 실험 결과는 부정적이었다. 왼쪽의 작은 공은 볼록한 면에서 운동을 하지만 오른쪽의 작은 공은 오목한 면에서 운동을 하기 때문에 축에 대한 힘이 크지 않다. 또한 힘이 서로 상쇄되는 문제도 있다. 여기에 각종 마찰과 공기저항이 더해지면 장치는 결국 멈출 것이다.

다빈치는 영구기관 제작은 불가능하다고 결론 내렸지만 사람들은 포기하지 않았다. 산업혁명 후 증기기관의 효율을 개선하려는 수요가 늘자 각 분야의 인사들은 영구기관 제조에 뛰어들기 시작했다. 하지만 물의 부력을 이용하든, 같은 성질의 자극 간 거부작용을 이용하든 모든 설계안은 실패로 돌아갔다. 수많은 실패 끝에 사람들은 외부의 에너지원 없이 계속 일을 할 수 있는 장치는 존재할 수 없다는 것을 알게 되었다.

일련의 사회적 동기의 관점에서 보면 열역학 제1법칙은 최초로 '영구기관의 설계'를 겨냥하여 제기된 것이다. 물론 열역학 제1법칙은 제1종 영구기관을 쫓는 추동자들의 환상을 무참히 깨뜨려 버렸다. 흥미롭게도 그 후 인류의 영구기관에 대한 욕망은 여전히 사라지지 않고 영예, 부, 무한 에너지를 표현하는 상징이 되었다.

사람들은 이제 에너지는 허공에서 만들어질 수 없다는 생각을 하게 되었다. 그리고 외부로부터 유입되는 에너지를 이용해 작동되는 기계를 발명할 수 있을지에 대한 관심이 시작되었다. 또한 이런 에너지를 모두 일로 바꿔 효율이 100%인 기계를 만들 수 있을까를 고민하기 시작했다. 그리고 이것이 바로 역사적으로 유명한 제2의 영구기관을 만들게 된 계기가 된다.

당시 나폴레옹 밑에서 일했던 카르노N.L.S.Carnot는 영구기관에 큰 관심이 없었다. 그는 잘못된 '열소설'을 믿었고 이를 근거로 '영구기관은 불가능하다'는 두 가지 원리를 카르노 정리로 도출해냈다. 그는 열에너지가 성공적으로 전환될 수 있었던 것은 물이 높은 위치에서 낮은 곳으로 흘러 터빈을 작동시키는 것과 같다고 보았다. 이는 '열'이 고온에서 저온으로 흘러 열기관을 작동시킨다는 것으로 열기관의 최대 열효율은 고온 열원과 저온 열원의 온도에 의해 결정된다는 것을 의미한다. 이 정리는 사실 열역학 제2법칙의 결과이다.

하지만 불행히도 1832년, 재주 많은 이 청년은 성홍열과 뇌수막염에 걸렸고 이후 콜레라로 생을 마감하게 된다. 당시 그의 나이 36세로 모든 연구가 물거품이 되는 순간이었다.

40여 년이 지나 사람들은 카르노의 노트에 남아 있던 열소설에 대한 믿음을 열운동으로 옮겨갔고 에너지 보존의 법칙을 깨우치게 되었다.

1850년 열역학 제1법칙과 카르노 정리를 바탕으로 독일의 이론물리학자 클라우지우스Rudolf Clausius는 열역학 제2법칙을 제시하며 열은 항상 고온의 물체에서 저온의 물체로 전달되며 반대로는 전달될 수 없다고 결론 내린다. 이것은 열전달의 방향성과 비가역성을 의미한다. 클라우지우스는 열역학 제2법칙의 발견자로 인정받았지만 영국의 켈빈Kelvin은 이 과정에 만족하지 않았다. 1851년 그는 열과 일을 전환의 관점에서 '열역학 제2법칙의 켈빈 기술'-열의 이동을 모두 일로 변환시키는 것은 불가능하다-을 제기했다. 이로써 전 세계에 이름을 떨친 '열역학 제2법칙'이 탄생하게 된다.

열역학 체계의 점진적인 수립으로 인류에게 천년 동안 지속된 신비의 영구기관에 대한 희망은 신기루에 불과하다는 것이 밝혀졌다.

1906년, 독일의 물리화학자인 네른스트$^{Walther\ Nernst}$는 열역학의 제3법칙을 제기한다. 사람들은 현실에서는 절대 영도에 도달할 수 없고 끝없이 가까워질 수밖에 없다는 것을 깨닫는다. 그러나 가장 충격적인 사실은 열역학 제2법칙이 열역학에 그치지 않고 사회학, 나아가 우주학으로도 확대될 수 있다는 것이다. 우리의 삶에서 자연계와 사회는 질서정연해 보이지만 실제로는 무질서하며 혼란스러운 상황이 끊임없이 발생한다. 만약 외부의 영향이 없다면, 사물은 더 혼란스러운 상태로 갈 것이다. 못 믿겠다면 지금 여러분의 집을 둘러보길 바란다. 오랫동안 청소를 안 하고 그대로 둔다면 집은 더욱더 난장판이 될 것이다.

그렇다면 이런 혼란 상태를 어떻게 측정할 수 있을까? 1854년, 클라우지우스가 먼저 고립계[39]의 혼란 정도를 측정할 수 있는 물리적인 엔트로피를 찾아내었다. dS로 엔트로피의 증가량을 나타내며 가열 과정에 두 가지 경우가 존재함을 지적하였다.

(1) 가열 과정을 되돌릴 수 있을 때, 엔트로피의 증가량:

$$dS = \left(\frac{dQ}{T}\right)_r$$

(2) 가열 과정을 되돌릴 수 없을 때, 엔트로피의 증가량:

$$dS > \left(\frac{dQ}{T}\right)_{ir}$$

식에서 dS는 엔트로피의 증가, dQ는 엔트로피 증가과정 중 계에서 흡수하는 열량, T는 물질의 열역학 온도, 아래 표시된 r은 영어단어 reversible(가역)의 약자, 아래 표시 ir은 영어단어 irreversible(비가역) 약자이다. 상술한 두 가지 상황을 종합하면 다음 식을 얻을 수 있다.

$$dS \geqslant \frac{dQ}{T}$$

이 공식에 따라 클라우지우스는 중요한 결론을 도출했다. 닫힌계[40]에서 엔트로피는 감소할 수 없다. 즉, $dS \geq 0$으로 자연계의 자발적 과정이 엔트로피 증가로 진행됐음을 입증한 것이다. 이로써 열역학 제2법칙은 우주의 엔트로피가 항상 증가한다는 엔트로피 증가의 법칙으로 그 의미가 확대되었다. 이때부터 엔트로피는 과학계의 신비롭지만 슬픈 존재가 되었다.

이것이 시간과 연결될 때, '시간은 거꾸로 갈 수 없다'(블랙홀 내부는 제외)는 결론이 나왔고, 생명과 연결될 때는 인간의 불로장생의 꿈은 갈갈이 찢겨져 나갔다. 또 우주와 연결될 때는 우주의 전생과 궁극의 방향을 극본처럼 그려냈다.

1867년 엔트로피 증가 법칙이 우주에 사용되자 클라우지우스는 전설적인 열소멸론을 제안했다. 열소멸론은 과학계에 큰 파문을 일으켰고 무수한 과학자들은 다급해지기 시작했다. 일단 열소멸론이 사실로 드러나면 인류 천 년의 분투와 투혼은 헛된 우스갯소리처럼 되기 때문이다.

우주 전체 엔트로피가 계속 증가한다고 생각해 보자. 그러면 이 과정에 따라 우주의 변화 능력은 갈수록 줄어들 것이다. 모든 기계적, 물리적, 화학적, 생명적인 다양한 운동이 점차 열운동으로 전환될 것이다. 그리고 전체 우주는 열 균형에 도달하게 된다. 온도 차가 사라지고 압력이 균일하게 변하게 되어 엔트로피는 최대에 달할 것이다. 모든 에너지는 더 이상 전달될 수 없으므로 전환의 에너지도, 우주도 결국 정체 상태에 빠지고, 죽음의 늪에 빠지게 된다. 더 비통한 것은 엔트로피가 우주의 궁극적인 흐름을 알려주면서도 동시에 비장하게 만든다는 것이다. 우리는 스스로 보잘것없는 자태를 똑똑히 보았다. 우리는 영구기관을 만들 수 없고 에너지도 언젠가는 고갈될 것이다.

인류는 광활한 우주의 진실을 살펴보는 아이와 같다. 우리는 직립보행에서 시작해 불을 사용하였고 증기의 시대로, 전자기 통일에서 정보사회로 나아갔다. 하지만 엔트로피에는 여전히 맨발인 아이처럼 쩔쩔매고 있고 우주의 파멸을 막을 힘조차 없다.

"엔트로피 증가는 우주 만물 자연의 근본 법칙이다."

이 한마디가 우리를 절망에 가두었다.

엔트로피를 역주행한 '맥스웰 몬스터'

수많은 학자는 엔트로피 증가의 법칙을 타락의 온상이라고 한다. 미국 역사학자 애덤스도 '폐허의 부피가 커진다는 의미일 뿐'이라고 말했다. 걸출한 과학자들이 우주 열소멸론에 대해 관심을 보이기 시작했는데 그 해결책을 먼저 제시한 사람이 전자기학자 맥스웰^{James Clerk Maxwell}이다.

1871년 맥스웰은 엔트로피 에너지 증가를 제어하는 메커니즘을 제대로 설명하지 못한 채 가상의 존재물인 맥스웰 도깨비를 익살스럽게 설계하였다. 이 도깨비는 아주 작지만 분자마다 움직임을 추적해 각각의 속도를 알아낼 수 있을 정도로 지능이 높다.

맥스웰이 구상한 연구를 그림으로 살펴보면 단열 용기가 A와 B의 두 부분으로 동등하게 나누어져 있다. A와 B의 두 부분은 [그림 9-3]에서 보듯 맥스웰의 도깨비가 두 부분 사이의 '암문'을 지키고 분자의 운동 속도를 관찰해 그 '암문'을 열거나 닫아 빠른 분자는 A에서 B로, 느린 분자는 B에서 A로 이동하게 한다. 이렇게 하면, 아무런 에너지 사용 없이 B의 온도는 높아지고 A의 온도는 낮아지게 되는데 이는 열역학 제2법칙에 모순이 되는 결과이다.

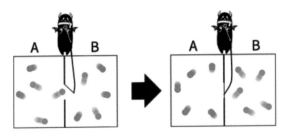

[그림 9-3] 맥스웰 도깨비 실험

언뜻 보기에 맥스웰 도깨비가 가볍게 열역학 제2법칙을 격파한 것처럼 보인다. 동시에 한때 명성이 자자했던 열소멸론에 대한 반대 세력도 커졌다. 하지만 물리계는 무척 엄격한 세계다. 이들은 맥스웰의 추측이 성립되는지 아닌지에 대한 어떤 근거도 없다고 보았고 이것은 맥스웰 도깨비의 기구한 운명이었다. 그러나 '맥스웰 도깨비'는 100년 넘게 과학자들을 괴롭히는 데 성공했고 과학자들이 열역학 제2법칙을 비난하고 열소멸론에 반대하는 유명한 가상실험이 됐다.

1950년대에 이르러 열역학에서 정보론이 응용된 후에야 맥스웰의 도깨비는 사망 판정을 받는다. 컴퓨터 과학자 랜덜Randall이 제시한 '랜덜의 원리'는 정보를 지우는 데 에너지가 소모된다는 것으로, 별도의 에너지를 소비하지 않고 정보를 기록하고 구분할 수 있는 맥스웰 도깨비는 존재하지 않는다는 것을 보여 준다.

열에너지의 미시적 세계, 볼츠만 엔트로피

엔트로피 증가 개념은 클라우지우스 엔트로피가 열역학 과정의 매크로를 거스를 수 없음을 가리켰다. 맥스웰 도깨비 개념으로 맥스웰은 미시적인 측면에서 엔트로피 증가를 억제하는 방법을 찾았다. 맥스웰의 세계에서 그의 작은 도깨비는 엔트로피 증가에 맞서 운동하는 분자와 달리기 경주를 한다. 작은 도깨비에 의해 감지된 분자는 끊임없이 무규칙한 열운동을 하지만, 빠르든 느리든 작은 도깨비의 손아귀에서 벗어날 수 없다. 이런 혼란스럽고 무질서한 분자의 열운동은 남들이 보기엔 듣기 힘든 소리처럼 들릴 수 있지만 오스트리아의 이론물리학자 볼츠만$^{Boltzmann, Ludwig}$에게는 장엄한 교향곡과 같았다.

열역학 제2법칙의 본질적 원인을 설명하기 위해 볼츠만은 맥스웰의 분자운동론에 통계적 사고를 도입하였다. 볼츠만은 1872년 분자운동체계의 불균형에서 균형을 확률로 나타내어 편미분방정식을 해결하고 비열역학적 평형상태를 설명하는 데에 통계역학을 이용하였다.

온도차가 있는 유체에서 열량은 분자운동이 활발한 고온에서 분자운동이 저조한 저온으로 이동하는데 서로 다른 운동량을 가진 분자의 충돌에 힘입어 분자의 활발한 정도가 점점 일치하게 된다. 이런 일반적인 의의를 지닌 분자운동 공식은 그가 이후에 열역학 제2법칙의 미시적 의미를 해석하는 계기를 마련한다.

1877년 볼츠만은 매크로 엔트로피와 시스템의 열역학을 확률과 연계해 시스템의 무질서한 크기를 나타내는 공식 $S \propto \ln\Omega$을 발견하였다. 독일의 이론 물리학자 플랑크^{Planck}가 비례계수 k를 도입하면서 이 공식은 $S = k\ln\Omega$로 화려하게 탈바꿈해 '볼츠만 플랑크 공식'이라 불린다. 이는 19세기 이론물리학의 중요한 성과 중 하나로 훗날 볼츠만의 묘에도 새겨져 그의 위대한 불멸의 삶을 장식했다. 이 공식에서 볼츠만은 통계학으로 미시적 관점에서 엔트로피가 무엇인지 설명하였다.

　S는 거시계의 엔트로피값이며, 분자가 운동하거나 배열이 혼란스러운 정도를 나타내는 척도로 볼츠만 엔트로피라고도 한다. k는 볼츠만 상수, Ω는 가능한 미시상태수로 볼츠만 통계 분포율에 따라 Ω가 클수록 시스템이 혼란스러워진다. 거시계의 엔트로피는 이 시스템의 가능한 모든 미시상태의 통계값의 합이다. 이로부터 엔트로피의 미시적 의미는 바로 시스템 내 분자 열운동의 무질서로서 일종의 양에 해당한다.

　열역학 제2법칙에서 엔트로피는 고립계에서 항상 증가한다. 엔트로피의 무한 증가에 따라 시스템은 무질서한 발전 즉, 고온 → 저온, 고압 → 저압과 같이 향한다. 그러나 볼츠만은 이러한 무질서한 양과 미시상태수 Ω는 말할 수 없는 모순이 있다고 지적한다. 미시상태수가 적을수록 시스템은 질서정연하게 발전하고 미시상태수가 많을수록 시스템은 무질서하다. 뿐만 아니라, 이와 같이 높은 상태에서 낮은 순서로 발전하는 방향과 확률과의 관계가 깊다.

클라우지우스의 엔트로피 증가 법칙은 볼츠만의 이론에 더해 고립계의 엔트로피가 자발적으로 감소하지 않는 이유는 엔트로피가 높은 상태가 나타날 확률이 높기 때문이라고 제시한다. 모든 계의 자발적 과정은 항상 무질서하게 변하는데, 이 역시 확률이 작은 상태에서 확률이 큰 상태로 변천하는 것이다. 자연계는 항상 확률이 더 큰 방향으로 발전한다는 것이 열역학 제2법칙의 본질이다.

엔트로피 증가를 이용한 클라우지우스 엔트로피는 열역학 과정의 비가역성을 명확히 설명하였고, 볼츠만 엔트로피는 열역학 과정을 통계적인 표현으로 정량화하였다. 클라우지우스의 눈에는 엔트로피가 거시적인 상태로서 물질이 함유하고 있는 에너지가 일을 할 수 있는 잠재력과 열효율과 관계가 있음을 나타내는 것처럼 보였지만, 볼츠만의 눈에는 엔트로피가 미시적으로 변하여 공간에 에너지가 균일하게 분포하고 에너지 분포 불균형이 클수록 에너지 작업 효율은 커짐을 나타내는 것처럼 보였다.

원래 경위가 뚜렷했던 두 개의 세계, 하나의 거시적 극대 세계, 또 다른 하나의 미시적 극소 세계는 볼츠만의 손에서 확률 통계라는 수학적 방법으로 통합되었다. 비록 양자역학처럼 각각의 개체의 미시적 움직임을 정확하게 묘사하지는 못하지만 거시계의 수많은 행위를 미시적으로 묘사해 우주 전체의 모습을 그려낼 수는 있다.

그러나 이러한 거시현상의 유추를 버리고 수학적 방법을 모색하는 본질적인 과학, 철학적 사유는 19세기 유행했던 경험주의와 배치

된다. 볼츠만의 이론은 20세기에 이르러서야 물리학자들이 '창조성의 원칙은 수학에 있다'고 인정하면서 비로소 고도의 수학화, 추상화형식으로 발전하게 된다.

하지만 당시 볼츠만의 정신세계는 극도로 고립되어 있었다. 슬픔으로 가득 찬 엔트로피 증가 열소멸론은 볼츠만의 최후를 예고하는 듯했다. 결국 1906년, 그는 목을 매어 자신의 삶을 마감한다. 그의 묘비에는 $S=k \log W$라는 쓸쓸한 공식만 남을 뿐이었다.

생명은 마이너스 엔트로피를 먹고 산다

클라우지우스 엔트로피도, 볼츠만 엔트로피도 비가역적인 성장세를 보였다. 계는 작은 값으로부터 확률을 높여가다가 질서 상태에서 무질서하게 변하며 엔트로피가 극대치에 이른 후에는 정적에 빠진다. 무수한 자연 현상이 엔트로피 증가 원리의 정확성을 증명하고 있다고 하지만 맥스웰의 도깨비도 우주의 정적을 이기지 못하는 비극적인 운명을 맞게 된다.

그렇다면 모든 것이 사라지고 작아지고 허무해지는 세계에서 우리가 살고 있는 이 세상은 왜 생기가 충만한 것일까? 아마도 생명 현상은 예외가 아닐까 싶다. 생명은 항상 엔트로피를 낮게 유지하는 기적을 낳는다. 하나의 생명이 살아갈 때, 항상 고도로 질서 있는 상태를 유지하고 각 기관과 세포의 운행이 질서 정연한 상태를 유지한다. 사후에만 빠르게 무질서한 물질로 변할 수 있다. 자연 과학자와 사회 과학자가 보기에 생명은 고도로 질서정연하며 지혜도 역시 고도로 질서정연하다.

그런데 엔트로피가 증가하는 우주에서는 모든 것이 혼란스럽고 무질서한 존재로 발전해야 하는데, 왜 생명이 생겨나고 지혜롭게 진화했을까? 볼츠만 엔트로피의 미시적 의미에 따르면 엔트로피는 계를 구성하는 대량의 미시 입자의 무질서한 정도로, 계가 무질서하고 혼란스러울수록 엔트로피는 증가한다. 이것은 생명 속에 존재하는 질서 있고 조직화·복잡화된 마이너스 엔트로피가 열역학 제2의 법칙에 위배되는 것과 같다.

과연 생명체는 엔트로피 증가를 견딜 수 있을까? 이 문제에 오스트리아 물리학자 슈뢰딩거Erwin Schrödinger는 자신 있게 답을 내놓았다. 그는 《생명이란 무엇인가》라는 책에서 독특한 방법으로 엔트로피와 생명이 결합하는 획기적인 관점을 제시하였다.

생물체는 마이너스 엔트로피를 먹고 살며, 생명 유기체는 열역학적 균형의 상태인 죽음을 늦추는 기묘한 능력을 타고났다는 것이다. 유기 생명계의 관점에서 보면, 모든 생명은 엔트로피를 극대화시킨 상태 즉, 죽음에 이르게 된다. 이 때문에 사람은 살아있는 동안 불안정한 상태를 유지할 수밖에 없다. 그래야 엔트로피 증가에 맞설 수 있기 때문이다. 엔트로피 증가에 대항하는 것은 인간 스스로 질서정연하게 만들어야 한다는 걸 말한다.

그런데 어떻게 질서정연해질 수 있을까? 슈뢰딩거는 생물체 신진대사의 본질은 생존 기간에 필연적으로 발생하는 모든 엔트로피를 성공적으로 벗어나게 하는 것이라고 제시했다.

다시 말해, 사람은 주위 환경을 통해 질서를 취하는데, 낮은 단계에서 취하는 질서는 생존을 취하는 것, 즉, 음식을 먹고 마시고 호흡하고 신진대사에 의지하는 것이다. 이것은 생리적 수요이다. 반면, 높은 단계의 질서는 자신의 기능을 강화해 타인 및 사회와의 교제를 통해 이익을 얻는 것이다. 그러나 낮은 단계이든 높은 단계이든 모두 인위적으로 끌어들여야 한다. 마이너스 엔트로피는 생활에서 발생하는 엔트로피의 증가량을 상쇄하게 되는데 이런 이유로 사람은 엔트로피 증가에 대항하는 힘을 선천적으로 타고났다고 볼 수 있다.

열역학 제2법칙의 아름다움
: 인류, 우주에 질서를 세우다

옛말에 '우공이산愚公移山'이라는 사자성어가 있다. 이는《열자列子》의 '탕문湯問'편에 나온 말로 북산의 나이 아흔이 된 우공愚公이 얼마 남지 않은 생애 동안 땅을 일구어 산을 옮기는 이야기이다. 하지만 하곡지河谷智는 그를 비웃었다. 그러자 우공이 대답하기를, "나는 비록 죽지만 아들이 있고 아들은 또 손자를 낳고, 손자는 아들을 낳고 그 아들은 또 아들이 있고, 손자도 있고, 자자손손이 끝이 없구나. 산이 늘지 않으면 무엇 때문에 불평불만이냐?"고 반문했다.

열역학 제2법칙에 따르면, 우주는 천혜의 엔트로피가 증가한다. 그것은 중생을 내려다보고 만물을 갉아먹는데, 우뚝 서 있는 산보다 더 막막하고 설사 아인슈타인과 같다 해도, 아무리 강인하여 스티븐 호킹과 같다 해도 어찌할 도리가 없다. 역사를 보고 떠들다가도 결국은 아무 소리 없이 잠잠해지는 것이다. 그러나 인류는 마이너스 엔트로피를 먹고 우주 정적에 겁을 먹더라도 전진하는 것을 멈추지 않았다. 내부적으로 신진대사를 통해 유기체 내에서 발생하는 엔트로피의 증가량을 제거하고 환경 속에서 끊임없이 '질서 있는' 사회를 건설하여 모든 것을 안정적이고 낮은 엔트로피 수준 이상으로 유지하려고 한다..

우리는 우주 속 먼지 같은 인류의 힘에 감복할 때가 많다. 아주 작은 것이라도 삶의 의미를 두어야 하고 또한 불과 수십 년의 짧은 시간이지만 이 혼돈스러운 우주를 위해 질서를 세워야 한다.

10

맥스웰 방정식 :
어둠이 사라지다

$$\oint_L B \cdot d\ell = \mu_0 I + \mu_0 \epsilon_0 \frac{d\Phi_E}{dt}$$

우주의 모든 전자기 현상은
이 방정식으로 해석할 수 있다

$$\oint_L B \cdot dl =$$

만유인력의 법칙과 유사한 쿨롱의 법칙 ─

실험실 안은 쥐 죽은 듯 조용했다. 헤르츠^{Heinrich Rudolf Hertz}는 온 정신을 집중하여 눈앞의 구리 구슬 두 개를 주시한 후에 전기회로 스위치를 켰다. 전류가 장치 안의 유도선을 통과하자 발생기의 구리 구슬 충전이 시작됐다. '탁' 하는 소리와 함께 헤르츠의 긴장이 온몸을 관통하였다. 발생기에 불꽃이 방전되었다면 수신기가 아름다운 불꽃을 감지해 낼 수 있을까? 헤르츠의 손에는 벌써 땀이 고였다. 보이지도 만질 수도 없는 전사파라는 것이 존재할까?

마침내 역사적인 순간이 왔다. 작은 불꽃 한 뭉치가 수신기의 두 작은 구슬 공 사이를 날아다녔다. 수신기에서 불꽃이 튀었다는 것은 바로 전자파가 확실하게 존재한다는 것을 의미한다. 헤르츠는 흥분하기 시작했다. 맥스웰의 이론이 드디어 밝혀진 것이다.

오랜 세월 동안 인류는 전기와 자기에 대한 많은 현상을 발견하였다. 그러나 두 가지 현상 사이에 어떤 연관성이 있는지 찾아내지는 못했다.

전기^{Electricity}의 어원은 라틴어 'Electricus, 호박'이다. 고대 그리스 및 지중해 지역의 역사에는 호박봉과 고양이털을 문질러 깃털과 같은 물질을 끌어당겼다는 기록이 있는데 이것은 최초의 마찰 전기를 일으키는 현상이었다.

중국은 자기 현상을 일찍 인지한 나라로 기원전 4세기《관자管子》에
는 '위에는 끌어당기는 자가 있고 그 아래에 동금銅金이 있다'고 하였다.
《산해경山海經》,《여씨춘추呂氏春秋》등 고서적에서도 자석이 철을 당기는
현상에 대한 기록을 찾아볼 수 있다.

전기와 자기 사이에 어떤 비슷한 법칙이 있음은 물리학자 쿨롱
Coulomb의 작은 야망에서 비롯되어 발견된다. 1785년 뉴턴의 지지자였
던 쿨롱은 만유인력의 법칙을 정전기에 응용하는데, 별 사이에 만유
인력의 작용이 일어나는 것과 마찬가지로 두 개의 구리 구슬 사이의
작용력도 똑같이 제곱에 반비례인지가 궁금하였다. 그는 [그림 10-1]
과 같은 실험을 설계하였다. 가는 줄 아래에 저울대를 달고 저울대에
는 작은 구슬 B가 A와 평형이 되도록 달았다. 그리고 A 옆에는 같은
크기의 대전된 구슬 C가 있다.

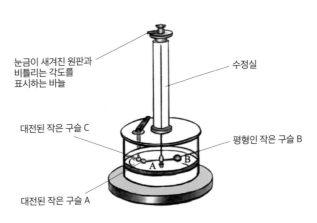

[그림 10-1] 쿨롱 비틀림 저울 실험

A 구슬과 C 구슬 사이의 정전기력이 축을 돌게 하여 비틀림각이 생기는데 회전하는 가는 줄 위에서 축을 돌려 구슬이 원래의 위치로 돌아가게 할 수 있다. 이 과정에서 회전각도, 저울대 길이의 변화를 기록함으로써 대전된 물체 A, C 사이의 정전기의 크기를 계산할 수 있다.

실험 결과는 쿨롱이 예상한 바와 같이 전기력은 전하량과 정비례하고 거리 제곱에 반비례한다. 이것은 후에 '쿨롱의 법칙Coulomb's Law'이라고 불린다. 쿨롱의 법칙과 만유인력 법칙 사이에 이처럼 놀라운 유사성이 존재한다면, 자성의 세계에도 같은 상황이 존재할까?

쿨롱은 이어 자기극에 대해서도 비슷한 실험을 진행하여 같은 법칙이 자기에게도 적용된다는 사실을 다시 한번 입증했다. 이것이 바로 극간의 상호작용, 바로 '고전 자기학 이론'이다. 쿨롱은 자력과 전기는 똑같이 거리 제곱에 반비례한다는 것을 발견하였지만 둘의 내적 상관관계를 더이상 추정하지 못했다. 당시의 대다수 물리학자와 같이 그도 물리에서 에너지, 열, 전기, 빛, 자기, 심지어 화학에서 모든 힘은 만유인력과 같은 먼 거리 상호작용으로 설명될 수 있고 힘의 강도는 거리에 따라 결정된다고 믿었다. 또한 몇 가지 역학 법칙만 찾으면 물리 이론은 완전하다고 확신하였다. 하지만 쿨롱의 이런 천진난만한 생각은 일찍이 뒤집어졌다.

최초로 전기와 자기 사이의 관계를 연결한 사람은 덴마크의 물리학자 외르스테드^{Oersted}이다.

1820년, 외르스테드는 코펜하겐 대학의 매력 있는 교수로 그는 교재보다 실험에 집중했다. 실험은 진리를 검증하는 유일한 기준이라고 여겼던 그는 매번 수업을 할 때마다 학생들을 데리고 실험을 하였다. 그러던 어느 날 외르스테드는 실험에서 의외의 현상을 확인하게 되는데 전류가 흐를 때 아래쪽 작은 자침에 편향이 생기는 전류의 자기 반응을 발견한 것이다. 이 놀라운 발견은 최초로 전기학과 자기학을 결합하였고 식견이 있는 젊은이들이 모든 것을 제쳐두고 전자기학에 뛰어들어 깊이 있는 연구를 진행하게 하였다. 여기에는 수학 신동인 프랑스 물리학자 앙페르^{Ampère}도 포함되어 있었다. 외르스테드가 전기와 자기의 관계를 발견했다는 것을 알게 된 앙페르는 수학에서 자신

[그림 10-2] 앙페르의 오른손 나선의 법칙

의 연구를 포기하고 물리학 분야에 뛰어들었고 예리한 직관으로 오른
손을 나선으로 감아 자기장 방향을 판단하는 법칙을 제시하게 된다.
[그림 10-2]와 같이 엄지손가락의 방향은 전류 방향이며, 네 손가락의
방향은 자기장 방향이다.

실험에서 앙페르는 전기가 통하는 도체는 자침에 대한 작용이 있으
며 두 평행한 도체 간에 상호작용, 같은 방향으로 흐르는 전류는 서로
끌어당기고, 역방향 전류는 서로 밀어낸다는 것을 발견하였다. 수학
계에서 탄탄대로를 걷던 앙페르는 수학적인 우수함을 전자기학에 적
용하여 전자기학을 수학화하는 것을 연구하였다. 그는 1826년에 앙페
르 정리를 직접 유도하였는데 이는 임의의 기하학적 전선이 만들어내
는 자기장을 계산하는 것으로 이 정리는 훗날 맥스웰 방정식의 기본
방정식 중의 하나가 된다. 앙페르 역시 전자기학 역사에서 쉽게 볼 수
없는 인물로 맥스웰에 의해 '전기학의 뉴턴'이라고 불렸다.

천재 수학자와 세기의 과학자의 운명적 만남

1860년 맥스웰은 그의 인생에서 가장 중요한 인물인 영국 과학자
마이클 패러데이Michael Faraday를 만난다. 패러데이는 맥스웰 방정식에
서 앙페르 정리 외에 또 다른 기본 방정식을 일깨워주었다.

가정 형편이 어려웠던 패러데이는 어린 시절을 맨체스터 광장과 찰
리스 거리에서 보냈다. 그는 일찍이 서점에서 제본공으로 일을 시작

하였는데 혼자서 공부에 심취해있던 중에 우연한 기회로 영국 왕립 과학연구소의 화학 교수인 험프리 데이비^{Humphrey Davy}의 조수를 맡으면서 전자기학과 인연을 맺게 된다.

1831년, 패러데이는 자기와 전기 사이의 상호 연결과 전환 관계를 발견하였다. 원형 코일에 막대자석을 가까이 가져가면 자기량의 변화가 생기면서 닫힌회로에서 유도 전류가 발생하는 것이다. [그림 10-3]처럼 자기장을 이용해 전류를 발생시키는 현상을 '전자기 유도'라고 하고, 발생하는 전류를 '유도 전류'라고 한다.

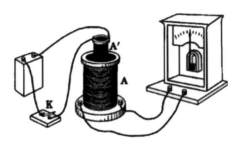

[그림 10-3] 전자기 유도 실험

그러나 이런 관찰 결과는 여전히 증거가 부족했다. 사람들은 '전류의 실체는 무엇일까? 전류가 흐르는 코일은 어떻게 직접 접촉하지 않아도 작용하는 걸까? 자석을 움직일 때 전류를 어떻게 발생시킬까?'라는 의문을 제기했고 당시에 그 누구도 이에 대한 답을 할 수 없었다. 전류의 실체를 이해하는 사람이 없었기 때문이다.

대다수의 사람은 여전히 만유인력과 같은 먼 거리 힘을 쓰는 것에 열중하며 힘의 이론을 전기와 자기의 현상으로 설명하려 했지만, 패러데이는 오히려 색다른 사고로 접근했다.

결국 그는 [그림 10-4]에서 보듯이 자석 주변에 '전기적 긴장 상태', 즉, 오늘날 우리가 말하는 '자기장이 존재한다'고 상상했다. 그는 전기적 긴장 상태의 변화가 전자기 현상의 발생 원인이라고 단정하고, 심지어 빛도 일종의 전자기파라고 추측하였다.

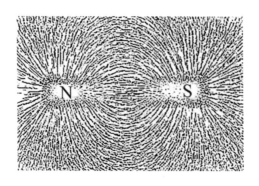

[그림 10-4] 패러데이의 자기력선

하지만 이런 생각들이 만들어낸 완전한 이론은 초등학교 2학년 정도에 머물러 있던 패러데이의 수학 실력을 완전히 뛰어넘는 것이었다. 어쩌면 패러데이와 맥스웰의 첫 만남에는 한 명은 실험을 이해하고, 다른 한 명은 수학에 능통하다는 복선이 깔려있었던 것은 아닐까?

패러데이가 전자기 유도를 발견한 해는 마침 맥스웰이 태어난 해이기도 하다. 마흔 살 정도의 나이 차이가 났지만 맥스웰은 패러데이의 《전기학 실험 연구Experimental Researches in Electricity》라는 책을 읽으며 패러데이의 매력에 끌리게 된다. 수학적 기초가 탄탄했던 그는 패러데이의 전자기 이론을 수학적으로 표현하기로 마음먹는다.

1855년, 맥스웰은 첫 번째 전자기학 논문에서 전류 주변에 자력선이 존재하는 특징을 하나의 벡터 미분방정식으로 요약해 패러데이의 결론을 도출했다. 그해 은퇴한 패러데이가 논문을 보고 천재성에 반해 그를 찾았지만 맥스웰은 종적을 감추고 만다. 그로부터 5년 후 1860년에서야 맥스웰을 만날 수 있었던 패러데이는 "수학으로 나의 의견을 설명하는데 그치지 말고 돌파하며 전진해야 한다."는 당부를 했다. 이 말을 들은 맥스웰은 전자기학 연구에 매진하기 시작했다.

1862년에 발표한 맥스웰의 두 번째 전자기학 논문은 더 이상 단순히 패러데이의 이론을 수학적으로 해석하는 것이 아니었다. 여기에서 그는 '변위전류[41]'라는 개념을 처음 만들었다. 그리고 2년 뒤 세 번째 논문《전자기장의 동역학 이론Dynamiccal theory of the electromagnetic field》을 발표했는데, 이 논문에서 그는 패러데이가 그토록 해결하고자 했던 문제, 즉, 빛이 전자기파임을 입증하였다. 결국 맥스웰은 1873년 전자기학 전문서적《전자기론Treatise on Electricity and Magnetism》을 출간한다. 이것은 전자기학 발전사의 이정표로서 이 저서에서 맥스웰은 선대 과학자들의 각종 법칙을 총집결하였다. 맥스웰 특유의 수학적 표현은 전자기학적 미분방정식을 만들어 전하, 전류, 전기장, 자기장 간의 보편적인 상관관계를 밝혀냈다. 이 전자기학 방정식이 바로 그 유명한 '맥스웰 방정식'이다.

맥스웰은 4개의 공식으로 전자기 현상을 완전하게 설명할 수 있음을 보여주었다. 적분으로 맥스웰 방정식의 수학 표현에 숨은 뜻을 알수 있다.

$$\oiint_S E \cdot \mathrm{d}s = \frac{Q}{\varepsilon_0}$$

$$\oiint_S B \cdot \mathrm{d}s = 0$$

$$\oint_L E \cdot \mathrm{d}\ell = -\frac{\mathrm{d}\Phi_B}{\mathrm{d}t}$$

$$\oint_L B \cdot \mathrm{d}\ell = \mu_0 I + \mu_0 \varepsilon_0 \frac{\mathrm{d}\Phi_E}{\mathrm{d}t}$$

(1) 전기장의 가우스의 법칙

첫 번째 공식 $\oiint_S E \cdot \mathrm{d}s = \frac{Q}{\varepsilon_0}$ 는 가우스의 법칙을 전기장에서 표현한 것으로 좌변은 곡면을 적분한 것이다. E는 전기장, $\mathrm{d}s$는 폐곡면 위의 미분면적, ε_0는 진공의 유전율이다. Q는 곡면에 포함된 총 전하량으로 어떤 폐곡면을 통과하는 전기량과 폐곡면을 둘러싸는 전하량 Q는 정비례하고 그 계수는 $\frac{1}{\varepsilon_0}$이다.

전기장에서는 자연계에 독립된 전하가 존재하므로 전기장선은 시작점과 끝이 있으며, [그림 10-5]와 같이 양전하에서 시작해 음전하에서 끝난다. 폐곡면에 전하가 있기만 하면 폐곡면을 통과하는 전기량은 0이 아니다. 어떤 폐곡면을 통과하는 전기장 선의 개수, 즉, 전기의 개수를 계산해 보면 이 폐곡면에 포함되는 총 전하를 알 수 있다.

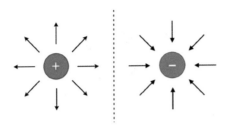

[그림 10-5] 전기장의 전하

가우스의 법칙은 전기장이라는 특성을 반영하여 전기장의 성질을 설명한다.

(2) 자기장의 가우스 법칙

두 번째 공식 $\oint_S B \cdot ds = 0$은 가우스 자기 법칙의 표현식이다. 여기서 S, ds의 물리적인 의미는 같다. B는 자기장으로 폐곡면에 자기장 B의 자기선속$^{\text{magnetic flux}}$의 합은 0으로 자기장은 전하$^{\text{electric charge}}$와 같은 자하$^{\text{magnetic charge}}$가 존재하지 않는다.

자기장에서는 자기 홀극이 존재하지 않으므로 N극과 S극을 분리할 수 없으며 [그림 10-6]과 같이 시작도 끝도 없는 폐곡선이 폐곡면을 통과하는 자기선속의 합은 0이다.

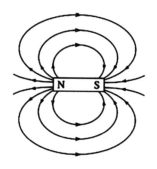

[그림 10-6] 자기장과 자기 유도선

이 법칙은 자기 홀극이 존재하지 않는 것과 자기장의 성질을 설명한다.

(3) 패러데이의 법칙

세 번째 공식 $\oint_L E \cdot d\ell = -\dfrac{d\Phi_B}{dt}$ 는 패러데이 전자기 유도법칙을 표현한다. 이 법칙은 쉽게 말해 '자기장이 전기장을 생성한다'를 의미하며 [그림 10-7]로 설명할 수 있다.

이 형식에서 L은 적분경로, E는 전기장, $d\ell$은 폐곡선상의 미분으로 Φ_B는 닫힌 경로 L에 둘러싸인 곡면 S를 통과하는 자기력선수를 나타낸다. $\dfrac{d\Phi_B}{dt}$ 는 시간에 대한 자기력선수의 미분, 즉, 변화율이다. 이것은 전기장이 폐곡선 위에 있음을 나타낸다. 자기장이 이 곡선으로 둘러싸인 곡면에서 자기력선수의 변화율, 즉, 닫힌 코일 속의 유도전기는 이를 통과하는 내부의 자기력선수의 변화율에 비례하며 계수는 -1이다.

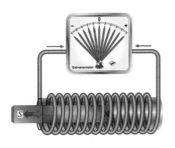

[그림 10-7] 전자기 유도

이 법칙은 자기장이 어떻게 전기장을 발생시키는지 말해준다. 즉, 변화하는 자기장이 전기장을 생산하는 규칙을 설명한다. 이 규칙에 따르면 자기장이 시간에 따라 변할 때 자기장을 둘러싸고 있는 전기장을 감지해 낼 수 있다.

(4) 맥스웰-앙페르 법칙

네 번째 공식 $\oint_L B \cdot d\ell = \mu_0 I + \mu_0 \varepsilon_0 \dfrac{d\Phi_E}{dt}$ 은 맥스웰이 앙페르 정리를 확장한 전류 법칙이다. 여기에서 좌변의 L, B, $d\ell$은 물리적으로 각각 적분 경로, 자기장, 폐곡선 위의 미분을 의미한다. 우변의 μ_0은 진공의 투자율, I는 닫힌 경로 L을 통과하는 곡면의 총 전류이다. ε_0는 진공의 유전량, Φ_E는 닫힌 경로로 둘러싸인 곡면을 통과하는 전기장선속이고 $\dfrac{d\Phi_E}{dt}$는 시간 t에 대한 전기장선속의 미분, 즉, 변화율이다.

앙페르 법칙은 일종의 전자기 법칙이다. 전류가 전자기장에서의 운동을 할 때 법칙을 총결산한 것으로 [그림 10-8]과 같다. 앙페르의 법칙에 따르면, 전류는 자기장을 자극할 수 있지만, 이것은 자기장을 안정시키는 데만 사용된다.

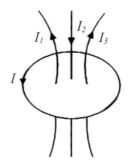

[그림 10-8] 앙페르 고리 정리

이 때문에 맥스웰의 앙페르 법칙이 등장하였다. 맥스웰은 변위 전류 추측을 제기하여, 일반적인 형식 아래의 앙페르 정리를 얻어낸다. 자기장은 전도 전류에 의해 생길 수도 있고, 변화하는 전기장의 변위 전류에 의해서도 생길 수 있다는 것을 밝혀내었다. 전도 전류와 변위 전류를 합하여 '전전류全流'라고 하는데, 이것이 '맥스웰-앙페르의 법칙'이다. 이 법칙은 전기장이 어떻게 자기장을 만드는지 설명한다. 즉, 변화하는 전기장이 자기장을 자극하는 법칙을 나타낸다. 이 법칙은 전기장이 수시로 변할 때 전기장을 둘러싼 자기장을 유도하는 패러데이 전자기 유도 법칙과는 상반된다.

한마디로 말해서 이 적분방정식은 네 개의 공식으로 이루어져 있는데, 그중 두 개는 전기장, 두 개는 자기장에 관한 것으로 공간의 어떤 영역에서 전자기장량과 장원 사이의 관계를 알 수 있다. 수학적으로는 적분과 미분이 서로 역연산이다. 따라서 이 적분방정식을 변환하면, 아래와 같은 미분방정식을 도출할 수 있다. 두 개의 물리적인 의미는 등가이다. 실제 적용에서는 미분 형태가 더 자주 나타날 수 있다.

$$\nabla \cdot E = \frac{\rho}{\varepsilon_0}$$
$$\nabla \cdot B = 0$$
$$\nabla \times E = -\frac{\partial B}{\partial t}$$
$$\nabla \times B = \mu_0 J + \mu_0 \varepsilon_0 \frac{\partial E}{\partial t}$$

이는 전기장과 자기장이 서로 독립된 것이 아니라 변화하는 자기장은 전기장을 자극할 수 있고, 변화하는 전기장도 자기장을 자극할 수 있다는 것이다. 전기장과 자기장은 영원히 밀접하게 연결되어 서로 자극하여 하나의 통일된 전자기장 전체를 형성한다. 이것이 맥스웰 방정식의 핵심이다.

영국 과학저널 ≪물리세계Physics World≫에서 선정한 '가장 위대한 공식' 10개 중에는 유명한 $E=mc^2$, 복잡한 푸리에 변환, 간결한 오일러 공식 등이 포함되었는데 맥스웰 방정식이 1위로 '가장 위대한 공식'이 되었다.

모든 사람이 이 공식을 이해할 수 있는 것은 아니다. 그러나 이 공식을 이해하는 사람이라면 누구나 충격을 느낄 것이다. '어떻게 이런 완벽한 방정식을 추론해 낼 수 있었을까?'라는 감탄을 뱉어낼 것이 틀림없다. 이 공식은 전기장의 가우스 법칙, 자기장의 가우스의 법칙, 패러데이의 법칙과 앙페르의 법칙을 융합하여 전기장과 자기장의 상호 전환에서 발생하는 대칭성을 완벽하게 제시하여 전자기장을 통일시켰다. 이에 대해 어떤 이는 '우주에서 일어나는 어떤 전자기 현상도 이 방정식으로 해석할 수 있다'고 평가한다.

광전자의 일인자

후대에 이렇게 명성을 얻은 것과 달리 맥스웰 방정식이 처음 세상에 나왔을 때는 사람들의 주목을 받지 못했다. 맥스웰은 전자기파의 존재를 예언하였고 빛이 전자기파의 일종이라는 것을 추측해냈다. 이런 생각은 세상을 놀라게 하였지만 당시 대다수의 사람에게는 받아들여지지 않았다. 아직 실험이 검증되지 않은 이 이론에 대한 의구심이 깊었기 때문이다. 세계에서 몇몇 소수의 과학자가 이를 받아들이고 지지했는데, 헤르츠Heinrich Rudolf Hertz가 바로 그중 한 명이다. 그는 맥스웰의 관점을 연구하고 검증한 첫 번째 인물로 선구자의 이론을 철저히 믿고 1886년부터 꾸준히 전자기파를 찾는 연구에 몰두했다.

헤르츠의 실험 장치는 매우 간단했다. 그가 설계한 장치는 전자기파 송신기와 탐지기로 구성되었다. 흥미로운 것은 이 실험이 무선전신 운용의 서막을 열었고, 이후 무선 송신기와 수신기의 시초가 되었다는 점이다.

190

실험을 살펴보면 구리판 2개가 모두 [그림 10-9]와 같이 구리 막대 끝에 붙어 있다. 두 개의 구리 막대는 각각 고압 검출기의 두 전극과 연결돼 있는데 이것이 전자파 발생기이다. 발생기에서 10m 떨어진 곳에 전자파 탐지기가 놓여 있는데 고리 모양으로 구부러져 양 끝에 달린 구리 막대로 두 개의 구 사이의 거리를 나선형으로 조절할 수 있다.

[그림 10-9] 헤르츠 실험

만약 맥스웰의 예언이 맞다면 전원을 껐다 켰다 할 때, 발사기의 두 개의 구리 공 사이에 번쩍이는 불꽃이 일면서 전기장이 진동하고, 동시에 외부로 전파되는 전자파를 일으켜 공중을 가로질러 수신기에 도달하며 전기 흐름을 감지해 수신기의 구멍에서도 똑같이 전기 스파크를 일으키게 된다.

실험실에서 헤르츠는 조금의 빛도 들어오지 않도록 하기 위해 창문을 꽁꽁 가렸다. 그는 다시 한번 탐지기의 나사를 맞추고 구리 공 두 개를 가까이 오도록 유도했다. 그러자 갑자기 두 개의 구리 공의 빈 공간에서도 약한 불꽃이 터져 나왔다. 바로 이것이 전자기파다! 2년 동안 수천 번의 탐구를 거친 헤르츠는 마침내 실험으로 전자기파의 존재를 밝히는 데 성공했다. 이후 맥스웰의 이론을 문제 삼을 사람은 아무도 없었다.

이보다 더 반가운 것은 1888년 이른 봄, 헤르츠는 다른 실험을 통해 빛의 전자기 현상, 가시광선이 전자기파의 일종임을 증명하였다. 맥스웰 시대에 완전히 미지의 세계였던 빛이 헤르츠의 연구를 통해 사람들의 시야에 나타난 것이다. 이제 어디에나 존재하는 전자기파는 인류 문명 발전에 큰 위력을 발휘해 현대 과학기술의 원천이 되었다. 헤르츠가 밝힌 대로 맥스웰 방정식은 맥스웰이 예상한 것보다 훨씬 더 대단했던 것이다.

후대의 관점에서 이 방정식의 가장 큰 공은 전자기파가 어떻게 공간에 전파되는지 명확하게 설명한 것이라고 할 수 있다. 패러데이의 전자기 유도 법칙에 따르면, 변화하는 자기장은 전기장을 만든다. 맥스웰-앙페르의 법칙에 따라 변화하는 전기장은 또 자기장을 생성한다. [그림 10-10]과 같이 전자기파가 스스로 전파될 수 있도록 끊임없이 순환하는 것은 이 때문이다.

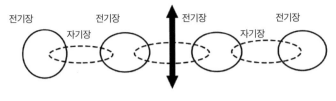

[그림 10-10] 전자기파 전파도

이와 같은 물질세계에 대한 새로운 묘사는 당시의 고정된 사고의 틀을 깨뜨렸고 그 영향은 일파만파로 번졌다.

'빛의 본성은 무엇인가? 입자일까, 아니면 파일까?' 이 문제에 관하여 인류는 이미 몇 세기 동안 쉴 새 없이 논쟁을 펼쳤다. 제1의 논쟁은 17세기에 뉴턴이 빛의 색에 대한 뉴턴의 결정적 실험crucial experiment 으로 후커가 옹호한 파동설에 직격탄을 날렸을 때다. 그때는 이미 후커는 늙어 있었고, 파동설은 100년 넘게 뉴턴에 의해 구석에 처박혀 있었다.

토머스 영Thomas Young의 이중 슬릿 실험[42]이 나타날 때까지 제2의 파벌전쟁의 나팔을 불며 와신상담을 운운하던 중 마침내 절체절명의 반격을 가할 기회가 왔다. 특히 빛의 일종인 파를 예언한 맥스웰의 실험이 헤르츠의 실험으로 확인되자 파동설은 의기양양해졌다.

당시 맥스웰은 전기가 자기로 변할 수 있음을 제기했다. 자기는 전기로 변할 수 있는데, 전기와 자성의 이런 상호 전환과 진동이 바로 일종의 파가 아닐까? 전자기장의 진동은 주기적으로 존재한다. 이를 전자기파라고 하는데, 일단 발생하면 공간을 통해 밖으로 전파된다. 더 신기한 것은 그가 방정식으로 전자기파의 전파 속도를 계산했을 때 결과가 300,000km/s에 육박한 것으로 빛의 전파 속도와 일치하는 것은 우연의 일치만으로 볼 수 없다. 이로써 전자기파는 빛이고, 빛은 전자기파임이 증명된 셈이다.

맥스웰의 발견과 헤르츠의 검증으로 인류는 빛을 인식하는 본성에 큰 걸음을 내딛는다. 파동설도 그 영역을 확장하기 시작하였는데 태양빛은 전자기파의 일종의 가시적인 복사 형태에 지나지 않는다. 무선전자기파에서 마이크로파, 적외선에서 자외선, X선에서 Y선에 이르기까지 파장 혹은 주파수의 순서를 배열하면 전자기 스펙트럼이 형성된다.

이런 전자기 스펙트럼은 다양한 용도로 쓰인다. 통신용, 전자레인지용, 리모컨용, 적외선용, 의료용, 소독용 등 다양한 형태의 '빛'이 현대 과학기술의 초석 중 하나로 자리 잡고 있다. 따라서 맥스웰이 없었다면 라디오, TV, 레이더, 컴퓨터 등 전자기파와 관련된 모든 것은 존재하지 않았을 것이다.

과학 역사상 두 번째로 위대한 통일을 이룩한 맥스웰은 1879년에 갑자기 세상을 떠났는데 바로 그해 아인슈타인이 태어난다. 52년 후, 아인슈타인은 맥스웰 탄생 100주년 기념회에서 맥스웰의 물리학에 대해 뉴턴 이래 가장 위대하고 효과적인 변혁을 이뤄냈다고 극찬했다. 아인슈타인은 일생 동안 맥스웰 방정식을 과학계의 모범으로 삼아, 같은 방식으로 중력장을 통일하려 하였으며 거시적인 것과 미시적인 것 두 가지 공식을 동일시하였다. 이후에도 이 신념은 물리학 전반에 깊은 영향을 미쳤고 대통일론^{Grand Unified Theories, GUT}43 위에서 물리학자들이 과학을 탐구했다.

맥스웰 방정식의 아름다움
: 어둠이 사라지다

17세기를 풍미한 것이 뉴턴 역학이라면 19세기는 맥스웰의 전자기학이다. 17세기 뉴턴의 법칙은 증기기관을 탄생시켰고 기계가 처음으로 인력을 대체하면서 인류는 증기의 시대로 접어들었다. 이에 비해 19세기 맥스웰 방정식은 에디슨과 같은 발명가를 낳았고 전기는 증기를 대신하고, 인류는 전기시대로 접어들게 되었다. 맥스웰 방정식으로 인해 인간은 자연법칙을 뚫고 어둠을 사라지게 했다. 그리고 1888년, 헤르츠가 실험을 통해 손가락만 한 크기의 불꽃을 발견하고 빛과 전기, 전기와 자력으로 전자기력을 통일하자 인류 문명은 기하급수적으로 진보하게 되었다. 더욱 놀라운 것은 그가 죽은 지 7년 후인 1901년, 그 불꽃은 무선전기로 대서양을 건너면서 전 세계의 실시간 통신을 가능케 했고, 인류는 새로운 정보의 시대로 접어들게 된 것이다.

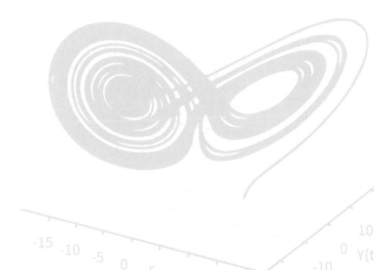

11

질량 에너지 방정식 : 판도라의 마법을 여는 상자

$$E = mc^2$$

먼지 한 톨에도 인간이 상상할 수 없는
엄청난 에너지가 담겨 있다

질량 에너지 보존법칙의 탄생 ————————————•

1945년에 0.6g인 어떤 물질을 에너지로 바꾼 원자 폭탄 '리틀 보이 Little Boy'가 일본의 도시를 무참히 파괴한 사건이 벌어졌다. 그 폭탄의 질량은 공기총 탄알 하나에 불과했다. 리틀 보이가 분열하는 순간, 천지가 눈부신 하얀 섬광을 발했고, 하늘을 찢을 듯한 충격과 함께 불기둥이 치솟아 히로시마는 순식간에 불바다가 되었다. 수천만 명이 강렬한 복사광으로 두 눈을 실명했고, 충격파로 인한 열기는 모든 건물을 파괴했다. 폭발의 중심에 있던 사람과 물건은 완전히 재가 되어버렸다. 이 소식을 들은 아인슈타인은 뒤늦게 자신의 연구를 후회했지만 이미 거대한 버섯 모양의 연기구름이 히로시마를 휩쓴 후였다.

17만 명의 생명을 앗아간 후에야 인간은 처음으로 $E = mc^2$의 위력을 실감했다. 제2차 세계대전이 리틀 보이의 폭발로 막을 내렸지만 판도라의 상자가 열렸다는 것은 이제 누구나 알게 되었다. 아인슈타인은 천재적인 혜안으로 질량 에너지 전환의 비밀을 꿰뚫어 보았다. 그것은 인간이 에너지를 얻을 수 있는 빛나는 길을 열어주었지만 동시에 결코 열어서는 안 되는 과학기술의 판도라 상자를 열게 된 결과를 낳고 말았다.

아주 오래전, 고대 인류는 나무에서 불을 얻어 에너지 전환을 이루었다. 나무토막들이 열에너지를 방출하면 은백색 속에서 은은한 불빛을 발산하고 온기를 가져다주었다. 불꽃이 꺼지면 연기와 한 줌의 재만 몇 가닥 남지만 동굴에서 새벽까지 편안히 잠을 잘 수 있었다.

고대 인류는 나무가 연소될 때 생기는 각종 가스와 재의 질량을 모두 합쳐도 기존 나무보다 가벼워진다는 사실을 몰랐다. 질량이 사라져 에너지가 된 것임을 아무도 인식하지 못했다. 20세기 이전의 사람들은 사라진 질량에 주목한 적이 없었다. 그들이 보기에 질량과 에너지는 전혀 상관없는 것으로 하나는 물질 자체의 속성이고 다른 하나는 물질의 운동 속성으로만 여겼다. 과학자들도 자연계의 모든 현상을 이 두 영역으로 구분해 연구해 왔다. 하나는 물체의 물리량이고, 하나는 물체가 운동 능력을 갖추게 하는 원천인 에너지로 두 영역이 일치되는 부분이 없다고 생각했다. 19세기의 과학도 '질량과 에너지'라는 두 기둥이 지탱하는 가운데 발전해 왔다. 에너지의 영역은 일찍이 패러데이Faraday에 의해 발견되었다.

패러데이는 손재주가 뛰어난 제본공으로 물리적인 감각이 뛰어나 그의 멘토 데이비 험프리 교수의 질투를 받을 정도였다. 패러데이는 다른 사람이 보지 못하는 것을 보았을 뿐만 아니라 전기와 자성을 융합하는 현상에서 '보편적인 에너지'를 발견했다. 배터리 속의 화학 반응은 도체 중의 전류를 만들었고 전기와 자성의 상호작용으로 운동을 발생시켰다. 서로 상관이 없어 보이는 여러 가지 현상을 통해 그는 그것이 '에너지'로 통합될 수 있다는 것을 깨달았다. 패러데이는 이후 아버지의 술집을 물려받았지만 큰 관심이 없었다. 대신 그는 열에 관한 연구에 몰입하게 된다. 그리고 열의 본질적인 실험에서 열의 양은 구하는 방법에 상관없이 결과는 똑같다는 것, 즉, 열과 일 사이에 어떤 전환 관계가 존재해야 한다는 사실을 밝혀냈다. 이것은 후에 유명한 '에너지 보존 법칙'으로 발전하게 되었다. 에너지는 공기 중에서 만들어지지 않을 뿐만 아니라, 공기 중에 소멸되지 않고 오직 한 물체에서 다른 물체로 전달된다. 또한 에너지 형식은 서로 전환할 수 있어 에너지 총량은 변하지 않고 항상 유지된다.

질량이라는 개념은 화학계에서 빛을 발하기 시작했고, 프랑스의 화학자 라부아지에^{Antoine Laurent Lavoisier}가 중요한 공헌을 끼치게 된다. 라부아지에는 원래 세를 거두어들이는 일을 했지만 밤이 되면 화학자로 변신해 유럽 최고의 사설 실험실에서 연구에 몰두했다.

1774년 10월, 파리에서 열린 작은 만찬에서, 프리스틀리^{Priestly}는 라부아지에에게 자신이 발견한 획기적인 실험 결과를 설명하게 된다. 그는 두 개의 같은 크기의 상자에 생쥐를 넣고 실험했는데 한쪽은 산화수은에서 추출한 일종의 '생명의 기운'을 넣었고 다른 한쪽은 일반 공기를 넣어 생존 결과를 실험했다. 그 결과, 알 수 없는 기운이 담긴 상자의 생쥐가 일반 공기보다 4배가량 오래 사는 신기한 현상을 발견하였다. 이 결과에 흥분한 라부아지에는 실험실에서 20여 일 동안 아말감 합성과 분해 연구에 몰두했다.

[그림 11-1]이 라부아지에가 실행한 실험이다. 이 실험이 끝났을 때, 종 모양의 덮개 안의 공기의 부피는 대략 1/5 정도 감소하였다. 라부아지에는 1/5의 '생명의 기운'을 '산소'라고 이름 지었다. 라부아지에는 프리스틀리와 반대로 산소와 광택금속으로 산화수은을 재합성하는 실험을 하기도 했다. 라부아지에는 놀랍게도 전후 물질의 질량이 완전히 같다는 것을 발견하였다. 이것은 과학사의 위대한 순간으로, 질량보존의 법칙이 철저히 증명된 것이다. 즉, 화학에서 반응 전의 각 물질의 질량 총합은 반응으로 생성되는 물질의 질량 총합과 같다는 것으로 이는 현대화학의 기본법칙이 되었다.

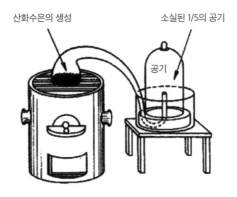

[그림 11-1] 라부아지에 수은 가열 실험

빛이 가진 오묘한 비밀

에너지와 질량은 서로 간섭하지 않는 두 개의 평행선을 따라 독립적으로 발전하였다.

에너지보존법칙과 질량보존법칙에 근거하여, 사람들은 하나의 폐쇄된 시스템 안의 총질량과 총에너지가 각각 존재하고 그것들은 변화가 없으며 둘 사이에도 아무런 연관이 없다고 굳게 믿어왔다. 그러나 이때 과학계의 괴짜인 아인슈타인이 나타나 이 이론이 틀렸음을 주장한다. 20세기 이전 과학계는 고전 물리학의 기세가 대단했고 에너지의 보존과 질량보존은 이미 흔들 수 없는 양대 철칙이 되었지만, 새로운 양자가 한 줄기 빛처럼 몰래 점화되고 있었다. 그 빛은 도대체 무엇이었을까?

아인슈타인이 태어나기 전 과학자들은 수백 년 동안 이 문제를 추적해 왔다. 맥스웰이 예측하고 헤르츠가 실험에서 입증한 뒤에야 '빛은 일종의 파'임을 대부분 인정하게 되었다. 하지만 여전히 빛은 입자이고 아인슈타인이 이를 증명할 것이라고 믿는 사람들도 있었다.

당시 거의 모든 최상위 과학자가 빛이 파인지, 입자인지에 대한 싸움에 참여했지만 아인슈타인만이 묵묵부답으로 헤르츠의 광전 실험을 탐색하며 물리계의 두 단골손님인 에너지와 질량에 대한 배경조사를 벌였다.

1차 조사 대상은 플랑크^{Max Planck}가 제시한 '양자'개념이다. 플랑크는 흑체 복사[44] 실험에서 에너지의 불연속적인 그래프를 도출하였다. 에너지가 연속적이지 않다면 맥스웰 이론이 가장 먼저 충돌될 것인데 이 현상을 '양자화'라고 정의했다.

양자 사상에 매혹된 젊은 아인슈타인은 광전효과와 전자기 이론의 부조화점을 진지하게 정리하고 '빛은 에너지 양자(광자)로 구성된 불연속 매개체'라고 가정한다. 그는 광자마다 특정한 양의 에너지를 지니고 있으며, 이 에너지는 빛의 주파수와 비례해 $E=hv$라고 주장했다. 여기서 E는 양자의 에너지, h는 플랑크 상수($6.626×10^{-34}$J·s)이며 v는 복사 주파수이다. 이는 노벨 물리학상 수상자의 평생에 버금가는 공식이지만 아인슈타인에게는 작은 발걸음일 뿐이었다.

아인슈타인이 빛의 속도 자체에 심취해있던 학창 시절, 그는 '빛의 속도로 운동하면 어떤 세상을 볼 수 있을까'라는 의문을 품었다. 그의 머릿속은 온통 빛의 속도에 대한 궁금증으로 가득했다.

[그림 11-2] 광속운동

'빛이 전자기장의 파동이라면, 그 사람이 빛의 속도로 운동할 때, 세계를 따라 변화하지 않는 파장을 볼 수 있지 않을까? 이때 빛은 정체되고 움직이지 않는 전사기장이 될까?' 이것은 가능성 없는 얘기다. 사람이 속도 30×10^{-34}km/s로 운동하더라도 빛을 따라잡을 수 없다. [그림 11-2]처럼 빛은 멈추지 않는다.

아인슈타인은 뉴턴 고전 물리학에서 서로 다른 관성계^{Inertial Frame of Reference}45의 서로 다른 광속에 따라 A, B 두 운동 상태의 물체가 각각 V_A, V_B의 속도로 움직인다고 주장해왔고 뉴턴은 이들의 속도의 합을 $V_합=V_A+V_B$로 인식해 맥스웰 방정식에서 빛의 속도를 상수 c와 같다고 생각해 왔다. 그래서 빛의 속도는 불변인가, 아니면 변할 수 있는가?

보름 가까이 고민한 끝에 아인슈타인은 '빛의 절대성'을 지켜야 한다고 보고 이를 '빛의 속도 불변의 원리'라고 불렀다. 이것은 그가 빛을 연구하는 큰 걸음이 되었다. 진정한 상수는 빛의 속도이지 시간과 공간이 아니라는 것이다.

그렇다. 이 생각은 뉴턴의 '절대적 시공간 개념' -고전역학에서 세계는 절대적으로 운동하고 시간과 공간은 절대적이다-을 완전히 뒤엎는 것이다. 아인슈타인은 빛의 속도는 변하지 않는다는 원리를 발견할 수 없으며, 그것은 공간과 시간이 상대적이기 때문에 관성계에 달려 있다고 날카롭게 지적했다. 순간, 20세기 물리계에 한 줄기 빛이 비쳐들었고, 상대성 원리와 광속불변의 원리는 좁은 의미의 상대성이론을 고전역학에서 점점 벗어나게 했다. 하지만 아인슈타인은 빛에 대한 생각을 멈추지 않았고 '광양자와 에너지'의 비밀을 계속해서 연구한 끝에 그 빛으로 질량과 에너지에 완벽한 '등호'를 그려 넣었다. 그렇게 탄생한 것이 바로 이 위대한 공식이다.

$$E=mc^2$$

1905년 광양자와 좁은 의미의 상대성이론[46]에 기초해 아인슈타인은 그 유명한 $E=mc^2$을 만들었고 빛의 속도 제곱은 에너지와 질량을 단단히 연결시켜 하나로 묶기 시작했다. 식에서 E는 에너지(J), m은 질량(kg), c는 진공 속 광속(m/s)으로 (c=299792458m/s) 이 식은 에너지는 질량과 빛의 속도의 제곱을 곱한 것으로 나타난다.

한눈에 봐도 $E=mc^2$은 간결하고도 소박하다. 하지만 이 단순한 공식에는 두 가지 가설이 숨어 있다.

(1) 진공 상태에서 진행하는 빛의 속력은 모든 관성계에서 모든 방향에 대하여 c로 같다.

(2) 모든 관성계에서 물리법칙은 동일하게 성립한다.

앞에서 언급한 A, B 두 물체의 속도를 합한 것은 뉴턴의 고전 역학 체계에서 $V_{합}=V_A+V_B$로 표시되는데, 이는 물리학에서 유명한 '갈릴레이 변환'이다. 갈릴레이 변환은 전체 고전 역학의 기둥으로, 이 이론은 독립적인 공간에서 운동하는 각 물체와 상관없이 시간은 일정하게 흘러

가고 선형적이어서 어떤 관찰자의 눈에도 동일하게 보인다는 것이다.

예를 들어, $t_1=t_2=0$일 때, O_1과 O_2좌표계의 원점이 겹친다. 계시가 시작되면 O_2좌표계(운동좌표계, 약칭 운동계)는 상대적 O_1좌표계(기본좌표계, 약칭 정계)를 따라 O_1X_1축을 등속직선운동(속도 v)으로 만든다. 같은 사건 S는 [그림 11-3]과 같이 두 좌표계 O_1과 O_2에서 각각 (x_1, y_1, z_1, t_1)와 (x_2, y_2, z_2, t_2)의 좌표를 가진다.

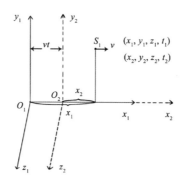

[그림 11-3] 갈릴레이 좌표 변환

그중 두 관성계에서 S의 좌표 관계는 [그림 11-4]와 같다.

$$
\text{갈릴레이 변환} :
\begin{cases}
x_2 = x_1 - vt_1 \\
y_2 = y_1 \\
z_2 = z_1 \\
t_2 = t_1
\end{cases}
$$

갈릴레이 변환에서 관성계 O_2는 O_1에 대해 속도 v로 등속으로 전진한다.

208

두 좌표계에서 S의 좌표는 $x_2=x_1-vt_1$로, y, z가 같다.
시간 t도 서로 같다. 갈릴레이가 바꾼 시공간은 절대적이다.

[그림 11-4] 갈릴레이 변환방정식

정의에서 갈릴레이의 시간이 서로 같고 S가 관성계 O_1과 O_2에서 같은 시간을 갖는 것은 좁은 의미의 상대성이론의 시공간의 상대성 가설과 모순된다. 사실 아인슈타인이 좁은 의미의 상대성이론을 제기하기 전부터 사람들은 상식과 맞지 않는 이런 현상을 많이 관찰했다.

(1) 마이컬슨-몰리 실험[47]은 지구에서 에테르의 운동을 관측하지 못했다.

(2) 운동물체의 전자기 유도현상이 나타내는 상대성이론은 자체운동 아니면 도체운동의 효과와 같다.

(3) 전자의 관성 질량은 전자의 운동 속도 증가에 따라 커진다.

이 밖에도 갈릴레이의 상대성 원리는 전자기 법칙을 충족하지 않는 관계로 고전적인 물리를 뒤흔들게 된다. 이에 물리학자 로렌츠는 로렌츠 변환을 제안했다. 그러나 그는 이 같은 현상의 원인을 설명하지 못하고 당시 관찰 사실에 근거해 로렌츠 변환을 사용했고, 이후 아인슈타인의 좁은 의미의 상대성이론이 로렌츠 변환을 발전시켰다. 로렌츠 변환 중, 관성계 O_1과 O_2에서 위와 동일한 사건 S의 관계는 [그림 11-5]와 같이 나타낸다.

$$\text{로렌츠 변환} \begin{cases} x_2 = \dfrac{x_1 - vt}{\sqrt{1 - \dfrac{v^2}{c^2}}} \\[3ex] y_2 = y_1 \\[1ex] z_2 = z_1 \\[1ex] t_2 = \dfrac{t_1 - \dfrac{v}{c^2}}{\sqrt{1 - \dfrac{v^2}{c^2}}} \end{cases}$$

갈릴레이 변환과 달리 로렌츠 변환에서는
빛의 속도는 일정하다는 원리에 따라
어떤 관성계에서도 빛의 속도는 같은 값을 가지며 시간은 상대적이다.

[그림 11-5] 로렌츠 변환 방정식

이로써 아인슈타인은 빛을 관성계로 삼아 시공간이 상대적이라는 사실을 알아냈고 시간 지연 또는 길이 수축을 수학적으로 설명하였다. 또한 뉴턴 역학의 절대적 시공간은 빛의 속도에 가깝거나 빛의 속도에 도달하는 경우에 적용되지 않는다. 이에 아인슈타인은 로렌츠 변환을 통해 새로운 상대론적 운동 에너지 정리를 유도하였다.

운동 에너지 정리의 공식은 다음과 같다.

$$E_k = \frac{1}{2}mv^2 = \int_0^x F\,\mathrm{d}x$$

여기서 우리는 합외력 F를 시간 t에 대한 운동량 P의 미분으로,

즉, $F = \dfrac{dP}{dt}$ 속도의 형식으로 바뀐다. 즉, $dx = vdt$이다.

위의 두 공식을 에너지에 대한 표현식에 대입하면 다음과 같다.

$$E_k = \int_0^x F dx$$

$$E_k = \int_0^P \frac{dP}{dt} v dt$$

$$E_k = \int_0^P v dP$$

여기서 속도와 운동량이 모두 변수로, 부분적분법을 이용하면 다음 식을 얻는다.

$$E_k = \int_0^P v dp = vP - \int_0^v P dv$$

좁은 의미의 상대성이론에서 물체 운동의 질량 m과 그 정지 질량 m_0 사이의 관계는 다음과 같다.

$$m = \frac{m_0}{\sqrt{1 - \dfrac{v^2}{c^2}}}$$

총 운동량 P의 정의는 다음과 같다.

$$P = mv = \frac{m_0 v}{\sqrt{1 - \dfrac{v^2}{c^2}}}$$

P에 운동량을 대입하면

$$E_k = vP - \int_0^v P dv = \frac{m_0 v^2}{\sqrt{1 - \dfrac{v^2}{c^2}}} - \int_0^v \frac{m_0 v}{\sqrt{1 - \dfrac{v^2}{c^2}}} dv$$

$$= \frac{m_0 v^2 c}{\sqrt{c^2 - v^2}} - m_0 c \int_0^v \frac{v}{\sqrt{c^2 - v^2}} \mathrm{d}v$$

위 표현식에서 정적분하는 함수의 원형은 다음과 같다.

$$\int \frac{x}{\sqrt{a^2 - x^2}} \mathrm{d}x = -\sqrt{a^2 - x^2}$$

대입하면 다음과 같다.

$$E_k = \frac{m_0 v^2 c}{\sqrt{c^2 - v^2}} - m_0 c \int_0^v \frac{v}{\sqrt{c^2 - v^2}} \, dv$$

$$= \frac{m_0 v^2 c}{\sqrt{c^2 - v^2}} + m_0 c \sqrt{c^2 - v^2} \, \Big|_0^v$$

$$= \frac{m_0 v^2 c}{\sqrt{c^2 - v^2}} + m_0 c (\sqrt{c^2 - v^2} - c)$$

$$= m_0 c \left(\frac{v^2}{\sqrt{c^2 - v^2}} + \sqrt{c^2 - v^2} \right) - m_0 c^2$$

위의 표현식에서 첫 번째 항은 좁은 의미의 상대성이론에서 물체의 운동 중 질량 표현식을 완전하게 포함하고 있다.

$$E_k = c^2 \frac{m_0}{\sqrt{1 - \dfrac{v^2}{c^2}}} - m_0 c^2 = mc^2 - m_0 c^2$$

여기서 우리는 좁은 의미의 상대성이론의 세계관에서 운동에너지 E_k의 수학적 표현을 얻었는데, 이 중 m_0는 두 가지 상황의 변화가 있다. 하나는 운동 속도가 커짐에 따라 커지는 질량, 다른 하나는 줄거나 손실되는 것으로 질량 결손이 반응 전후 체계의 에너지 변화에서 비롯된다는 것이다. 예를 들어 2차 대전 때, 일본에 투하된 리틀 보이는 핵반응 전후 질량 차이로 생산된 거대한 에너지인 것이다. 또한 좁은 의미의 상대성이론 세계관에서 모든 물리적 속성은 상대성이론의 효과를 가지고 있기 때문에 물체가 정지했을 때에도 에너지를 가지고 있는데, 이를 '정지에너지'라고 하며 E_0는 다음과 같다.

$$E_0 = m_0 c^2$$

E는 물체가 운동의 총 과정에서 갖는 총에너지의 합, 즉, 정지에너지와 운동에너지의 합을 나타낸다.

$$E = E_k + E_0 = mc^2 - m_0 c^2 + m_0 c^2 = mc^2$$

이로써 아인슈타인은 물질과 운동을 간단하게 통일하였고, $E=mc^2$은 고전역학에서 서로 독립된 질량 보존과 에너지 보존의 법칙을 결합해 '질량 에너지 보존의 법칙'이 되었다. 따라서 질량은 에너지이고 에너지는 질량이며 시간은 공간이고 공간은 시간이 되는 것이다.

세상을 이롭게 하거나 파괴하는 공식, E=mc²

$E=mc^2$, 이 식은 보기에는 간결하지만 작게는 원자, 크게는 우주에 이르는 세계를 묘사할 수 있을 정도로 방대한 의미를 담고 있다. 질량은 일종의 초농축 에너지로 볼 수 있는데 초농축은 질량 에너지 방정식의 가장 신기한 부분이다. 사람에게 빛의 속도 제곱(c^2)은 천문학적인 수치로 빛의 속도는 $30 \times 10^4 km/s$이고 제곱하면 900억이다. 1g의 질량을 모두 에너지로 바꾸면 폭약 1000t TNT의 폭발 에너지에 견줄 정도의 양이 되고 모두 전기에너지로 바꾸면 100W를 유지하는 전구를

3만 5000년 동안 계속 켤 수 있다. 물질 입자라도 놀라운 에너지가 뿜어져 나올 수도 있는 것이다. 불안정한 원자핵(우라늄 핵 혹은 플루토늄 핵)이 분열되어 두 개의 작은 원자핵이 될 때 두 개의 작은 원자핵의 질량을 합하면 항상 큰 원자핵보다 작고, 결손된 질량은 큰 에너지로 바뀌어 [그림 11-6]에 나타난 것처럼 히로시마의 악몽과 같이 도시를 파괴할 수 있는 원자폭탄이 될 수 있다.

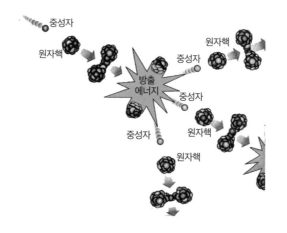

[그림 11-6] 원자폭탄 핵분열

제2차 세계대전 때, 아인슈타인은 독일이 원자폭탄을 먼저 연구할 것을 우려해 루스벨트 미국 대통령에게 편지를 보내 조속한 대응을 권고하였다. 하지만 아인슈타인의 마음속에는 인간이 이 에너지를 방출할 방법을 찾는 데 적어도 100년이 걸릴 것이라고 예상했다. 그러나 그의 방심과 달리 1945년에 미국은 일본의 히로시마와 나가사키에 원자폭탄을 투하하게 된다. 아인슈타인은 손쉽게 질량 에너지를 계산했지만 인간이 가진 역량을 계산할 방법은 얻지 못했던 것이다.

판도라의 상자가 열리면서 무수히 많은 생명이 재난의 구렁텅이에 빠졌고, 아인슈타인은 그 악몽을 회상하며 한 편지에 '자신의 연구는 엄청난 실수'라며 뼈저리게 후회했다고 한다. 물론 $E=mc^2$라는 공식은 지구가 직면한 에너지 고갈로부터 인류를 구원할 수 있는 희망일 수도 있다. 원자폭탄 말고도 원자력발전은 핵분열에서 흔하게 사용되는 또 다른 응용이다. 원자력발전은 원자핵분열 반응으로 에너지를 방출해 에너지를 전환시켜 발전시킨다. [그림 11-7]에 표시된 가압수형 원자로PWR, Pressurized Water Reactor는 연기가 자욱한 화력발전과 유사하다. 핵연료는 원자로에서 연쇄분열반응을 일으켜 원자력은 열에너지로 전환되고, 열에너지는 물을 증기로 가열하여 증기터빈을 추진하고 발전기를 움직여 전기를 생산한다. 에너지 전환 관점에 근거해 분

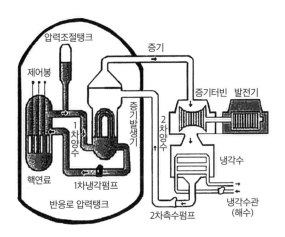

[그림 11-7] 가압수형 원자로 원리

석하면, 기본 과정은 원자력 → 내적 에너지 → 기계적 에너지 → 전기적 에너지이다.

원자력발전은 화력발전에 비해 핵반응으로 방출되는 열이 화석연료를 태워서 방출하는 에너지의 약 100만 배로 훨씬 방대하다. 게다가 요구되는 연료의 부피는 화력발전소에 비해 훨씬 적으며, $E=mc^2$의 초농축 개념과 정확히 일치한다. 하지만 원자력발전이 가진 이점이 클수록 위협적인 힘 또한 강력하다는 것은 자명한 사실이다. 아인슈타인이 발견한 이 공식은 양날의 검과 같다. 누군가에게 위협이 될 힘을 지녔지만 그만큼 그 위협은 부메랑처럼 인류에게 돌아올 수도 있다.

E=mc² 공식의 아름다움
: 인간은 자신의 손에 파멸될 수 있을까?

다윈은 《종의 기원》에서 적자생존 이론을 언급했다. 그러나 우주 진화와 종 대멸종을 살펴보면 원시적이고 저급한 생물일수록 생존력이 약해도 생존 상태가 안정되어 있다. 반면 고급 종일수록 생존력은 강해도 멸종 속도가 빠르다는 결론이 나왔다.

인류 진화사를 보면 이 현상도 마찬가지이다. 인간의 가장 지혜로운 뇌는 마력을 길들이는 것에서 중력을 발견하는 것, 전력을 파악하는 것에서 원자력을 이용하는 것에 이르기까지 우리의 생존능력을 향상시키기 위해 노력해왔다. 하지만 생존 환경은 오히려 환경오염과 생태계 파괴, 기후 이상 등으로 갈수록 나빠진다. 우리는 과학 기술로 스스로를 구하려 하지만 매번의 진보가 더 큰 위기를 불러올 수 있다는 역설을 안고 살고 있다. 빛을 쫓던 아인슈타인이 발견한 마법과 같은 공식은 우주 간의 에너지와 물질을 연결시켜 인간에게 '궁극의 에너지'를 찾아준 고마운 존재다. 그러나 인류는 핵분열의 엄청난 에너지를 파악하면서 결국 자신의 무덤을 판 꼴이 되었다.

유엔의 집계에 따르면 전 세계의 핵무기는 전 세계 수십억 명이 각자의 엉덩이 밑에 폭약 2.5t TNT을 묻은 정도라고 한다. 인간은 왜 이런 결과를 만들어낸 걸까? 앞으로 나아가고자 하지만 그 앞은 칠흑 같은 어둠에 싸여있다. 자가당착. 인간의 세계를 이보다 더 명확하게 표현한 언어는 없을 것이다. 왜 이런 일들이 일어나는지 알아내는 것은 E=mc² 공식을 유도하는 것보다 더 어려운 명제가 되었다.

대부분의 사람은 슈뢰딩거의 고양이는 의심할 여지 없이 죽는다고 생각한다.
하지만 상황은 그렇게 간단하지 않다.
이 실험으로 슈뢰딩거는 인류 최고의 지혜를 대표하는
과학자들을 조롱하기 시작했다.

12

슈뢰딩거 방정식 : 고양이와 양자 세계

$$i\hbar\frac{\partial \psi}{\partial t} = -\frac{\hbar^2}{2\mu}\nabla^2\psi + U(\vec{r})\psi$$

고양이는 거시세계와
미시세계 사이를 배회한다

양자역학, 그 끝없는 황량함 ───────●

일본 작가 나쓰메 소세키의 책 ≪나는 고양이로소이다≫에서 고양이는 '어떤 힘이 지구를 회전하도록 하는지 모르겠지만 사회 전체를 움직이는 것은 돈이라는 것을 안다'고 말한다. 고양이의 도도함과 세상을 깔보는 모습이 이 문장에 잘 표현되어 있다.

이처럼 사람을 놀라게 하는 고양이가 야밤에 어디로 가는지 전혀 알 수 없는 우리는 가끔 한밤중에 고양이의 행적을 포착할 때, 차갑게 돌아보는 눈빛에 섬뜩할 것이다.

고양이가 숨기고 있는 수많은 비밀, 만약 이 세상에 또 다른 세계가 존재한다면 그것은 고양이의 세력권일 가능성이 높다. 그리고 그 모든 것은 양자역학에서 시작된다.

양자역학이 처음 출현했을 때 이 분야는 끝없이 황량한 사막과 같아서 경험과 방법론은 고사하고 사람의 그림자도 찾아보기 힘들었다. 이 참신한 세계에서 물리학자는 습관적으로 덴마크의 물리학자 닐스 보어$^{Niels\ Bohr}$가 제시한 '원자모형'처럼 전통적인 역학을 사용해 미시적 입자를 해석하려고 하였다. 전자가 몇 개의 고정 궤도에서 운동한다고 가정하는 것이 전형적인 거시적 사고이다. 닐스 보어가 양자 개념(전자 전이)을 추가했지만 전통적인 역학의 그늘에서 벗어나지 못했다. 이로 인해 물리학자들은 보어의 원자모형을 반*양자, 반*고전이라고

222

부른다. 이러한 한계로 인해 미시 입자의 기이한 행동을 합리적으로 해석할 수 없었고 이때 양자역학은 미시적인 세계를 해석할 완전히 새로운 이론이 절실했다.

보어의 제자인 독일의 물리학자 하이젠베르크^{Werner Karl Heisenberg}는 스승이 궁지에 몰리자 추상적인 행렬역학[48]으로 미시 입자 현상을 설명하고자 했다. 그러나 하이젠베르크 역학의 기초는 불연속적인 입자성일 뿐만 아니라 계산이 매우 복잡해 양자역학계의 보어와 같은 인물들만 알아볼 수 있었다. 따라서 당시 행렬역학이 일으킨 반향은 크지 않았다.

이후, 미시 입자의 기초이론을 전 세계에 납득시킨 슈뢰딩거 방정식이 나오게 된다. 늘 번뜩이는 영감으로 세상을 놀라게 하는 오스트리아 과학자인 슈뢰딩거^{Erwin Schrödinger}는 프랑스의 이론물리학자 드 브로이^{Louis Victor de Broglie}가 1924년 '모든 물질에 파동성이 있다'는 물질파를 제안했다는 말을 듣고, 자신의 생각을 어필하기 시작했다. 그 후 불과 5개월도 안 되는 짧은 기간에 슈뢰딩거는 6편의 논문을 연달아 발표하며 파동역학의 완전한 틀을 마련하였다.

슈뢰딩거는 드 브로이의 견해가 옳다면, 전자 등 원자보다 작은 입자의 움직임을 묘사하는 수학적 방정식이 존재할 수밖에 없지만 하이젠베르크의 행렬역학이 너무 억지스럽기 때문에 사람들이 이해할 수가 없다고 생각했다. 그는 입자든 파동이든 그렇게 복잡하지 않다고 언급했다. 또한 양자성은 미시적인 체계의 파동성을 반영한 것에 불

과하고 전자를 드 브로이파로 보고 하나의 파동 방정식으로 표시하면
된다고 설명했다.

슈뢰딩거는 이 파동 방정식을 만들기 위해 물체의 에너지와 운동량
의 관계를 이용하였고 드 브로이의 입자 운동량과 파장, 플랑크 상수
($\hbar$=6.62607015×10^{-34} J·s) 관계의 수학 법칙으로 이 황막한 신세계에
오아시스 같은 새로운 이론을 찾아냈다.

죽지도 살지도 않는 고양이를 발견하다

1926년 슈뢰딩거의 천재적인 아이디어가 처음으로 그 모습을 드러
냈다. 아인슈타인과 드 브로이의 이론을 하나로 융합해 파동역학을
슈뢰딩거 방식으로 농축하였는데 이것이 바로 '파동함수 이론'이다.
이렇게 20세기 물리계의 슈뢰딩거 방정식은 세상에 알려지게 된다.

$$ih\frac{\partial \psi}{\partial t} = -\frac{\hbar^2}{2\mu}\nabla^2\psi + U(\vec{r})\psi$$

위의 식에서 ∇는 라플라스 연산자로 미분 연산을 나타낸다. $\hbar$는 플
랑크 상수, μ를 입자의 질량, ψ는 입자의 파동 상태, t를 입자 상태의
임의 시간 변화, U를 힘의 장$^{force field}$에서 입자의 포텐셜 함수, $\vec{r}$는 입
자의 위치 방향 벡터이다.

이것은 3차원 힘의 장에서 입자의 정체를 묘사한 슈뢰딩거 방정식
이다. 힘의 장이란 입자가 그 안에 힘 에너지를 갖게 되는 장을 말한

13

디랙 방정식 : 반물질의 예언자

$$\frac{1}{i}\gamma^\mu \partial_\mu \psi + m\psi = 0$$

아름다운 방정식을 찾는 것이 우선이다
그것의 물리적 의미를 고민하지 마라

순수한 영혼이 고독한 부를 연출하다 ─────•

세상에 반물질[50]反物質. Antimatter로 구성된 '당신'이 한 명 더 있다면 그 존재는 당신의 외모와 행동 모든 것이 똑같아 보일 것이나. 이것이 과연 가능할지는 디랙의 발언을 이해하느냐, 못하느냐에 달려있다. 방대한 우주 어딘가에 어쩌면 쌍둥이 지구가 존재할 수도 있고 반물질로 구성된 반은하계와 반태양계, 심지어 반인류의 반지구가 있을지 모른다.

1933년 12월, 영국의 이론물리학자 디랙Paul Adrien Maurice Dirac은 노벨상 시상대에 서서 이런 신비로운 반물질의 세계가 분명히 존재한다고 발표했다.

디랙은 하루 종일 집 안에 틀어박혀 있길 좋아했다. 책에 파묻혔으며 여러 가지 공식으로 깊은 사고에 빠져있었다. 말주변이 없어 사교성이 부족하다는 평가를 받아서인지 사람들에게 냉소적인 말을 자주 들었다.

어느 대학 강연 후 한 관객이 디랙 교수에게 "당신이 그 공식을 어떻게 유도했는지 모르겠다."고 말했다. 하지만 디랙은 한참 동안 관객을 바라볼 뿐 입을 열지 않았다. 이에 사회자는 난감해하며 디랙에게 주의를 주었지만 그는 여전히 입을 열지 않았다. 오히려 그는 "제가 무엇에 대해 대답해야 합니까?"라고 반문했다. 질문자는 방금 한 질문은 의문형이 아니었다고 답한다.

많은 사람은 전반적인 상황을 잘 이해하지 못하고 사회성이 많이 떨어진 디랙의 뇌구조를 신기해했다. 보어는 그를 세상 물정 모르는 천재라고 평가하였는데 모든 물리학자 중 가장 순수한 영혼이었음을 증명한다. 그는 평생을 조용히 서재에 박혀 별다른 취미 없이 외골수로만 살았고, 자신의 역사적 사명인 양자역학 이론체계를 세우는 데 힘썼다.

1930년 그는 현대 물리의 고전인 《양자역학 원리Principles of Quantum Mechanics》 출간하였다. 이를 통해 양자 세계의 윤곽을 체계적으로 그려냈기 때문에 그간의 논란거리였던 양자역학은 한층 더 발전하는 계기를 갖게 되었다. 물론, 양자역학 이론체계는 하루아침에 만들어지지 않았다. 20세기 초는 양자역학이 빠르게 발전하는 시기였다. 당시 디랙은 대학을 졸업한 뒤 케임브리지로 옮겨 공부했지만 영국은 양자 이론을 발전시킬 만한 좋은 토양을 갖추지 못했다. 아쉽게도 그곳에서 양자역학을 이해하는 사람은 손에 꼽힐 정도였다. 하지만 디랙은 포기하지 않았다. 비록 혼자였지만 고군분투하여 3년도 안 된 시점에 최고난도의 양자학에 발을 들여놓았고 후대에 '양자역학의 골든 트라이앵글'로 불렸던 보어, 하이젠베르크, 파울리Wolfgang Pauli 등과 어깨를 나란히 하였다.

디랙이 양자역학과 인연을 맺게 된 것은 1925년 하이젠베르크와 함께 한 논문 한 편을 통해서였다. 이 논문에서 하이젠베르크는 '고전역학이 왜 원자 스펙트럼을 해결하지 못하는지'를 설명하는 새로운 이론을 내세웠다. 그는 직접 관측한 원자 스펙트럼에서 출발해 행렬 도구를 도입했고, 이 기이한 네모난 덩어리로 양자역학이라는 빌딩을 구성하였다.

그러나 하이젠베르크는 수학이 서툴러 자신의 행렬을 이해하지 못하는 오류를 범한다. 자신이 만든 행렬에서 교환법칙이 왜 성립하지 않는지 설명하지 못했던 것이다. 즉, p와 q의 위치를 바꾸면 결과가 달라지는데 $p \times q \neq q \times p$이다. 구체적인 예를 들면,

$$p = \begin{bmatrix} 1 & 1 & 1 \\ 1 & 1 & 1 \end{bmatrix}, q = \begin{bmatrix} 1 & 1 \\ 1 & 1 \\ 1 & 1 \end{bmatrix}$$

이를 행렬의 곱셈 규칙에 따라 계산하면

$$p \times q = \begin{bmatrix} 1 & 1 & 1 \\ 1 & 1 & 1 \end{bmatrix} \times \begin{bmatrix} 1 & 1 \\ 1 & 1 \\ 1 & 1 \end{bmatrix} = \begin{bmatrix} 3 & 3 \\ 3 & 3 \end{bmatrix}$$

$$q \times p = \begin{bmatrix} 1 & 1 \\ 1 & 1 \\ 1 & 1 \end{bmatrix} \times \begin{bmatrix} 1 & 1 & 1 \\ 1 & 1 & 1 \end{bmatrix} = \begin{bmatrix} 2 & 2 & 2 \\ 2 & 2 & 2 \\ 2 & 2 & 2 \end{bmatrix}$$

분명히 $p \times q$와 $q \times p$의 결과는 다르다.

다행히 양자역학의 또 다른 거물급 인물이자 파동함수에 대해 통계 해석을 내었던 독일 유태계 이론물리학자 막스 보른[Max Born]-양자역학

의 기초를 세운 사람 중 한 명-은 이것의 속성이 선형대수학의 행렬임을 한눈에 알아차렸다.

보른은 자신의 집에 막 세워진 양자물리 빌딩을 위해 부끄러움이 많고 내성적이었지만 행렬 연산에 능통한 수학자 조르단^Jordan을 찾았고 함께 연구하여 하이젠베르크가 제시한 '불확정성의 원리[51]'에 확고한 수학적 토대를 마련하였다. 하지만 이 행렬은 생각만큼 간단히 해결되지 않았다. 보른과 조르단은 괴팅겐대학교에서 골머리를 앓으며 밤을 새어 연구에 몰입했다. 이때 디랙은 멀리 영국 케임브리지의 기숙사에서 해밀턴의 사원수를 전문적으로 다루며 이미 행렬에 익숙해져 있던 차였다.

또한 논문을 통해 하이젠베르크 체계에서의 핵심인 $p \times q \neq q \times p$의 개념도 손쉽게 파악할 수 있었다. 디랙에 따르면 이러한 대수적 특징 즉, 곱셈의 교환법칙을 따르지 않는 부적합한 곱셈인 '포아송 괄호' 연산은 새로운 대수 q수(q는 '기이' 또는 '양자'를 나타냄)를 만들어 낸다. 그것과 운동량, 위치, 에너지, 시간 등의 개념이 함께 연결되고 기존 시스템에서 교환법칙에 부합하는 변수를 c수(c는 '보통'을 의미함)로 표시한다. 디랙은 c수와 q수 사이에 쉽고 간단한 연결고리를 만들어 양자역학을 가뿐히 설명했다. 사실 이전 계의 확장으로 신역학과 고전역학은 실제로 일맥상통한다는 것이다.

그러나 안타깝게도 디랙은 한발 늦었다. 그의 방법이 더 간결하고 명료했지만 괴팅겐에서 연합작전을 펼친 보른과 조르단이 먼저 계산을 해냈다. 디랙의 천재적인 빛은 잠시 런던의 어두운 밤 속에 숨겨지는 듯했다.

반물질의 선지자, 좁은 의미의 상대성이론과 양자역학을 통일하다

하이젠베르크 행렬의 역학적 발상이 어둠에 묻혔지만 디랙은 좌절하지 않고 행렬역학과 수소분자 실험 데이터의 합을 다시 한번 입증했다. 하지만 야속하게도 운명의 신은 디랙의 손을 들어주지 않았다. 파울리가 똑같은 연구를 더 빨리 발표했기 때문이다. 하지만 여기서 물러날 디랙이 아니었다. 천재의 빛은 아무리 깊은 어둠에 묻혀있더라도 장벽을 뚫고 새어나가는 법이다.

1926년 양자역학의 또 다른 천재 하이젠베르크가 행렬역학을 흥미진진하게 연구할 때 슈뢰딩거는 다른 분야인 파동역학을 열고 있었다. 드 브로이의 물질파 가설을 음미해 본 슈뢰딩거는 상대성이론 위에 세워진 드 브로이의 방정식에서 또 다른 방정식을 도출해 내었다. 하지만 전자 선회를 고려하지 않은 상황에서 유도된 방정식은 조머펠드$^{Sommer\ feld}$ 모형에 맞지 않았다. 그는 고전역학의 해밀턴-야코비 방정식에서 출발해 변분법과 드 브로이 공식을 이용했고 그 결과 상대성이론이 아닌 파동 방정식, 즉, 슈뢰딩거 방정식을 구하게 된다. 한

때, 행렬역학과 파동역학의 상호대치인 하이젠베르크와 슈뢰딩거 간의 싸움은 끊이지 않았다. 이를 냉철하게 지켜본 디랙은 두 사람의 이론이 서로 보완된다는 사실을 깨닫게 된다. 그리고 곧이어 슈뢰딩거의 파동역학을 연구하기 시작한다.

하이젠베르크, 슈뢰딩거가 제시한 양자역학은 모두 좁은 의미의 상대성이론의 형식적 요구에 부합하지 않았다. 상대성이론의 동역학 연구에 몰두하던 디랙은 전자의 운동을 묘사하기 위해 더 나은 양자역학 방정식을 찾기로 결심한다. 실제로 이는 상대성이론의 운동 관계에도 부합해야 할 뿐만 아니라 저에너지 상태에서도 슈뢰딩거 방정식에 근접해야 했다.

흥미로운 것은 당시 스웨덴 물리학자 오스카 클라인$^{\text{Oskar Benjamin Klein}}$과 독일인 윌터 고든$^{\text{Walter Gordon}}$도 상대성이론에 부합하는 전자 양자 이론을 찾아내 각각 클라인-고든 방정식[52]을 도출하려 했다는 것이다.

이 시기는 물리학 역사상 황금시대로 불릴 정도로 세계 각지에서 치열한 연구 경쟁이 일었던 해이다. 그리고 그 결과 진정한 천재가 배출되었다. 과연 누구였을까? 이번에도 디랙이 또 한 걸음 늦었을까?

양자역학에 근거해 확률적으로 수학적인 해석을 내놓은 클라인-고든 방정식은 마이너스 확률을 도출할 수 있었는데 이는 도저히 납득할 수 없는 일이었다. -50%의 가능성을 두고 동전을 던지는 바보는 없기 때문이다. 또 클라인-고든 방정식을 이용해 수소 원자력의 등급을 계산한 결과, 실제 실험 결과와의 간극이 무척이나 컸다. 이론과 실험은 일치해야 한다는 점에서 클라인-고든이 제시한 방정식은 결코 좋은 이론이 아니었다.

1928년 디랙은 하이젠베르크, 드 브로이, 슈뢰딩거, 클라인과 고든이 지켜보는 가운데 전자운동의 상대성 양자역학 방정식, 즉, 역사에 이름을 남기는 '디랙 방정식'을 발표하였다.

이 방정식에서 디랙은 먼저 좁은 의미의 상대성이론과 양자역학을 통일하였다. 상대성이론, 양자, 전자 선회 등 그동안 무관해 보였던 개념들이 마치 한 편의 음악처럼 조화롭게 결합되어 당시 이론 물리계의 큰 난제를 해결하였다. 또한 그의 방정식으로 전자는 마이너스 값을 가질 수 있다는 중요한 결론을 도출할 수 있었다. 이것은 클라인-고든 방정식에서 마이너스가 나올 확률을 나타내는 황무지와 같은 무용한 내용을 수정해 유용하게 탄생시킨 것이다. 그리고 결정적으로 그는 물리학의 세계에 '신대륙'를 열게 되는데 이것이 바로 우주에 떠도는 '반물질'이다.

디랙 방정식, 예상치 못한 신의 선물

디랙 방정식을 제대로 아는 것은 결코 쉬운 일이 아니다. 천재를 능가하는 지능을 지닌 디랙 자신조차도 이 방정식은 자신보다 더 똑똑하다고 여겼다. 그는 전자 선회를 미리 생각하지도 않았고, 전자의 선회를 파동 방정식에 도입하는 것에는 전혀 관심이 없었다. 그런데 디랙 방정식은 왜 전자가 회전하는지, 그리고 왜 회전 각도는 정수가 아닌 $\frac{1}{2}$인지와 같이 무에서 유를 창조해내어 당시 가장 유명한 물리학자였던 하이젠베르크를 질투하게 만들었다. 이 방정식의 정체는 바로 다음과 같다.

$$\frac{1}{i} \gamma^\mu \partial_\mu \psi + m\psi = 0$$

식에서 γ^μ는 자유전자의 조작행렬, ∂_μ은 편도, ψ는 상대성이론에서 $\frac{1}{2}$회 회전, i는 복소수로 $\frac{1}{i}$는 켤레복소수, m은 회전 입자의 질량을 나타낸다.

이것은 상대성이론에서 양자역학의 자기 선회 $\frac{1}{2}$입자를 설명하는 디랙 방정식이다. 실질적으로 슈뢰딩거 방정식의 '로렌츠 변환식'으로 양자장론의 관습에 따라 쓰인다. 이쯤 되면 슈뢰딩거가 당초 의지가 강하지 못해 그의 아름다운 상대성이론의 파동 방정식을 고수하지 못하고 이론과 실험에 지나치게 얽매이지 않았던 것에 대해서도 감사해야 한다. 또한 비상대성이론의 파동 방정식, 이것이야말로 상대성이론의 원리에 디랙을 끼워 넣을 수 있게 한 공식이다.

상대성이론 형식에 적합한 파동 방정식을 찾는 것은 결코 쉽지 않다. 그때만 해도 클라인과 고든이 방정식 $\frac{1}{c^2}\frac{\partial^2}{\partial t^2}\psi - \Delta^2\psi + \frac{m^2 c^2}{h^2}\psi = 0$으로 관심을 끌던 참이었다. 디랙은 이 방정식을 예리하게 살펴보면서 음이 되는 확률은 물리학적으로 무의미함을 지적한다.

음의 에너지와 음의 확률 문제를 해결하기 위해 디랙은 기존의 좁은 의미의 상대성이론, 행렬역학, 파동역학을 모두 합해서 연구하였다. 그리고 행렬역학에서 파울리의 공식이 그의 주의를 끌게 된다.

$$\vec{\sigma} \cdot \vec{p} = \sqrt{\vec{p}^2 \times I} \ (I는\ 2 \times 2인\ 단위행렬)$$

처음에 전자의 자기 선회는 가설로 제시한 것이고, 파울리는 바로 전자의 자기 선회에서 각 운동량를 설명하기 위해서 3행 2열의 행렬 σ_1, σ_2, σ_3 세 개를 만들었다. 이에 디랙은 '방정식의 계수가 행렬 형식일까?' 라는 생각을 하게 된다. 그리고 갑자기 디랙의 얼굴에는 홍조를 띤 희미한 미소가 번지기 시작했다. 디랙의 머릿속은 이런 가정들로 가득 찼다.

'처음에 가정한 전자 회전은 파동 함수의 두 개의 해만 요구한다. 클라인-고든 방정식은 음의 에너지와 음의 확률을 나타내고 있다. 그 파동 방정식의 수는 이전의 두 배(4개 분량)가 될 것이다.'

따라서 디랙은 계수가 파울리가 말한 2×2가 아닌 4×4 행렬로 확장되어야 한다고 생각하게 되었다. 파울리 행렬을 따라 사고하면서 디랙은 σ 공식을 네 제곱의 합으로 확장하여 해를 구한다.

$$p_1{}^2 + p_2{}^2 + p_3{}^2 + p_4{}^2 = -m^2 c^4, \ p_4 = \frac{iE}{c}$$

여기서 4×4로 확장되는 단위행렬 방정식은 슈뢰딩거 방정식이 로

246

렌츠변환이 없는 것을 고려해 슈뢰딩거 방정식(비상대성이론 파동방정식)을 변환할 때 클라인-고든 방정식의 결함을 피해야 한다. 이에 따라 디랙이 유도한 방정식은 다음과 같다.

$$-h^2\frac{\partial^2}{\partial t^2}\psi=-h^2c^2\nabla^2\psi+m^2c^4\psi$$

여기서 $E=ih\frac{\partial}{\partial t}$, $P_x=-ih\frac{\partial}{\partial x}$, $P_y=-ih\frac{\partial}{\partial y}$, $P_z=-ih\frac{\partial}{\partial z}$이다.

그러면, $E^2=c^2p^2+m^2c^4$이다. 운동량 p가 매우 적을 때, $E=\frac{P^2}{2m}$, $ih\frac{\partial}{\partial t}=H\Psi$이다.

만약, 운동량이 0이면 자기 회전이 0, 그러면 $E^2=c^2p^2+m^2c^4$ 중 $c^2p^2=0$이므로 아인슈타인 장설에 부합한다.

만약, 운동량이 0이 아니고 자기 회전이 0이면 $E^2=c^2p^2+m^2c^4$이다. 운동량과 자기 회전이 모두 0이 아닐 때의 일반식을 유도하여 양자역학으로 쓰면 처음 방정식 $\frac{1}{i}\gamma^\mu\partial_\mu\psi+m\psi=0$이 된다. 놀랍게도 이 과정에서 디랙 방정식은 슈뢰딩거가 꿈꾸던 상대성이론의 파동 방정식을 자연스럽게 보여 준다.

물리공식의 마력적인 존재, 디랙 정리

1930년대에 탄생한 디랙 방정식은 이제 현대 물리학의 초석이 되었다. 이는 양자 이론에 새로운 기원이 찾아왔음을 의미한다. 그는 물리 제국의 게임 규칙을 깨고 하나의 새로운 기본 입자와 두 가지 기본 과정, 즉, 반물질 입자인 양전자의 존재와 전자 -양전자 쌍의 발생과 소멸 과정을 예언했다. 예를 들어, 수소 원자는 양전기를 띤 물질과 음전기를 띤 전자로 구성되지만 '반수소 원자'에서 양성자는 '슬픔이 가득한' 음전기를, 전자는 '적극적인' 양전기를 달고 있다. [그림 13-1]에서 보듯이 수소 원자 1개가 '반수소 원자'와 만났을 때 이들은 $E=mc^2$ 을 따르므로 '쾅' 하는 소리와 함께 대량의 에너지 복사를 방출한 후에 양쪽이 동시에 흔적도 없이 사라진다.

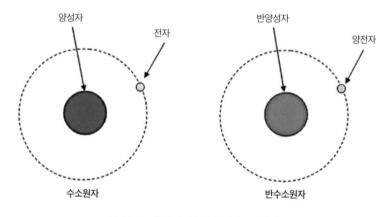

[그림 13-1] 수소 원자와 반수소 원자

이런 현상은 이상하게 들릴 수 있지만 실제로 일어나고 있다.

일찍이 1932년에 물리학자 칼 앤더슨Carl David Anderson이 우주선 실험에서 양전자의 존재를 밝혀 디랙의 예언이 확인되었고, 이로 인해 디랙은 1933년, 슈뢰딩거와 함께 노벨 물리학상을 수상하게 된다. 그후에 반물질을 탐구하는 일련의 강력한 실험검증들은 디랙 방정식의 위상을 한층 더 강화시켰다.

　1995년, 유럽 핵 연구센터의 실험실에서 세계 최초의 반물질인 반수소 원자를 만들었고 1997년, 미국 천문학자는 은하수계의 약 3500광년 지점에는 반물질을 끊임없이 뿜어내는 반물질원이 2940광년 높이의 '반물질 분수'를 만든다고 선포했다. 그리고 2000년, 유럽 핵 연구센터는 이미 약 5만 개의 저에너지 상태의 반수소 원자를 만드는 데 성공했다. 이는 실험실 조건에서 대량의 반물질을 만들어 낸 첫 번째 사례이기도 하다.

　물리학자들이 말하는 디랙 방정식은 단연 최고로 꼽힌다. 하지만 이 방정식이 더욱 의미심장한 것은 이론이 실험으로 입증된 데 있다는 것이다. 2002년, 디랙 탄생 100주년 기념행사에서 MIT 교수이자 물리학자인 프랭크 윌첵$^{Frank\ Wilczek}$은 '모든 물리공식에서 디랙 정리는 어쩌면 가장 마력적인 것이 될 수 있으며 기초 물리의 발전 방향을 결정하는 허브 중 하나'라며 찬사를 아끼지 않았다. 이와 같은 찬사는 결코 과분한 것이 아니다. 당시 디랙 방정식의 안내로 양자 물리학자들은 진공 상태인 우주를 더 잘 인지하게 되었다. 진공은 더 이상 텅 빈 공간이 아니었다. 이곳은 다양한 에너지가 모이는 장소로, 이후 입자에 대한 지식이 깊어지면서 양자계의 대가들이 양자장의 세계로 보기 시작했다. 전기장과 마찬가지로 입자는 공간에 순간적으로 존재할 수도 있고 장기간 생존할 수도 있다.

더 신기한 것은 디랙 방정식은 우주에 완전히 다른 두 개의 양자가 있다는 것까지 밝혀냈는데 이는 보손^{Boson}53과 페르미온^{Fermion}54이다. 보손은 레이저가 뭉쳐 나오는 것을 좋아하고, 페르미온은 독립적으로 다니는 것을 좋아한다. 이런 성질로 인해 페르미온은 똑같은 양자 상태의 페르미온을 영원히 발견할 수 없다. 이런 신기한 패턴은 후에 원소주기율을 해석하는 데 도움을 주었고 화학의 기초가 되었다.

디랙 방정식의 발견으로 인해 사람들은 점차 '입자가 있으면 반드시 그 반입자가 있다'를 절대 진리로 여기게 되었다. 그리고 2017년 중국 물리학자들은 재미있는 실험 결과를 발표한다. 중국계 물리학자 장수성 팀이 다른 팀과 협력한 실험에서 '천사 입자'는 디랙의 페르미온과 달리 이에 상응하는 반입자가 없는데 이는 마요라나 페르미온^{Majorana} ^{fermion}과 꼭 들어맞는다는 것이다. 마요라나 페르미온은 이런 반입자가 없는 입자가 존재하거나 그것의 반입자는 그것 그 자체임을 지적하였다. '천사 입자'의 반입자가 어쩌면 그 자체일지도 모른다는 미시적 세계에 대한 인식의 비약적인 진보는 양자 계산에도 새로운 희망을 주고 있다. 아마도 분명한 것은 그런 세상은 천사만 존재할 정도로 완벽할 것이다.

우주가 잃어버린 반쪽, 물질-반물질의 수수께끼

'천사 입자'의 발견으로 우주의 조그마한 귀퉁이가 열렸지만 물리학자들이 시종일관 궁금해하는 것은 따로 있었다. 우주 대폭발론에 따르면 우주 생성 초기에는 물질과 반물질의 수가 똑같아야 한다. 그런데 왜 우리는 물질만 있는 우주만 보고 있을까? 디랙이 말한 반물질은 모두 어디로 사라진 것일까? 이때 세계 각지의 물리학파는 자신이 가진 사고의 문을 최대한 확장하기 시작했다. 그리고 다음과 같은 이론들이 발표되었다.

이론 1 : 우주의 폭발은 우리가 있는 곳에 이물질을 발생시켰다. 또한 우주를 중심으로 반물질 위주의 반우주도 생겨났다. 그러나 우주와 반우주는 서로 연결되어 있지 않기 때문에 이 이론은 검증이 불가능하다. 굳이 연결 경로를 찾는다면 더 높은 공간이나 이해하기 어려운 '웜홀'을 통과할 수밖에 없다. 3차원 공간에 사는 우리에게 이 이론은 너무 광활하고 심오하다고 생각하는 사람이 많으니 말을 아끼는 것이 좋다.

이론 2 : 물질의 성운과 은하계 등에 상응하는 반물질의 성운, 은하계가 존재할지 모른다고 생각되지만, 만약 존재한다면 같은 우주에 공존해 있어도 멀리 떨어져 있어 서로 부딪혀 소멸되는 일은 없다. 만약 그렇다면 '반세계'에서 온 반원자 핵들이 지구로 날아올 수도 있다. 이런 반원자 핵들은 대기

251

권에 닿으면 소멸되므로 이를 탐지하려면 대기권 가장자리에서만 가능하다. 현재까지 양전자를 제외하고 원시 반물질이 우주 어딘가에 잠복해 있다는 증거는 아직 없다.

이론 3 : 우주가 생성하는 물질과 반물질은 확실히 대칭을 이룬다. 그러나 우리가 아직 모르는 메커니즘으로 인해 우주 발전 과정에서 반물질은 사라지고 물질만 남았다. 대형 강자 충돌기의 데이터를 참고로 과학자들은 우주의 초기 반물질이 10억 개씩 형성될 때마다 10억 개의 다른 물질이 생성되었다고 추정하는데, 이는 우주가 강하다는 것을 의미한다. 우주가 처음 만들어질 때의 거의 절반은 반물질이다. 하지만 안타깝게도 실험 결과는 과학자들의 예상과 크게 달라 우주 탄생 시 반물질 질량은 보통 은하 하나에 불과하다. 반물질의 탐구는 여전히 오리무중이다.

마지막으로 다시 한번 여러분에게 묻고 싶다. 우주의 또 다른 반쪽은 과연 존재하는 것일까? 존재한다면 과연 어디에 있는 것일까? 그리고 반물질과 물질은 왜 다른 존재일까? 또한 우주 탄생 초기에 도대체 무슨 일이 있었던 것일까? 물론 디랙과 같은 천재도 이런 문제들을 예상하기는 힘들다. 새로운 문제는 끊임없이 발생하지만 광대한 우주는 여전히 침묵을 지킨 채 그 깊이를 내보이지 않기 때문이다.

디랙 방정식의 아름다움
: 만나자마자 소멸되다

디랙은 실험검증 없이 반물질의 존재를 먼저 추정하였다. 그는 이론물리
학자가 수학 지식을 통해 미지 입자의 존재를 예언하는 데 성공한 선례
를 남겼다. 하지만 인류는 반원자들로 구성된 형형색색의 반물질 세계를
이해하기 힘들었고 그 존재를 광활한 우주에서 찾기도 어려웠다. 또 영
원히 그 세계에 진입할 수 없을 뿐만 아니라 쌍둥이 형제인 반인류와도
만날 수 없었다. 만약 운좋게 이 신비로운 반물질의 세계에 진입해 반인
류와 만나더라도 반갑다는 인사도 나눌 겨를도 없이 순식간에 흔적도 없
이 소멸해버리고 말 것이다.

 소멸이란, 양의 반물질이 완전한 에너지가 되는 것을 말한다. $E=mc^2$을
따르는 과정에서 양의 반물질이 소멸하면서 발생하는 에너지는 엄청날
것이다. 핵반응 전후 질량의 차이를 이용하여 발생한 핵폭발 에너지를
상상해 만약 질량이 완전히 사라져 에너지로 방출된다면 그 규모는 어느
정도가 될지 상상해 보자!

현재로서는 대통일이론의 대세로 꼽히는 것은 게이지이론이며
아인슈타인의 '대통일의 꿈'을 이루게 할 가장 유력한 이론 역시
게이지 이론이다.

14

양-밀스 이론 : 대통일의 길

$$\mathcal{L}_{gf} = -\frac{1}{2} T_r (F^2) = -\frac{1}{4} F^{a\mu\nu} F^a_{\mu\nu}$$

**게이지이론은 인간 세상에 속하지 않고
우주에 속한다**

20세기 물리학의 3대 업적

최근 60년 동안 물리학자들은 무엇에 관심을 두고 또 무엇을 연구해 왔을까? 많은 과학 애호가들은 마음속에 이런 의문을 품고 있다. 천재적인 두뇌를 어떤 분야에, 어떻게 사용하고 있을까? 분명한 것은 인류 과학 발전사를 통틀었을 때 20세기 물리학자들은 별처럼 빛난다. 하지만 지난 1900~1953년의 황금시대에 사람들이 기억하는 것은 아인슈타인과 보어, 슈뢰딩거, 하이젠베르크, 디랙, 보른, 파울리 등의 천재들뿐이다.

1955년 아인슈타인이 세상을 떠난 이후 물리학계는 쥐 죽은 듯 조용했다. 1950~1975년을 물리학의 제2의 전성기라고 해도 대부분의 사람들은 이때 물리학자들이 무엇을 했는지 기억하지 못한다.

지난 60여 년 동안 물리학자들은 호수를 떠다니는 백조의 발재간처럼 눈에 띄지 않았을 뿐 한시도 가만히 있지 않았다. 많은 뛰어난 물리학자들이 게이지이론$^{Gauge\ theory}$에서 생존의 의미를 찾았지만, 이 분야가 너무나도 심오한 탓에 진정으로 이해할 수 있는 사람이 없었을 뿐이다.

20세기 초기 상대성이론이 물리학의 기수였다면 중반은 새로운 양자론의 세계, 하반기는 게이지이론으로 대표될 수 있다. 노벨상 수상자인 딩자오중丁肇中(사무엘 팅)은 "21세기 물리학의 이정표라면 아인슈타인의 상대성이론과 디랙의 양자역학, 그리고 양전닝의 게이지이론 이 세 가지가 먼저 떠오른다."고 말했다.

상대성이론과 양자역학은 낯익다. 하지만 20세기 물리학의 3대 업적 중 하나라는 게이지이론은 낯설기만 하다. 이유는 간단하다. 게이지이론은 당대 물리학의 최전선 기지로 꼽히지만 만약 당신이 물리학 박사나 물리학 애호가가 아니라면 평생 게이지이론에 접근도 할 수 없을 것이며 SU(2)를 볼 일도 없기 때문이다.

게이지이론의 수립은 수많은 물리학자와 연결돼 헤르만 바일, 양전닝, 겔만Murray Gell-Mann 등과 같은 비범한 두뇌들이 이 신비의 세계로 들어왔다. 양전닝은 이 분야의 선두 주자 중의 한 명으로 그의 양-밀스 이론은 게이지이론의 초석이 되었다. 2000년에 〈네이처〉지에는 지난 1000년 동안 세계에 영향을 준 물리학자로 양전닝을 꼽았고 물리학자로서는 그가 유일한 인물이었다. 하지만 일각에서는 이 평가가 다소 과장된 것이라며 '과연 양전닝이 뉴턴, 아인슈타인, 디랙과 비교될 수 있을까?' 하는 회의적인 시각도 나왔다.

게이지이론, 미시 입자의 표준 모형을 세우다

대부분의 사람은 미시 입자에 대해 논할 때 쿼크quark55를 인지하면 거의 끝난다고 생각한다. 하지만 쿼크를 이해하는 사람은 드물다. 물리 교과서에도 쿼크에 대한 언급이 없고, 그 깊이가 비할 데 없이 심오해 아원자[56] 세계를 탐구하는 사람도 별로 없기 때문이다. 쿼크는 양성자와 중성자와 같은 소립자를 이루고 있다고 여겨지는 기본적인 입자를 말한다. 쉽게 말해 우리 우주를 구성하는 가장 근본적인 입자이다.

입자의 완벽한 표준모형을 아원자 세계에 동일된 이론으로 세우려면 육안으로는 보이지 않는 창세 입자가 모두 이 표준모형 아래서 뉴턴의 법칙을 따라야 한다. 이미 보어는 일찍이 '양자 세계'에서 원자의 표준모형을 세우는 것이 어렵다고 했는데 이는 아원자 세계는 원자 세계보다 미세하고 전자보다 더 희미하기 때문이다.

현대 물리는 원자핵이 양성자와 중성자로 구성된다는 것을 이미 입증했다. 일부 방사성 붕괴로 원자핵은 전자를 방출할 수 있다. 하지만 원자핵의 구조를 파악하려면 양성자, 중성자, 전자의 상호작용을 분명히 인식해야 한다. 그리고 이 세계를 탐색하려면 인류는 대형 충돌기를 통해서만 그 흔적을 발견할 수 있다.

현대 입자 충돌 실험과 이론의 발전을 거쳐 주류 물리학에서는 이미 양성자가 두 개의 위 쿼크와 하나의 아래 쿼크로, 중성자는 두 개의 아래 쿼크와 하나의 위 쿼크로 구성됨을 확인하였다. 그리고 이 쿼크들은 각기 다른 색을 띤다고 알려져 있다. 그러나 포괄적인 쿼크 이론을 구축하려면 6가지 쿼크가 있다고 가정하고, 이 쿼크들을 많은 다른 입자들로 조합해야 한다. 쿼크 외에 렙톤, 게이지 보손도 있는데 렙톤의 종류도 쿼크와 마찬가지로 여섯 가지다. 쿼크와 쿼크 사이의 강력한 상호 작용력을 또 하나의 교환 입자로 전달해야 하는데, 이를 '게이지 보손'이라고 한다.

퀴크, 렙톤, 게이지 보손, 힉스 입자에 이르는 상호작용으로 볼 때, 게이지이론은 아원자 세계를 묘사하는 물리적 프레임이며, 현재의 실험 결과는 게이지이론의 표준 모형에 부합하고 전자와 광자 사이에 상호 작용한 예상 결과는 $\frac{1}{10^8}$이다.

이 실험은 여러분이 게이지이론을 믿든 안 믿든 이론의 정확성을 증명했고 게이지이론은 입자 물리의 초석이 되었다.

게이지이론, 아인슈타인 대통일이론의 꿈을 실현시키다

아인슈타인이 1915년에 넓은 의미의 상대성이론을 발표한 이후 하나의 공식으로 우주의 세부사항을 묘사하고, 하나의 통일 논리로 모든 상호작용을 설명하려는 '대통일의 꿈'이 시작되었다. 아인슈타인은 수학으로부터 물리적 접근을 시도했지만 큰 소득을 얻지 못했다. 그는 이런 연유로 '대통일의 꿈'을 꾸며 맥스웰을 존경하게 된다. 맥스웰 방정식이 전기, 자기, 빛이라는 세 개의 카테고리를 통일한 이론으로 꼽혔으며 전자기력을 통일하기도 했기 때문이다.

그렇다면 현대 물리학에서 대통일이론은 무엇을 뜻하는 것일까? 대통일이론은 쉽게 말해 만물의 이치라고도 한다. 미시입자 간에는 맥스웰이 완성한 전자기력과 강한 핵력, 약한 핵력, 중력 등 네 가지 상호 작용력이 작용한다. 이론적으로 보면, 우주의 모든 현상도 이 네 가지 작용을 이용해 이해할 수 있다. 그래서 물리학자들은 이 네 가지 작용력이 동일한 물리적인 기원이 있어야 한다고 믿고 있다. 다시 말해, 일정한 조건에서 하나의 이론 틀 안에 함께 모여야 한다는 것이다. 이 네 가지 힘을 통합적으로 설명할 수 있는 이론이나 모형을 '대통일이론united field theory'이라고 한다.

그렇다면 게이지이론은 아인슈타인의 시각으로 봤을 때 대통일이론으로 실현될 가능성이 있었을까? 20세기 후반 입자물리학의 발달로 자연계의 기본적인 상호작용이 어떤 형태의 게이지장에 의해 전해지게 되었고 이를 통해 거의 모든 기본력은 게이지장(중력 제외)이라는 당대 물리학의 기본 원칙을 세웠다.

우리는 지금부터 $SU(3) \times SU(2) \times U(1)$을 하나의 게이지군으로 하는 게이지이론으로 해답을 찾으려고 한다.

(1) 전자기력은 U(1)[57]에 대응하는 게이지이론으로 가장 단순한 게이지이론
   이다. 아벨 게이지장론이라고도 하는데, 수학자 바일이 전자기 작용과
   연결되는 U(1)군은 아벨군이라는 과학적 해석을 내놓았다.
(2) 약한 핵력은 SU(2)[58]에 대응하는 게이지이론이다. 핵원자의 동위족 대
   칭성은 수학적으로 SU(2)군에 속하며 비아벨군에 속한다.

(3) 강한 핵력은 SU(3)[59]에 대응하는 게이지이론이다. 강자는 쿼크로 구성되며 쿼크 간 강한 상호작용은 SU(3) 게이지작용으로 이루어진다. SU(3)군도 비아벨군이다.

1967년, 미국의 물리학자 와인버그[Steven Weinberg]와 파키스탄의 물리학자 살람[Abdus Salam]은 '대칭성 파괴'를 일으켰다. 약한 상호작용(약한 핵력)과 전자기 상호작용을 통합한 모델을 도입해 *SU(2)×U(1)* 게이지군 구조를 제시하고 전약 통일 이론을 수립한 것은 일종의 게이지이론을 논한 것이다.

1973년 글래스-폴리츠-윌츠크는 비아벨 게이지장에 기초한 양자색역학으로 *SU(3)*을 세웠다. 이로써 전자기력, 강한 핵력, 약한 핵력과 관련된 모든 물리현상의 표준 모형이 만들어졌다. 이 둘을 곱한 *SU(3)×SU(2)×U(1)*을 게이지 대칭군이라고 하는데 이것도 게이지이론이다. 이는 중력을 제외한 세 가지 힘을 통일한 것이다.

또 중력장은 넓은 의미에서 공간좌표 변환하에 변하는 게이지이론이라고 볼 수 있다. 이것으로 물리학 통일의 길이 게이지이론이 아닐까, 하는 생각이 든다.

물론 중력도 게이지이론의 표준모형에 포함시키고 싶지만 쉬운 일은 아니다. *SU(3)×SU(2)×U(1)* 군에는 세 가지 상호작용이 포함되지만 세 개는 다른 군으로 이것이 대응하는 게이지장의 결합 강도도 다르다. 만약 *SU(5)*와 *SO(10)*과 같이 단일 그룹을 찾을 수 있다면, 이는 부분군 $SU(3) \times SU(2) \times U(1)$을 포함하고, 그 단일 그룹이 저에너지 상태에서 대칭적으로 $SU(3) \times SU(2) \times U(1)$을 자발적으로 깨는 것이 대통일이다.

지금까지도 중력은 통일되지 않았는데 이는 초끈 이론[60]과 관련된다. 중력을 약한 핵력-전자기력-강한 핵력 이론의 모형에 포함시키기 위해 1970년대에 한 물리학자가 초끈 이론을 제기하였다. 이후 초끈이론과 M 이론이 발전했지만 초끈 이론은 아직 공인되지 않은 상태다. 그리고 힉스 입자의 발견으로 초끈 이론은 난항을 거듭하고 있다. 상황이 이렇다 보니 대통일이론으로 떠오를 가능성이 가장 큰 것은 역시 게이지이론이다.

왜 물리학자들은 굳이 대통일이론을 추구하는 것일까? 뉴턴이 만유인력과 운동의 법칙을 발견했을 때, 역학을 기초로 한 증기기관과 같은 현대 기계의 원리가 파생되었다. 또한 맥스웰이 전기학과 자기학을 전자기학으로 통일했을 때 인류는 발전기를 배웠고 아인슈타인은 좁은 의미의 상대성이론을 이용해 시공간과 질량을 통일한 뒤 원자력 이용의 시대를 열었다. 이렇듯, 역사적으로 인류가 하나의 자연력을 통일하거나 통제할 때마다 우리 사회는 비약적으로 전진해 나갔다. 그렇다면 인류가 모든 작용력을 하나의 초작용력으로 통합해 대통일을 이룬다면 상상할 수조차 없는 문명의 진보를 이룰 수 있다. 이는 문명 전반의 기하급수적 상승뿐만이 아닐 수도 있다. 저명한 미국 물리학자 데이비스는 "초작용력을 제어하면 우리는 입자를 임의로 조합하고 변화시켜 전에 없던 물질 형태를 만들 수 있다. 심지어 공간을 좌지우지할 수도 있다. 불가사의한 속성을 가진 인공세계를 만들어 우리가 우주의 지배자가 될 날도 머지않았다."라고 하였다.

현재로서는 대통일이론의 대세로 꼽히는 것은 게이지이론이며 아인슈타인의 '대통일의 꿈'을 이루게 할 가장 유력한 이론 역시 게이지이론이다.

게이지이론의 어제와 오늘

게이지이론의 수립 과정은 복잡하게 얽혀 있다. 각각의 힘을 하나의 독립적인 기하학적 구조로 묘사하는데 전자기력, 강한 핵력, 약한 핵력 및 모든 입자가 리군 및 섬유총과 같은 정교한 기하학적 구조의 운동역학으로 나온 결과이다.

게이지이론의 발전을 돌아보면 아인슈타인에서부터 출발한다. 아인슈타인이 비록 '대통일의 꿈'은 실현시키지 못했지만 넓은 의미의 상대성이론을 세울 때 중력장을 기하적으로 설명해 수학의 거장 헤르만 바일Hermann Weyl에게 깊은 영향을 미치게 된다. 이후 바일은 넓은 의미의 상대성이론의 국소적인 대칭성에 비추어 전자기장도 일종의 국소적인 대칭성의 표현 형식으로 보고 리만 기하학을 수정하여 새로운 기하학적 구조를 만들어 전자기장을 설명하려 하였다. 이렇게 이

265

어져 온 발상들이 게이지 불변성을 만들어냈다.

하지만 바일의 최초의 생각은 결코 받아들여지지 않았다. 그의 생각은 너무 앞서 나갔고, 게이지 불변성의 실체는 위상 불변이며, 이러한 위상 개념은 양자역학이 출현한 후에야 설명할 수 있었다.

1929년, 척도 변화가 위상변화로 수정되었고 바일이 $U(1)$ 게이지 대칭성을 제시하였는데 이것으로 게이지이론은 모습을 드러내게 된다. 게이지이론이 세상의 빛을 보게 되었지만 반응은 싸늘했다. 그리고 그 이후 25년 동안이나 과학계의 무관심이 이어졌다.

게이지 불변성은 여러 방면에서 유용하지만 본질적인 의의는 없었다. 단지 전자기학 이론의 한 특징일 뿐이었다. 이 상황은 1954년 양전닝과 밀스가 양-밀스 이론을 수립하면서 새로운 국면을 맞게 된다.

1949년 봄, 양전닝은 프린스턴 고등연구원으로 옮겨 가 이론물리학계에서 바일의 자리를 이어받게 된다. 양전닝은 중국 태생의 물리학자로 동양적 심미는 줄곧 그에게 깊은 영향을 끼쳤다. '대칭성'은 양전닝에게 자석 같은 매력을 주었다. 그는 바일의 영향에 따라, 게이지 불변성을 전하량 보존법칙과 같은 동위원소 보존으로 폭넓게 확산시켰다. 하지만 이 과정에서 그는 밀스와 협력하면서 동위족 대칭성을 묘사한 SU(2)이 비아벨군임을 알게 되는 곤경에 처한다. 아벨 게이지이론은 비아벨 게이지이론의 특수한 경우지만 뉴턴 방정식이 상대성이론 운동방정식을 추론할 수 없듯이 아벨 게이지이론은 비아벨 게이지

이론을 추론할 수 없었다. 이로 인해 두 사람은 '양-밀스 이론'이라는 새로운 이론을 제안한다. 이후 과학자에 의해 새롭게 수정된 양-밀스 방정식은 다음과 같다.

$$L_{gf}=-\frac{1}{2}T_2(F^2)=-\frac{1}{4}F^{a\mu\nu}F^a_{\mu\nu}$$

양-밀스 방정식은 비선형 파동 방정식으로, 선형 맥스웰 방정식의 일반화이다. 비록 전 세계에 이 식을 이해하는 사람은 많지 않지만, 물리학계의 가장 중요한 방정식 중 하나로 게이지이론의 위대한 길을 열었다.

양-밀스 이론이 평탄한 길만 걸은 것은 아니다. 1954년 양전닝이 프린스턴 연구원에서 칠판에 A를 B로 확산시킨다는 첫 공식을 적어놓았을 때, 물리계의 거장인 스위스 물리학자 파울리$^{\text{Wolfgang Pauli}}$가 B장에 대응하는 질량이 얼마인지 질문하기 시작했다. 이것이 바로 양전닝의 맹점이었다. 양전닝이 아무런 대꾸 없이 잠자코 있는 것을 본 파울리는 다시 같은 질문을 던졌다. 물리학계의 '신'이라고 불리는 파울리의 추궁에 젊은 물리학자는 식은땀을 흘리며 일이 복잡해서 시간이 좀 걸린다며 우물쭈물 말했다. 파울리가 몰아붙이는 광경을 본 사회자 오펜하이머 덕분에 난감한 상황은 종료될 수 있었다.

다음날 양전닝은 파울리로부터 하나의 메시지를 받게 된다. 전날 자신의 경솔한 발언을 사과하는 메시지였다. 그는 젊은 두 물리학자의 작업에 축복이 있기를 바란다는 말도 덧붙였다. 또한 파울리는 양전닝에게 중력장에서 전자의 운동과 관련된 디랙의 논문을 읽어볼 것을 권유했다. 몇 년이 지난 후에야 양전닝은 파울리가 권했던 중력장과 양-밀스 장이 기하학적으로 깊이 연관되어 있다는 것을 알게 된다. 이로써 1970년대 양전닝은 게이지이론과 섬유총 이론의 대응을 촉진하고 수학과 물리를 성공적으로 결합해 새로운 수준으로 끌어올리게 되었다.

훗날 게이지이론이라는 아름다운 수학 형식은 물리학자들에게 다양한 상호작용력을 단일한 기하학적 구조로 묘사하고 싶게 만든 이론이 되었다.

전자기 게이지장의 작용 전파자는 광자이며 광자는 질량이 없다. 그러나 강약 상호작용은 전자기력과 다르다. 전자기력은 원거리 힘이고 강약 상호작용은 단거리 힘으로 일반적으로는 단거리 힘의 전파입자는 반드시 질량이 있다고 여겼다. 이것이 당시 파울리가 제기한 문제의 근원이다. 파울리는 물리계의 최고 대가답게 햇불 같은 혜안으로 난제인 게이지이론을 20년 동안 묵묵히 기다리게 했다.

양-밀스 이론은 강약 상호 작용에 대한 해결은 하지 못했지만 비아벨 게이지장의 모형을 구조화하여, 와인버그, 겔만, 힉스, 웨스턴 등의 과학자들을 거치면서 알려진 입자의 상호작용을 제공하였다.

이후 전약통일, 강한 상호작용은 그 토대 위에서 이뤄졌다. 표준모형에 통일되지 않은 중력이라도 게이지이론에 포함될 수 있다. 60여 년이 지난 오늘, '대칭성이 상호작용을 지배한다'는 이론물리학자들의 공통된 견해로서 양-밀스 게이지이론은 현대 이론 물리에 정초 역할을 하였다. 21세기에 이르러 게이지이론은 이미 당대의 물리전선의 가장 기초적인 부분으로 뉴턴역학, 맥스웰 전자기 이론, 좁은 의미의 상대성이론, 넓은 의미의 상대성이론 및 초기의 양자 이론과 함께 물리학에서 가장 견실한 존재가 되었다.

게이지이론의 유감
양-밀스 이론의 존재성과 질량 부족

게이지이론은 실험실에서 거듭 입증되었지만 수학적 해석에 있어서만큼은 완벽하지 않았다. 2000년 초, 미국 크레이 수학연구소는 해결해야 할 '밀레니엄 대상 문제 7개'를 선정했다. NP 완전 문제, 호치 추측, 푸앵카레 추측, 리만 가설, 양-밀스 존재성과 질량 부족, 나비-스토크스 방정식, BSD 추정이다. 7개 문제에는 모두 100만 달러의 현상금이 걸려 있었고 보다시피 여기에는 양-밀스 이론의 존재성과 질량 부족 문제가 포함되어 있었다.

양-밀스 이론의 '탄생'에는 선천적인 결함이 있었다. 바로 질량 문제였다. 파울리가 제기했던 이 질량 문제는 이후 일본 태생의 미국 물리학자 난부 요이치로의 대칭적인 자발적 붕괴 메커니즘과 힉스에 의해 최종적으로 해결되었는데 이것이 전약통일이론electroweak theory이다.

269

그리고 당대 물리학자들의 노력을 거쳐 비로소 입자 표준 모형이 완성된다.

하지만 양-밀스 이론의 약점은 매우 분명하다. 힉스 메커니즘은 미적 감각과 이성이 부족하다고 느끼게 하는 것 외에도 중성자를 묘사하는 수학 과정에서 엄격한 해석을 찾지 못하고 있다. 이는 양자중력, 암흑물질, 암흑에너지가 없고 심지어는 전약력과 강력의 통일이 아직 이루어지지 않았기 때문으로 갈 길이 멀다.

이런 결점들로 양-밀스 이론을 기초로 한 게이지이론은 아름답지만 중요한 부분에 치명적인 구멍이 뚫린 옷처럼 여겨졌다. 하지만 당대 최고 물리학자인 페르만과 겔만, 글래쇼, 와인버그, 힉스, 웨스턴이 게이지이론인 이 옷에 정성스레 여러 옷감을 덧댄 덕에 겨우 그럴 듯한 결과를 가져올 수 있었다. 그래도 어쨌든 양-밀스 이론은 당대의 최고의 물리학 이론이라는 것이 이미 전 세계 실험실에서 증명되었으며, 이것은 위대한 업적으로 남았다.

게이지이론의 아름다움
: 미지의 끝을 향한 우주의 미래

류츠신의 공상과학 소설 《조문도》에서는 거대한 입자가속기를 만들어 우주의 신비를 밝히고 물리학의 대통일이론을 찾으려 하는 장면이 나온다. 하지만 갑자기 나타난 슈퍼 문명이 이렇게 경고한다.

"우주의 궁극적 신비는 우주를 파멸시킬 수 있으므로 그 신비를 찾는 것을 허용할 수 없다."

2012년 과학자들은 힉스 입자를 발견한 후 장론을 표준화하였다. 마지막 결함을 보완해 현재 자연계의 네 가지 기본력 중 세 가지를 통일한 것이다. 그리고 지금은 아인슈타인이 끝없이 추구했던 대통일이론인 게이지이론이 다가오고 있다. 앞으로 물리학이 꿈꾸게 될 궁극의 의의는 과연 무엇이 될까? 과학자들은 현재 지식을 구하는 끝없는 강철 위를 걷고 있다. 엉킨 실타래 위에서 꿈에 그리던 답을 쫓고 있는 것이다. 아마도 물리학자들이 가고자 하는 이 길의 끝은 우주의 아름다운 끝일지도 모른다. 그러나 모든 것을 바쳐도 결코 도달할 수 없을 미지의 끝일 수도 있다.

응용편

15

섀넌 공식 : 5G의 배후

$$C = B \log_2 \left(1 + \frac{S}{N} \right)$$

섀넌은 제우스의 이마에서부터
새로운 세상을 다시 만들었다

저글링을 던지며 노는 괴짜 노인의 ────●
새로운 세계

샤넌 공식이 탄생한 이후 인류가 원거리에서 정보를 주고받는 통신 루트는 갈수록 빨라지고 있다. 이것은 과학이 선도하는 기술의 진보이자 국가의 경계를 초월해서 존재하는 물리이다. 1G$^{First Generation}$61에서 2G[62], 3G[63], 4G[64]까지 이동통신의 길이 변화되었다. 하지만 급격하게 변화되는 시대에 각 세대의 거물 AT&T, 모토로라, 에릭슨, 브리티시 텔레콤, 노키아, 퀄컴, 애플, 차이나모바일, 화웨이 등 그 누구도 통신의 왕좌를 오랫동안 지킬 수 없었다. 이제 세계는 5G[65]의 시대가 되었다. 앞으로 누가 통신의 새 변혁에서 새로운 출발을 알리게 될 것인가? 단언컨대 통신기술의 새 지배자는 샤넌 공식이다.

1997년, 미국 보스턴 외곽의 어느 회색 저택 안에서 매일 오후 한 백발의 노인이 외발자전거를 타며 네 개의 공을 던지고 있었다. 이는 서커스의 한 기술인데 노인은 왜 이런 행동을 하고 있었던 것일까? 우리 눈엔 그저 서커스 흉내를 낸다고 생각하겠지만 만약 물리학자 중 누군가가 이곳을 방문한다면 그는 흥미진진하게 '저글링 통일장론'을 떠올릴 것이다.

저글링 통일장론의 공식은 이렇다. B가 공의 수, H는 손의 수, D는 공을 손에서 보내는 시간, F는 공마다의 비행시간, E는 손으로 공을 잡지 않는 시간을 의미한다고 하면 $\frac{B}{H} = \frac{D+F}{D+E}$ 이다.

안타깝게도 이 이론은 네 개의 공을 던지며 받는 71세 노인의 꿈을 실현시킬 수 없었다. 그가 억지를 부리며 "내 손이 너무 작기 때문이야!"라고 변명을 늘어놓지만 그럴 필요는 없다. 이미 주변 사람들은 그에게 경외감을 보내고 있기 때문이다. 이 노인은 클로드 섀넌^{Claude} Shannon으로 아인슈타인만큼 유명하지는 않지만 한때 명성을 떨친 위인이다.

과학의 세계에서는 섀넌과 관련된 여러 가지 전설적인 이야기가 시종일관 전해지고 있다. 그는 '정보론의 아버지'이자 '디지털 통신 시대의 시초'로 불린다. 이 모든 것은 1948년 그가 직접 그린 디지털 시대의 청사진인 《커뮤니케이션의 수학 원리^{The Mathematical Theory of Communication}》에서 비롯되었다.

이 논문에서 섀넌은 비길 데 없는 상상력과 창조적이고도 과학적인 방법을 이용해 정보를 정의하였고, 정보론을 발전시켜 통신업의 양대 법칙을 제시한다. 또한 정보론으로 통신의 발전을 이끌면서 인류를 산업사회에서 정보사회로 넘어가는 전대미문의 디지털 통신시대로 접어들게 했다.

메시지가 곧 정보가 되는 시대

그렇다면 섀넌이 이야기한 정보는 과연 무엇일까? 20세기 이전만

해도 '정보'는 혼돈 속에 있었다. 섀넌은 정보信息를 무작위의 불확실성을 제거하는 것이라고 정의했다. 섀넌은 어떻게 정보의 정확한 정의를 찾았을까? 제2차 세계대전 당시, 섀넌이 미 정보기관인 벨 실험실에서 일했을 때 정보情報.information에 대해 깊은 관심을 갖게 되었다. 영문에서는 정보信息와 정보情報는 같은 단어지만 정보信息의 역할은 불확실성을 제거하는 것이며, 특히 전쟁 때의 정보는 한순간에 승패를 좌우할 때도 있을 만큼 중요한 것이었다.

1941년 제2차 세계대전으로 세계는 혼돈에 빠진 상황이었다. 독일의 430만 대군이 모스크바에 도착했다는 걸 알게 된 스탈린은 유럽에서 멀리 떨어진 시베리아 중·소 국경에 주둔하고 있는 60만 대군을 데려오려 했다. 이때 스탈린은 독일과 연맹이 된 일본군의 계획을 알고 싶었다. 과연 일본은 북상해서 소련을 공격할 것인가, 아니면 남하하여 미국과 전쟁을 할 것인가? 결국 스파이였던 조르게는 모스크바로 보내는 80bit의 정보를 알게 된다. 내용은 '일본이 남하한다'는 것이었다. 중요한 정보를 손에 쥔 스탈린은 안도의 한숨을 내쉬며 후방 60만 대군을 유럽으로 철수시키게 된다. 스탈린이 정보情報를 얻어 결단을 내리는 이야기는 사실 새로운 정보信息를 얻은 것이다. 이 정보는 일본이 북상할 것인지, 남하할 것인지에 대한 불확실성을 제거하는 과정이었다. 바로 이 과정이 정보信息 역할과 작용을 보여주는 것이다. 그리고 이것이 정보론信息論의 구체적인 출현을 의미한다. 그렇다면 정보론은 과연 무엇을 이야기하는 것일까?

278

1948년 섀넌은 ≪커뮤니케이션의 수학적 원리≫라는 논문을 통해 8년간의 노력을 기울인 통신시스템의 수학 이론을 발표했다. 이는 곧 '정보론'의 탄생이며 '정보학'이라는 새로운 학문이 출발하는 계기가 된다. 이후 세상의 모든 정보는 0과 1로 표현되고 산업 시대는 정보의 시대로 접어들게 되었다. 섀넌은 정보 및 정보의 불확실성을 도량화하기 위해 ≪커뮤니케이션의 수학적 원리≫에서 비트나 정보 엔트로피의 개념을 제시한다.

비트는 섀넌이 만든 개념으로 정보를 측정하는 단위이다. 지금은 이미 일상생활에서 자주 사용하는 단위가 되었고 컴퓨터에서는 가장 작은 데이터 단위이기도 하다.

예를 들면, '너는 정말 대단해'라는 일곱 글자가 있다면 한 글자는 2바이트byte이고 1바이트는 8비트bit이므로 2 × 8 × 7 = 112로 총 112bit가 된다.

정보 엔트로피는 정보론에서 가장 기본적인 개념으로 섀넌이 열역학에서 빌려온 개념이다. 이는 정보의 불확실성을 묘사하고 불확실성을 제거하는 데 필요한 정보량을 뜻하는 것으로 공식은 다음과 같다.

$$H(X) = -\sum_x P(x)\log_2[P(x)]$$

식에서 x는 임의의 변량, X는 임의의 변량의 집합, P(x)는 변량이 나타내는 확률이다.

이 식의 구체적인 의미는 임의의 변량 x에 대해서 변량의 불확정성이 클수록 엔트로피도 커지므로, 그것을 파악하는 데 필요한 정보량도 더욱 커진다는 것이다.

이 공식은 현재 데이터 압축에 광범위하게 사용되고 있으며, 파일 압축의 한계치를 계산할 때도 쓰인다. 오늘날 우리는 고화질 영화 한 편을 얇은 플라스틱 조각 안에 담을 수 있는데 이는 모두 섀넌이 제시한 정보 엔트로피 덕분이다.

중국계 물리학자 장수성은 엔트로피 공식에 대해 아인슈타인의 솔직한 표현을 인용했다.

"이 공식은 E=mc²처럼 유명하지는 않다. 인류의 지식이 계속 발전해 나가면 뉴턴역학이 틀릴 수도 있고 양자역학이 틀릴 수도 있고 상대성이론도 틀릴 수 있다. 하지만, 정보 엔트로피 공식은 영원할 것이다."

섀넌은 정보의 기본 개념에 대한 정의를 내놓은 후 정보학의 양대 법칙을 제시하였다.

섀넌의 제1법칙은 '정보의 코딩 법칙'으로 쉽게 말해 어떻게 수학으로 정보를 부호화하는지 알려주는 것이다. 섀넌의 두 번째 법칙인 '섀넌의 공식'은 하나의 정보에서 한계 정보를 묘사하고 있는데 전송률과 핵심 정보 능력을 나타내며 현대 통신의 핵심이 된다.

섀넌은 이처럼 정보 지식 체계의 틀을 만드는 데 지대한 공을 세웠다. 섀넌의 등장으로 새로운 시대에 거대한 풍랑과 같은 정보 혁명이 일어났고 새로운 시대를 향한 청사진은 전대미문의 속도로 부상하고 있었다.

──── 디지털 시대를 이끌어 갈 단단한 토대, 섀넌 공식 ┐

19세기 초, 전자기학의 발전은 전보, 전화, 무선 방송 등으로 이어져 장거리 통신이 비약적으로 발전하지만 이들의 운반체인 정보 자체에 관한 연구는 거의 이루어지지 않았다. 섀넌이 정보 엔트로피의 개념을 정의하고 난 뒤에야 전보와 전화, 무선전신 등이 어떻게 신호 정보량을 측량하느냐의 문제가 해결되었다. 섀넌의 등장으로 어떻게 장거리 통신에서 정보 전송 속도를 높여 정보 전송량을 늘일 수 있는지에 대한 궁금증도 풀리기 시작했다.

정보는 형체도 양도 없는데 어떻게 속도에 영향을 미치는지 알 수 있을까? 이에 대한 해답을 내놓은 것 역시 섀넌이었다. 섀넌은 이 궁금증을 풀기 위해 직접 정보 용량 공식인 섀넌 공식을 만들었다. 이 공식은 정보 전송 속도의 상한선, 즉, 섀넌의 한계를 정의하는데, 현대 통신의 거의 모든 이론은 이 공식에 기초하여 전개되며, 그 수학적 표현은 다음과 같다.

$$C = B\log_2(1 + \frac{S}{N})$$

식에서 C는 정보속도의 한계치, B는 대역폭(Hz), S는 신호전력(W), N은 소음전력(W)을 나타내며 $\frac{S}{N}$은 정보소음비이다.

우리는 간단하게 정보 통로를 도시 도로로 상상해볼 수 있다. 이 도로 위에 단위 시간 내의 차량 흐름량은 도로 폭과 차량 속도 등의 요인을 받는다. 이런 제약 조건에서 단위 시간 내 최대 차량의 흐름을 한계치라고 한다. 섀넌 정리에 따르면, 이 통로는 고유한 규칙의 제약을 받기 때문에 정보 전송의 속도를 무한정 늘릴 수 없다. 섀넌 공식에서도 알 수 있듯이 정보의 전송 속도를 높이기 위한 관건은 정보소음비와 대역폭을 높이는 것이다.

C가 일정할 경우 B와 $\frac{S}{N}$는 호환될 수 있다. 즉, 정보소음비와 대역폭은 서로 교환될 수 있는 것이다. 정보소음비와 대역폭의 상호교환은 광범위한 통신의 이론적 초석으로, 수신 대역폭을 늘림으로써 0보다 작은 소음비에도 쉽게 대처할 수 있게 되었다.

섀넌이 발표한 '섀넌 공식'은 정보 시대의 바이블로서 현대 정보 혁명에 필수적으로 따라야 할 과학적 원리이다. 또한 디지털 통신 시대를 이끌어갈 단단한 이론적 토대이기도 하다.

정보 시대를 새롭게 디자인한 섀년은 공식을 쓴 뒤 '한계'라는 말을 남겼다. 그리고 바로 정원으로 뛰어가 늘 하던 서커스 놀이에 열중했다. 이제 세계는 그의 공식에 열광하고 그가 무심히 던진 한계에 다가서려고 애쓰고 있다. 전 세계 1등 통신사업자와 제조사도 끊임없이 섀년의 한계를 쫓고 있다.

그동안 전 세계는 섀년 공식을 통신 이론의 기초로 삼아 부단한 기술 혁신을 이루었고 [그림 15-1]에서 보이듯이 10년에 한 번꼴로 격변하는 이동통신 기술 발전사에 따라 인류의 삶은 빛의 속도로 변하고 있다.

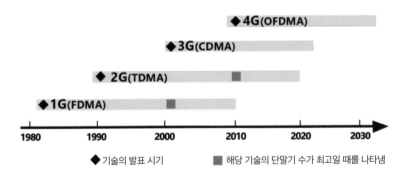

[그림 15-1] 이동통신 기술 발전사

283

이쯤에서 시간을 거슬러 이동통신 기술의 발전사를 되돌아보자.

1986년경, 주파수 분할 다중 접속^{Frequency Division Multiple Access, FDMA**66**} 기술의 시대인, 1G 시대가 시작되었다. 그리고 약 10년의 시간이 흐른 1995년경, 시분할 다중 접속^{Time Division Multiple Access, TDMA**67**} 기술이 우리를 2G 세계로 불러들였다. 노키아 7110은 휴대전화 인터넷 시대를 열었고 160자 길이의 문자메시지 전달이 가능해지면서 디지털 모바일이 아날로그 모바일을 대체하였다. 그리고 다시 약 10여 년이 지난 2007년경, 코드 분할 다중 접속^{Code Division Multiple Access, CDMA**68**} 기술이 대세를 이루게 되었다. 우리에게 친숙한 스마트폰인 아이폰의 출시와 함께 3G 네트워크가 성행하고 휴대전화의 앱^{APP} 생태계가 조성되자 터치스크린으로 세상을 뒤집은 애플이 노키아를 꺾고 스마트폰 시장의 최강자로 나서게 되었다.

그리고 채 10년이 지나지 않은 2013년경, 직교 주파수 분할 다중 접속^{Orthogonal Frequency Division Multiple Access, OFDMA**69**} 기술이 이변을 일으켰다. 4G는 더 빠른 인터넷으로 모바일 인터넷 시대를 열었는데 우리가 사용하는 SNS 음성 챗팅, 알리페이 결제, 짧은 동영상 시청 등을 즐길 수 있는 환경이 조성된 것이다. 이로써 휴대전화는 이제 일상에서 없어서는 안 될 삶의 일부분으로 자리 잡게 된다.

불과 30년이 채 안 된 사이, 새넌의 등장으로 구축된 통신기술과 시스템은 시시각각 더 빠른 속도로 발전하고 있다. [그림 15-2]에서

보듯 2G는 아날로그에서 디지털 시대로, 3G는 디지털 시대에서 모바
일 인터넷 시대로, 4G는 다시 5G 사물 인터넷 시대로 접어들게 된 것
이다.

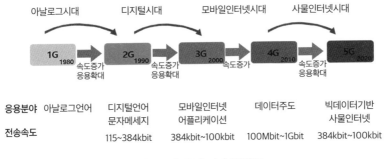

[그림 15-2] 통신 시대 변천도

　더 큰 대역과 더 높은 전송 속도에서 사람들이 얻는 것은 단지 더 낮
은 통신 요금뿐만이 아니다. 보다 더 편리한 생활 방식, 더 효율적인
생산성도 얻게 되었다.

　그렇다면 5G는 우리 삶에 어떤 변화를 가져오게 될까? 5G에는 다
음과 같은 세 가지 기본 특징이 있다.

　(1) **eMBB 대역폭** : 다운로드 속도 이론값은 10GB/s으로 현재 4G 인터넷

　　접속 속도의 10배가 될 것이다.

　(2) **uRLLC 지연시간 단축** : 5G의 지연시간은 1m/s으로 4G 지연시간의 몇

　　십 분의 1로 거의 실시간에 도달할 수 있는 수준이다.

　(3) **mMTC광역연결** : 5G 통신단지에서 접속할 수 있는 사물 인터넷 단말

285

기 수량 이론치는 100만 단계에 이를 것으로 4G의 열 배 이상이다.

이 밖에도 VR, AR, 자율주행 등의 응용이 가능하다. 5G는 또 사람과 물건, 물건과 물건 간의 통신으로 만물의 커넥션을 실현할 수도 있을 것이다. 물론 5G에 대한 광적인 관심은 위험할 수 있다는 우려의 목소리도 있지만 어쨌든 우리는 새로운 정보기술 혁명의 시대에 살며 삶의 편의를 누리고 있다. 그리고 이 모든 것은 섀넌 공식의 손에서 출발해 다시 그의 손아귀 안에서 끝날 수 있다.

섀넌 공식의 아름다움
: E = mc²과 어깨를 나란히 하다

≪정보The Information≫의 저자 제임스 글릭James Gleick은 "앞으로 섀넌과 아인슈타인의 비교는 더욱 큰 의미가 있다. 아인슈타인이 인류에 끼친 공헌은 지대하다. 그러나 우리는 상대성이론의 시대가 아닌 정보의 시대에 살고 있다. 섀넌은 우리가 가진 전자기기 가운데 우리가 주시하는 모든 디지털 통신에 흔적을 남겼다. 세상을 바꿨고, 바뀐 이후 옛 세계는 완전히 잊혀졌다."고 말했다.

실용적 측면에서 제임스 글릭의 말은 의심의 여지가 없다. 섀넌 공식만 놓고 보면 1G, 2G, 3G는 물론, 4G, 5G를 넘어 미래의 6G, 7G까지 변화무쌍한 역량은 모두 섀넌 공식에서 찾을 수 있다. 이는 아인슈타인의 E=mc²에 비견될 정도이며 인간의 생활상을 드라마틱하게 바꾸는 데 엄청난 기여를 했다. 데이비드 퍼David Furr의 말처럼 섀넌은 제우스의 이마로부터 새로운 세상을 만들었다.

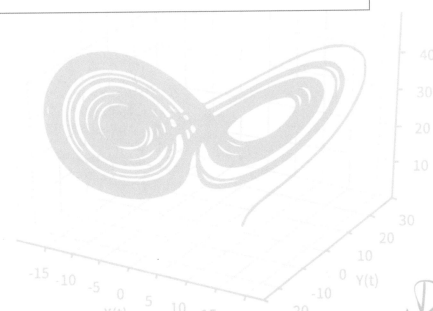

금융의 대가라고 할 수 있는 블랙Black과 숄즈Scholes는
'경제는 그렇게 복잡하지 않고 수학에 어느 정도의 관심이 있느냐 하는 것이
관건'이라는 견해를 가지고 있었다. 두 사람의 이름을 딴 '블랙-숄즈 공식'은
경제의 표면적 현상이 얼마나 복잡하든 간에 수학은 항상 이런 복잡함을
그려낼 수 있다는 것을 전 세계에 증명했다.

16

블랙-숄즈 방정식 :
금융 주술

$$C = S \cdot N(d_1) - Xe^{-rr}N(d_2)$$

**돈은 예상할 수 있지만
인간의 마음은 예측할 수 없다**

LTCM, 월가의 시대적 행운아 ————————•

"나는 천체가 움직이는 궤적을 계산할 수 있지만 인간의 광기는 계산할
수 없다."

이 말은 뉴턴이 긴 한숨을 쉬며 한탄한 말이다. 천재 물리학자가 무
엇 때문에 이런 하소연을 하게 된 것일까? 당시 왕립 조폐국 국장이었
던 뉴턴은 모두가 열광하는 영국 남해회사의 주식을 사게 된다. 그러
나 결국 버블 붕괴로 2만 파운드의 손실을 입게 된다. 엄청난 손해를
본 뒤 이처럼 한탄한 것이다. 아무리 명석한 두뇌를 가졌을지라도 인
간의 심리로 좌지우지되는 경제는 측정할 수 없다는 뜻으로 한 말이
다. 하지만 블랙^{Black}과 숄즈^{Scholes}는 '경제는 그렇게 복잡하지 않고 수
학에 어느 정도의 관심이 있느냐 하는 것이 관건'이라는 견해를 가지
고 있었다.

금융의 대가라고 할 수 있는 두 사람은 1966~1969년 사이의 옵션
거래[70] 데이터를 분석해 '옵션 정가와 회사채무'라는 글을 발표하였다.
그리고 1973년 옵션 가격 공식을 제시해 금융 마녀만이 발견할 수 있
는 비밀을 만들었다. 이 공식은 두 사람의 이름을 따서 '블랙-숄즈 공
식'이라고 불리게 된다. 이 공식은 경제의 표면적 현상이 얼마나 복잡
하든 간에 수학은 항상 이런 복잡함을 그려낼 수 있다는 것을 전 세계
에 증명했다.

이후에 숄즈와 머튼Merton은 이 방정식을 더 발전시켜 주식, 채권, 통화, 상품을 포함한 신흥파생금융시장에서 파생금융상품[71]의 합리적인 가격을 책정하는 밑거름을 만들었다. 또한 이 방정식은 전 세계 파생금융시장을 움직이게 해 파생금융 수단의 전성기를 이끌고 수십조 원에 해당하는 파생금융상품을 창조해 미국 금융업종을 세계 모든 업종의 정상에 올려놓게 된다. 그리고 더 나아가 파생시장의 호황을 이끄는 역할을 톡톡히 해낸다.

미국의 '제2의 월가 혁명'도 이 공식으로 생겨났는데 경제학계에 금융공학 전공자가 '수량분석전문가'라 불리게 되었고 트레이더들은 월가에서 가장 뜨거운 엘리트 인재로 떠올랐다. 옛 관행을 자처하는 전통 투자은행들이 나날이 쇠퇴하면서 새로운 롱텀 캐피털 매니지먼트 회사, LTCMLong-Term Capital Management이 빛을 발하기 시작한 것도 바로 이때부터였다.

블랙-숄즈 방정식을 응용해 뛰어난 운용 수단을 만들어 낸 기업을 꼽자면 단연 LTCM이 가장 강력하다. LTCM은 블랙-숄즈 방정식을 차근차근 수행함으로써 금융권을 발칵 뒤집어 놓았다.

장기자본관리회사인 LTCM은 1994년에 설립되었다. 이곳은 주로 채권차익을 수익으로 하는 헤지펀드 회사이다. LTCM의 창업자는 월가의 '채권차익의 아버지'라 불리는 존 메리웨더John Meriwether로, 유명한 투자은행 살로먼 브라더스의 총괄 부회장을 지내다 LTCM을 세우게 된다. 그의 파트너는 모린스 전 연방준비제도 부의장인 머튼과 숄즈다. 그중 숄즈는 블랙-숄즈 방정식의 창시자 중 한 명이고, 머튼은 공식의 개선자로 1997년 노벨 경제학상을 받은 인물이다.

LTCM은 수학계, 금융계, 그리고 정치계, 딜러 등 수많은 엘리트가 모여 설립된 드림팀으로 초기 자본이었던 12억5000만 달러를 손쉽게 차용할 수 있었다. 뛰어난 재능을 지닌 탓에 주변의 신임을 두텁게 받았기 때문이다. 수장이었던 메리웨더는 전통적인 채권 거래와는 다른 방식으로 운영을 했다. 그는 시장의 흐름보다 수학 천재의 두뇌와 컴퓨터 속의 모형을 훨씬 더 신임했고 수학 모형은 채권시장의 비밀을 파헤칠 수 있는 최고의 무기라고 생각했다. 메리웨더는 일찍이 사람들과는 어울리지 못하는 세계적인 수학 괴짜들을 끌어모은 것으로 명성이 자자하다. 그가 굳건히 신뢰하고 있는 것은 단 하나, 오로지 수학 모형이었다.

금융공학 분야의 저명한 학자인 숄즈와 머튼은 금융 시장의 역대 거래 자료와 기존의 시장 이론, 시장 정보를 유기적으로 결합해 비교적 완벽에 가까운 컴퓨터 수학 자동 투자 모델을 만들었다. 시장별 증권간 부당가격 차이를 주시하는 LTCM은 컴퓨터로 대량의 역대 데이터를 처리하고 정밀한 계산을 통해 서로 다른 금융 수단 간의 역대 가격 차이를 계산해 참고자료로 삼는다. 또한 시장 정보를 종합해 최신 가격 차이를 분석하기도 한다.

만약 비정상적인 시장 가격 차이를 발견하면 컴퓨터는 즉시 방대한 규모의 채권과 파생수단을 조합해 차익을 만들어 낸다. 거래와 투자에서 두 시세의 상관관계, 상반되는 방향, 대등한 수량, 손익이 상쇄되는 교역은 일정한 원가로 위험을 타개해서 리스크가 비교적 낮거나 안정적인 이윤을 얻게 한다. LTCM은 이른바 이런 '차익거래'를 주거래로 삼았다. 저평가된 증권은 매수하고 고평가된 것은 매도하는 방식으로 거래를 하며 레버리지를 이용해 작은 이윤을 큰 수익으로 만들어내기도 했다.

예를 들어, 1996년 이탈리아, 덴마크, 그리스의 정부 채권 가격이 저평가된 반면, 독일의 채권 가격은 높게 평가된 적이 있었다. 수학 모델에 따르면 이탈리아, 덴마크, 그리스의 정부 채권과 독일 채권의 이자 차이가 유로화 가동에 따라 줄어들 것으로 예상되었는데 LTCM은 저렴한 이탈리아, 덴마크, 그리스의 정부 채권을 대거 사들이고 고가의 독일 채권을 매도하는 태도를 취했다. 독일 채권은 이탈리아, 덴마크, 그리스의 정부 채권 가격 변화 방향만 같으면 금리 차가 좁혀질 때 큰 수익을 올릴 수 있었다. 이후 시장의 반응은 LTCM의 예측과 일치했고 높은 재무 레버리지로 LTCM의 수익은 무한대로 증폭되었다.

LTCM은 같은 기간 이 같은 헤지 콤비네이션 거래를 약 20여 종 보유했는데 핵심 거래마다 수백 건의 파생금융 계약이 뒷받침되었고 LTCM만이 가진 복잡한 수학 평가 모델 덕분에 회사는 단기간에 돈방석에 앉게 되었다.

그 후 설립 4년 만인 1997년 말, LTCM의 순자산은 빠르게 증가해 자본금 70여억 달러를 기록했다. 또 매년 평균 40%가 넘는 수익률로 1995년에는 59%, 96년 57%를 기록했으며 동아시아에 금융위기가 발생한 1997년에도 25%의 수익률을 기록하는 진가를 발휘한다.

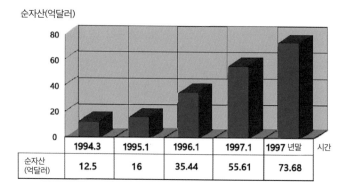

순자산(억달러)

시간	1994.3	1995.1	1996.1	1997.1	1997 년말
순자산(억달러)	12.5	16	35.44	55.61	73.68

[그림 16-1] LTCM 순자산 증가도

이 같은 기록과 파트너들의 명성은 베어스턴스, 살로먼, JP모건, 리먼 브라더스 그랜드 체이스, 맨해튼, 메릴린치, 모건스탠리 등 월가의 쟁쟁한 은행들이 투자자로 나서 한몫 챙기려는 움직임으로 LTCM에 대한 집착을 높였고 LTCM은 하늘 높은 줄 모르고 성장하는 것처럼 보였다.

LTCM이 만들어낸 부富의 신화는 한동안 엄청난 감탄을 자아냈다. 이들에겐 거의 손실이 없는 것처럼 보여서 저명한 금융학자인 샤프는 숄즈에게 "당신들의 리스크는 어디에 있느냐?"고 물었다. 이에 숄즈는 "리스크가 도대체 어디로 갔는지 아는 사람이 없다."며 머리를 긁적였다. 리스크가 어디로 갔는지 모르겠다는 이런 자신감은 도대체 어디서 나오는 것일까? LTCM에서 경영진들은 '시장 중립성' 원칙을 고수했다. 즉, 일방적 거래는 하지 않고 차익 실현 공간만 찾아 헤지 메커니즘을 통해 위험을 최소화하는 것이다. 이러한 헤지 조합 이면에는 위험을 통제하는 파생금융 계약과 복잡한 수학적 평가모델이 숨어 있다. 금융파생시대를 처음 열어 신세대 '데이터 분석 전문가'를 양산한 블랙-숄즈 방정식은 LTCM의 무패 행진에 가장 큰 공신이라고 할 수 있다. 블랙-숄즈 방정식은 줄여서 'B-S모형'이라고도 부르는데 이는 현대 금융학의 '실천'에서 유래되었다.

1952년 시카고대 박사과정 중이던 마코위츠Herry Max Markowitz는 한 편의 논문을 발표한다. 그는 역사상 처음으로 위험과 수익이라는 두 개념을 수학적 개념으로 정의했다. 수익률을 수학의 무작위 변량으로 해석해 증권의 기대수익은 그 무작위 변량의 수학적 기댓값으로, 위험은 그 무작위 변량의 제곱차로 나타내었다. 이후 1960년대 마코위츠의 제자인 샤프^{Sharpe}가 지인들과 연구를 계속하면서 기대수익률과 상대위험의 상관관계를 이끌어낸 것이 금융학에서 가장 유명한 '자본 자산 가격 결정 모형', CAPM$^{Capital\ Asset\ Pricing\ Model,\ CAPM}$이다.

블랙의 목표는 CAPM의 세계에서 가장 멋진 파생상품 가격 결정 모델을 찾는 것이었다. 마코위츠에서 시작된 금융학은 이론과 현실을 결합한 '실천'에 들어갔고, 이후 행동 금융학은 나날이 발전하게 된다. 1970년대의 '이단'이었던 블랙은 무차익 분석법이 빛을 발한 시장에서 파생상품 투자행위에 대한 맞춤형 비결을 발견할 수 있었다.

무차익 가격 결정법은 일정 가격의 무작위 과정에서 매 순간 주식과 스톡옵션^{72}의 적절한 조합으로 헤지 위험을 무위험 증권으로 바꿀 수 있다고 가정해 옵션 가격과 주식가격 사이의 편미분방정식을 얻는 것이다. 이 편미분방정식을 풀면 옵션 가격이 따라 나온다.

블랙과 숄즈 두 사람은 물리에서 열운동의 임의방정식을 빌려 f를 주식가격에 의존하는 파생증권의 가격으로 정의하여 아래와 같은 B-S 편미분방정식을 내놓았는데, 이 방정식은 파생증권의 가격을 숨기고 있다.

$$\frac{\partial f}{\partial t} + rS\frac{\partial f}{\partial S} + \frac{1}{2}\sigma^2 S^2 \frac{\partial^2 f}{\partial S^2} = rf$$

B-S 편미분방정식은 블랙과 숄즈를 매료시켰지만, 그들을 곤란에 빠뜨리게도 했다. 고심 끝에 블랙은 유럽식 스톡옵션을 도입하고, 향후 기대수익률을 할인해 다음과 같이 스톡옵션 가격 C_t을 추가하는 방

식으로 문제를 해결했다.

$$c_t = S_t N(d_1) - X e^{-r(T-t)} N(d_2)$$

여기에서

$$d_1 = \frac{\left[\ln\left(\frac{S_t}{X}\right) + \left(r + \frac{\sigma}{2}\right)(T-t) \right]}{\sigma(T-t)^{\frac{1}{2}}}$$

$$d_2 = d_1 - \sigma(T-t)\frac{1}{2}$$

식에서 $N(x)$는 표준 정규 분포 $N(0,1)$을 따르는 확률변수 x의 누적 분포 확률이다. T는 만기일, t는 현재 가격결정일, $T-t$는 가격결정일에서 만기일 사이의 시간, S_t는 가격결정일 시점의 주식가격, X는 스톡옵션 계약의 이행가격, r은 연속 복리로 계산한 무위험 금리, σ는 기준 주가 가격의 변동률이다.

흥미로운 것은 같은 해 매사추세츠공대[MIT]의 금융학 교수이며 '옵션의 아버지'라 불리는 머튼이 같은 결론을 내렸다는 점이다. 하지만 겸손한 머튼은 블랙이 모형을 발표된 뒤에야 자신의 논문을 발표했고 나중에는 블랙의 모형을 개선해 옵션 정가 모델을 창조적으로 제시하는 등 공식 활용의 폭을 넓혔다.

유럽식 콜옵션[73]과 풋옵션[74] 사이에는 다음과 같은 어떠한 평가 관계가 존재한다.

$$c + X e^{-r(T-t)} = P + S$$

이러한 평가 관계를 표준 정규 분포 함수의 특성과 결합하면 즉, $N(x)-N(-x)=1$으로 유럽식 풋옵션의 가격 공식이 나온다.

$$P_t = -S_t[1-N(d_1)] + Xe^{-r(T-t)}[1-N(d_2)]$$

B-S 모델이 처음 출시됐을 때는 경제학 일반 균형의 틀을 완전히 벗어났다는 이유로 주류 경제지들이 이단으로 취급했다. 하지만 적지 않은 경제학자들이 이 모델을 확인한 후 '어떻게 직접 차익 없는 방법으로 증권에 가격을 매길 수 있냐'라며 놀라움을 금치 못했다.

이 모형은 매우 효과적이어서 경제학에서 가장 빈번하게 응용되는 수학 공식이지만, 이것이 효과를 거두려면 몇 가지 복잡한 가설들을 만족시켜야 했다.

(1) 증권가격 S는 기하 브라운 운동Geometric Brownian Motion, GBM,
즉, $dS = \mu Sdt + \sigma Sdz$를 따른다. 주가가 기하 브라운 운동을 따른다는 것은 주가가 연속적임을 의미하는데 그 자체가 대수적 정규 분포이며 자산 예상 수익률 μ와 증권가격 변동의 표준편차 σ는 상수이다.

B-S 옵션 가격 결정 공식에는 주관적인 요인에 얽매인 μ가 나타나지 않는데 투자자의 주관적인 위험수익 편차가 어떠하든 간에 파생증권 가격에는 영향이 없음을 알려주는 듯하다. 여기에 위험 중립형 조건에서 모든 증권의 기대수익률은 안정적인 금리나 다름없다. 기하 브라운 운동의 가설은 주가가 양수(대수 정의역이 0보다 크다)로서 주가 변동률, 주가 연속 복리 수익률이 종모양의 정규 분포를 보장하고 있고 실제 증시 수

치와도 일치한다.

(2) 유효기간 내 안정적인 금리 r은 상수이다. r은 일반적으로 국채처럼 위
험부담이 없는 금리를 의미하며, 만기에 원금 회수는 물론 안정적인 이
자소득을 얻을 수 있다.

(3) 입찰한 증권은 현금 수익 지불이 없다. 유효기간 내의 스톡옵션과 같이
입찰한 주식은 배당금을 지급하지 않는다.

(4) 옵션은 유럽식 옵션이다. 유럽식 옵션의 구매자는 만기일 전에 권리를
행사할 수 없으며, 이에 대응해 미국식 옵션 구매자는 만기일 전 또는
거래일에 집행요구를 할 수 있다.

(5) 시장에 마찰이 없다. 즉, 거래 비용과 세수税收가 존재하지 않는다. 예를
들면 인지세 및 모든 증권 거래는 완전히 나눌 수 있다. 투자자는 임의
의 수량의 기준 자산을 살 수 있다. 예를 들면, 100주, 10주, 1주, 0.1주
등이다.

(6) 증권 거래는 연속이다.

(7) 시장에는 안정적인 차익기회가 없다. 즉, '공짜 점심은 없다'는 것으로
위험을 감수하지 않고 이득을 볼 수 있는 투자 기회는 없으며, 더 높은
수익을 내려면 더 큰 위험을 감수해야 한다.

(8) 공매도는 어떠한 제약도 받지 않는다(예탁금을 두지 않는다면). 공매도 수
익금은 투자자가 자유롭게 사용할 수 있다.

금융학에서 마코위츠의 투자조합이론은 가장 기본적인 리스크-수

익의 틀을 그린다. '1차 월스트리트 혁명'이 현대의 투자증권업을 하나의 독립 산업으로 만들었다면, 블랙-숄즈 방정식은 '제2차 월스트리트 혁명'을 만들어 낸 셈이다. 이때부터 금융파생시장이 호황기에 접어들었고, 행동금융학이 헤지펀드의 부상에 힘을 실어주면서 금융학과 금융실천이 교차해 현대금융이 급성장했다.

데이터 분석 전문가는 시대적 파고를 딛고 B-S 모델을 통해 수십조 위안의 파생상품을 만들어냈다. 글로벌 부富의 기하급수적인 상승으로 미국 금융업계가 한때 사회 모든 업종에서 정상에 올랐으니 B-S 모델은 역사상 가장 비싼 편미분방정식이라고 할 만하다.

천사가 악마로 변모한 24시간, 금융권이 무너지다

B-S 모델은 실제 데이터와 놀라울 정도로 잘 맞아떨어졌고 사람들은 이 단순하고 효율적인 가격 책정에 매료되었다. 특히 나날이 막대한 수익의 맛을 보면서 많은 은행가와 트레이더들은 이 방정식을 일종의 헤지 리스크를 해결하는 명약으로 여기며 반겼다.

B-S 모델 덕분에 메리웨더를 비롯한 '환상의 조합'도 금융 무대에서 가장 빛나는 스타로 떠올랐다. 사람들은 거대한 재산 구축이라는 승리의 기쁨에 휩싸였다. 그러나 위험은 여전히 어디든 존재했다. 그저 깊은 곳에 숨어 호시탐탐 기회가 오기만 노리고 있을 뿐이었다. 그리고 1997년 리스크는 그 기회를 잡게 된다. 아시아에 금융위기가 터졌

고 무수한 사람들은 무자비하게 짓밟혔다.

이들을 압박한 마지막 한방은 1998년 8월 17일 러시아의 채무 불이행이었다. 세상 어느 곳이든 절대적인 승자는 없다. 아무리 명확한 수학의 세계에서도 실패는 있기 마련이다.

리스크가 어디로 갔는지 행방을 모르겠다던 LTCM은 1998년 상반기 14%의 적자를 냈다. 1998년 9월 초 LTCM의 자본금은 연초 48억 달러에서 23억 달러로 반 토막이 났다. 5월 러시아발 금융위기 이후 9월까지 순자산가치가 90%나 추락하면서 LTCM은 43억 달러의 막대한 적자를 내고 5억 달러만 남겨둔 채 파산 직전까지 몰렸다.

LTCM을 성공으로 이끌어 천사처럼 보이던 비결이 하룻밤 새 악마의 모습으로 돌변해 공격 태세를 갖춘 것이다. LTCM이 주로 이익을 얻은 것은 수학 모델과 레버리지 헤지 거래를 통해서였다. 숄즈와 머튼은 모든 시장 데이터를 컴퓨터 수학 모델에 담아 정확한 계산을 통해 위험을 통제하였다. 시장에 잘못 책정된 가격이 있으면 그들은 막대한 채권 및 파생상품 포트폴리오를 만들어 차익매매를 하였다. 하지만 그들은 파생금융상품 거래를 위한 기조를 잡은 B-S 모델 자체의 위험성을 간과했다. LTCM의 포트폴리오에는 파생상품이 큰 비중을 차지하지만 B-S의 옵션 가격 공식에는 이런 가설이 깔려 있다.

(1) 거래는 계속된다.

(2) 시장은 정규 분포에 부합한다.

이 가설에서 거래가 계속된다는 것은 시장의 큰 가격과 시세 상승이 없다는 것을 의미하며, 보유 물량을 동적으로 조절해 위험을 억제할 수 있다는 것이다. 이 가실 및 대수법칙에 근거해 우리는 위험인자의 변화가 정규 분포나 유사 정규 분포에 부합한다는 것을 쉽게 발견할 수 있다. 이는 많은 가격 결정 모델의 기본 가설이지만 실제로는 그렇지 않다.

시장은 결코 연속적이지 않고 위험의 동태적 균형을 유지할 충분한 거래도 존재하지 않는다. 많은 무차익 가격 결정 모델은 이런 가정 아래 치명적인 결함을 가지고 있었다.

역사상 수차례의 격변 현상이 있었고, 시장 격변은 시장이 정규 분포에 맞지 않는 팻 테일$^{fat\ tail}$ 현상이 있었음을 보여준다.

반면 B-S 옵션 가격 결정 공식에서 d_1과 d_2는 비선형 상황의 선형위험 추정치로 가격이 급변동하는 상황에서도 위험을 측정하는 역할을 상실했다. 시스템 리스크가 바뀔 때 금융파생수단의 정가는 가늠할 수 없는 수준으로 공식적으로 확인이 불가능하다.

이 밖에도 LTCM의 수학 모델에서 가설의 전제나 계산 결과가 역사적 데이터를 바탕으로 나오지만 역사적 데이터의 통계 과정은 확률적인 사건들을 간과하는 경우가 많다. 이런 사건이 발생하면 전체 시스템의 리스크를 바꿔 치명타를 입히는 것을 통계학에서 '팻 테일$^{fat\ tail}$ 효과'라고 하고 [그림 16-2]과 같이 표현한다.

LTCM은 1998년 러시아발 금융위기의 작은 확률적 사건이라는 한

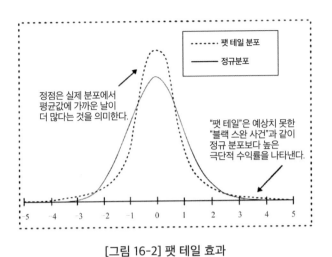

정점은 실제 분포에서
평균값에 가까운 날이
더 많다는 것을 의미한다.

⋯⋯⋯ 팻 테일 분포
——— 정규분포

"팻 테일"은 예상치 못한
"블랙 스완 사건"과 같이
정규 분포보다 높은
극단적 수익률을 나타낸다.

-5 -4 -3 -2 -1 0 1 2 3 4 5

[그림 16-2] 팻 테일 효과

방에 시퍼런 멍이 들었다. 만약 LTCM의 수학 모델의 결함으로 시스템 리스크가 커졌다면 레버리지 헤지 거래는 신용 리스크[75]와 유동성 리스크[76]가 잠재되어 있다고 볼 수 있다.

LTCM은 수학 모델의 손을 빌려 보통 사람이 발견하기 힘든 차익실현을 찾으려고 헤지 거래를 택했고 수익을 극대화하기 위해 높은 레버리지를 이용했다. LTCM은 투자자로부터 조달한 자본금 22억 달러를 담보로 1250억 달러어치를 사들인 뒤 총 1조2500억 달러의 기타 금융거래를 하였는데 레버리지 비율이 568배나 된다. 이처럼 높은 레버리지 비율은 높은 수익률을 추구하는 LTCM의 필연적인 결과이자 양날의 칼이 되었다.

헤지거래에서 포트폴리오에 제시된 두 증권의 가격은 서로 연관되어 있다. 그런데 서로 연관된 전제가 바뀌어서 마이너스(-)로 역전되면 헤지거래는 고위험 거래 전략으로 바뀌어 양쪽 모두 손해를 보거나 이익을 많이 남기게 된다. 높은 레버리지 비율에서 헤지 이익과 적자가 모두 폭증할 수 있고, 마이너스 관련 소확률 사건이 터지면 팻 테일$^{fat\ tail}$ 리스크로 인한 손실은 LTCM 전체를 회생불능의 상태로 몰아넣기에 충분해 자칫하면 파산할 수도 있다.

1998년 8월 17일 러시아가 채무불이행을 선언하면서 전 세계 투자자가 위기를 맞게 되었다. 이에 따라 글로벌 시장이 폭락하고, 투자자들은 보유 채권을 어떤 대가를 치르더라도 팔아치우려고 했다. 러시아의 파산으로 많은 글로벌 은행들이 밤새 긴급회의를 열고 자산 차환에 나섰다. 게다가 이 암울한 시장에서 높은 레버리지 비율은 LTCM이 보증금 수요를 충족시킬 만큼 충분한 현금을 요구하였다. 시장이 소확률 사건으로 궤도를 이탈해도 정상으로 돌아갈 것으로 믿었던 LTCM은 현금을 충분히 확보할 수 없었고 결국 이 화려한 카지노판에서 쫓겨날 위기에 처하게 되었다. 현금 자산 보유율이 하늘 높은 줄 모르며 치솟던 LTCM이 결국 유동성 부족으로 벼랑 끝에 몰리게 된 것이다. 역사적 데이터를 이용해 증권 가격의 연관성을 예측하는 수학 모델도 먹통이 되었다.

LTCM이 공매도한 독일 채권 가격이 오르고 이탈리아 채권 등 증권 가격이 하락하면서 헤지거래가 살아나기 위한 연결고리가 마이너스로 바뀌면서 LTCM의 모든 자산은 물거품처럼 날아갔다.

블랙-숄즈 방정식의 아름다움
: 수학은 똑똑하나 인간을 예측할 수 없다

1998년 9월 23일 미국 연방준비제도는 각 금융기관 총수들을 긴급 소집했다. 메릴린치, JP모건 등 15개의 글로벌 금융기관은 즉시 37억 2500만 달러를 모금해 LTCM의 지분 90%를 사들여 공동 인수하게 된다. 이로써 2000년 LTCM은 화려한 역사를 뒤로 한 채 영원히 사라지게 되었다.

비바람을 동반하는 시장은 장난을 좋아하는 아이 같다. 마치 하늘을 날 듯 흥겨움에 방방 뛰다가 갑자기 어느 순간 지쳐 쓰러져 잠이 드는 모습을 보인다. 순식간에 사라진 LTCM으로 사람들은 투기시장에서의 허망한 꿈에서 깨어났다. 세상에는 절대적으로 완벽한 수학 모델 따위는 존재하지 않으며 어떤 분석 방법에도 치명적인 흠이 있다는 것을 확인한 것이다. LTCM은 자유로운 글로벌 금융시스템에서 수학 금융의 최대 수혜자였다. 하지만 수학 모델은 갈수록 복잡해졌고 자본은 마치 날개를 단 새처럼 제한 없이 자유롭게 이동했다. 이에 헤지펀드는 자본을 어지럽히며 바람몰이를 하게 되는데 이것이 바로 수학 금융의 무덤이다.

블랙-숄즈 방정식은 투자자들의 성배^{聖杯}로서 파생 도구의 새 시대를 열었고, 거대한 글로벌 금융산업을 탄생시켰다. 그러나 파생수단은 돈이나 상품이 아닌 투자 그 자체에 대한 투자이다. 사람들의 전망에 대한 부푼 기대는 세계 경제의 호황을 가져왔지만 시장이 늘 안정적인 것은 아니었다. 곧 이은 시장의 불안과 신용 긴축으로 은행시스템이 붕괴 위기에 처하자 경제는 폭락하게 된다. 그러나 방정식 자체는 전혀 문제가 없다. 수학은 늘 정확한 답만을 도출하고 제한조건도 명확하게 설명되어 있어 파생상품의 가치를 평가하기 위한 업종기준도 정확하게 제공한다. 투자자들에게 늘 믿고 거래할 수 있는 상품을 만들어 주는 것이다. 방정식이 이처럼 합리적으로 사용되고 시장여건이 맞지 않는 상황에서는 스스로 자제시킨다면 결과는 좋을 수 있었다.

하지만 문제는 항상 '악용된다'는 점이다. 시장에서 일부 불완전한 요소는 권리증의 가격을 B-S 모델이 계산한 이론치에서 벗어나게 할 것이다. 레버리지 역할로 금융파생수단에 과도하게 투기되고, 탐욕으로 인해 투자 취지를 거스르는 거품 도박이 판을 치게 된다.

금융업계에서는 B-S 방정식을 '미다스 방정식'으로 부르며 무엇이든 금으로 만드는 마력이 있다고 여긴다. 하지만 시장은 미다스 왕의 결말을 잠시 잊고 있을 뿐이다. B-S 방정식은 가격 옵션을 매길 수 있지만 인간의 행동은 전혀 예측할 수 없다. 이것은 뉴턴의 감회와 그 결이 같다. 그의 말대로 수학은 경제 운용의 궤적을 계산할 수 있지만 인간의 광기는 계산할 수 없는 것이다.

17

총기 :
탄도에 숨은 '기술 철학'

$$BC = \frac{d}{8000 \times \ln\left(\frac{v}{\sqrt{a}}\right)}$$

**탄알이 뇌를 관통하는 순간,
의식 활동이 멈추었다**

총기의 탄도 방정식 ─────────●

눈앞에 장전된 총 한 자루가 있다고 상상해 보자. 이 단단하고 차가운 검정 총구를 당신의 관자놀이에 대면 어떤 느낌일까? 관자놀이가 얼음처럼 몹시 차가워지고 천둥 번개가 친다 해도 옴짝달싹할 수 없을 정도로 경직될 것이다. 주위의 어떤 소리도 듣지 못할 정도로 귀는 먹먹할 것이고 온몸의 백억 개 이상의 신경 세포를 마비시켜서, 뇌는 미동조차 할 수 없고 의식도 분명치 않을 것이다. 뇌가 굳어버리니 신체에 어떤 명령도 내리지 못한 채 꼼짝도 하지 못하고 제자리에 주저앉아 완전히 얼어붙을 것이다. 이 순간은 사실 불과 몇 초에 불과하지만 당신에게는 몇 세기가 흐른 것처럼 느껴진다. 수천만 가지의 생각이 쏜살같이 지나가고 지나간 일들이 마음속에 솟아오른다. 당신은 약간 정신이 나간 것 같다. 영혼 깊숙한 곳의 두려움은 당신 자신의 결말을 보는 것 같다. 결국, 총을 쥔 사람은 냉정하게도 방아쇠를 당겨 그 한 발을 쏜다. 그런데 과연 실제 탄알이 이마를 관통하는 통증은 우리의 생각만큼 고통스러울까?

┌─ ## 7.62mm×51mm NATO탄[77] ─────────●
│
│
└─●

탄알이 내 머릿속을 관통하는 상황을 표현해 보면 이렇다. 일반적으로 총기의 탄알은 속도 300m/s 이상을 초과한다. 7.62mm의 구경,

51mm의 길이를 가진 NATO탄을 살펴보면, 두께 6㎜의 균질 강판을 100m 내에서 관통할 수 있다. 탄알이 머리를 관통하면 탄두의 특수 설계 때문에 무게중심이 치우쳐 빠르게 구르고 뇌의 조직구조를 앞으로 밀어 뇌의 신경조직을 끊임없이 늘어나게 한다. 그리고 한계에 다다르면 결국 조직이 찢어진다. 게다가 탄알이 뇌 속을 통과하는 속도가 조직이 찢어지는 속도보다 빠르기 때문에 사람의 거대한 뉴런을 밀리초에서 마이크로초 만에 파괴할 수 있다. 결국 뇌의 뉴런이 통각신호라는 마지막 비명을 제대로 전달하지 못한 채, 사람은 바로 목숨을 잃는다.

탄알이 전두엽피층을 통과하면 사람의 주의력, 사고력 및 정보처리 능력을 잃는다. 탄알이 시상하부를 통과할 때 의식이 흐려진다. 탄알이 측두엽을 통과할 때 사람의 감각은 존재하지 않고, 탄알이 해마를 통과할 때 모든 기억은 0이 되고, 탄알이 뇌에서 빠져나오면 사람의 뇌 속은 텅텅 비게 된다. 그러므로 결론은 탄알이 머리를 통과할 때 통증은 우리의 예상만큼 크지 않을 수 있다.

탄알이 뇌에 들어가는 순간은 단순한 액션처럼 보이지만 이를 세세하게 살펴보면 복잡한 수학적 공식이 존재함을 알 수 있다. 그 속에 숨어 있는 수학적 원리를 들여다보자.

탄알은 탄환, 탄피, 장약, 뇌관 등 4개의 부분으로 구성되어 있는데, 이는 [그림 17-1]과 같다.

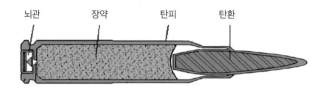

[그림 17-1] 탄알 구조도

탄알을 발사할 때, 사격수는 뇌관에 충격을 가한다. 그러면 뇌관은 순식간에 탄피 안에 들어 있던 장약을 불태워 폭발시킨다. 이때 고온과 고압이 발생해 탄환을 탄피 밖으로 밀어낸다. 이때 탄환은 고압에 밀려 고속으로 이동하다가 강선에 밀려 회전을 일으켜 결국 총기 밖으로 밀려나 승부를 가르는 순간으로 접어들게 된다.

탄도학의 관점에서 보면 탄알의 발사 단계는 정확히 4단계로 나누어 볼 수 있는데 [그림 17-2]와 같다. 탄환이 격발된 후 총기를 벗어날 때까지를 내탄도라고 부른다. 탄환이 장구류를 통과하는 단계를 중간탄도, 탄환이 총기를 벗어나 물체에 명중하기 전까지의 비행 단계를 외탄도, 탄환이 목표물에 명중하고 목표물에 진입하는 단계를 종점탄도라고 한다.

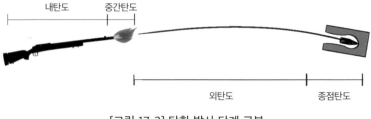

[그림 17-2] 탄환 발사 단계 구분

외탄도는 탄환이 이미 정한 궤적에 따라 치명타를 완성하는 것이 관건이다. 탄환이 나오면 중력 작용으로 인해 비행 궤적이 아래로 휘어져 포물선에 가까운 상태가 된다. 그러나 곡선은 항상 변화무쌍하고, 비행 중 공기의 저항에 의해 속도가 점점 느려지면서 비행자세도 변화하게 된다. 이런 경우 저항을 변화시켜 탄환의 운동 법칙을 파악하는 데 큰 어려움을 겪는다. 그래서 탄생한 것이 탄도 계수^{Ballistic} ^{Coefficient, BC}이다.

탄도 계수는 탄환이 공기저항을 극복하는 것을 측정하는 데 쓰인다. 즉, 탄환이 항력抗力에 저항하여 비행속도를 유지하려는 성질을 반영하는 수학적 요소를 가진다. 그에 따라 각 거리에 탄환이 박히는 순간 속도를 가늠할 수 있다.

사수는 탄도 계수 대비를 통해 탄알의 성능이 어떤지 대략적인 것

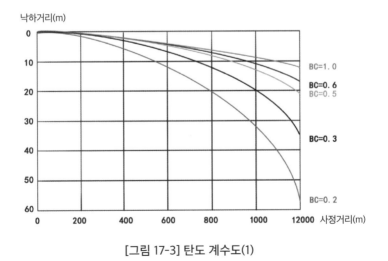

[그림 17-3] 탄도 계수도(1)

을 알 수 있다. 특히 원거리 사격 시 정밀도와 속도, 에너지 상황을 파악할 수 있는데 이는 탄알의 중요한 참고사항이자 원거리 조준의 기본 정보가 된다. [그림 17-3]에서 볼 수 있듯이 탄환은 비행 중 속도가 떨어지는 정도가 다르고 탄도 낙하 고도가 다르다.

[그림 17-4]는 탄도 계수도의 다른 표현으로 탄환이 일정 거리까지 날아가는 모습을 볼 수 있다.

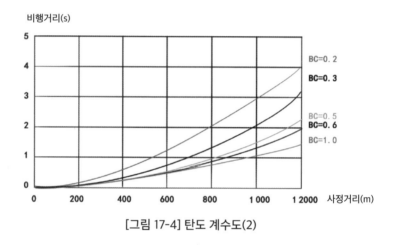

[그림 17-4] 탄도 계수도(2)

이상적인 탄환의 탄도 계수는 1이고 다른 탄환과 그것의 비율은 바로 이 탄환의 BC 값이다. BC 값이 높을수록 탄환 비행의 저항이 적고 성능도 이상적이다. 이 중 G1 시리즈는 탄도 계수 중 가장 많이 쓰이고 가장 기본이 되는 계열이다.

일반적으로, BC의 정확한 값은 '실험+추정값'으로 얻는데 계산은 간단하지만, 공식에 대한 이해가 필요하다.

$$BC=\frac{d}{8000\times ln\left(\frac{V_0}{V_d}\right)}$$

식에서 d는 수평 거리, ln은 자연 로그, V_0은 초기 속도, V_d는 거리 d 일 때의 속도이다.

하지만 탄도 계수는 고정불변의 것이 아니라 서로 다른 기온과 기압에 상응해 수정해야 하며 기온, 기압에 따라 수정된 BC 공식은 $BC_c=T_c\times P_c\times BC$이다. 즉, '수정된 탄도 계수=온도보정계수×기압보정계수×G1 탄도 계수'이다.

여기서 주의할 점은 G1 탄도 계수 운용은 반드시 일정한 기준을 따라야 한다는 것이다. 예를 들어, 표준 기상 조건은 '기압 1bar(100000Pa)', '표준기온 59°F(15℃)', '상대습도 78%'이다. 온도보정계수(실제기온+273.15℃)/(표준기온 15℃+273.15℃)와 기압보정계수 P_c=표준기압/실제기압이다. 구체적인 예로 M24와 M40 저격소총에 사용된 M118LR 장거리탄이 측정한 G1 계수는 0.496이다. 만약 5℃, 기압 690mm Hg의 환경에서 사용한다면 수정 탄도 계수는 다음과 같다.

$$T_C=\frac{5℃+273.15℃}{15℃+273.15℃}\approx0.965$$

$$P_C=\frac{750\text{mmHg}}{690\text{mmHg}}\approx1.087$$

$$BC_C=T_C\times P_C\times BC=0.965\times1.087\times0.496\approx0.520$$

비록 0.496과 0.520의 차이가 0.024밖에 나지 않는 것처럼 보이지만 이는 생사를 좌우할 수 있는 차이다. 사수가 총을 당긴 시간은 0.5s 정도밖에 안 될지 몰라도 명확한 조준을 위해 비틀어 움직인 것은 인류 100여 년의 과학적인 연구의 결과물이다.

열병기의 시작과 냉병기의 종결

16세기 명나라에 수석총이 출현하였다. 이는 사격 과정을 크게 간소화한 총으로 발화율과 사격 정확도가 높아 열병기[78] 시대를 화려하게 밝혔다. 많은 사람은 총기의 발전이 살육을 더 쉽게 여기는 경향을 가져오게 했다며 이를 과학 기술의 부정적 측면이라고 여긴다. 그러나 곰곰이 생각해 보면 총기는 현대문명을 보호하는 측면도 지니고 있다.

구석기시대부터 인류가 불을 발견하고 사용하면서 냉병기[79] 시대가 시작되었다. 페르시아인의 이집트 정복, 로마인의 고대 그리스 정복으로 다소 찬란했던 문명이 하루아침에 파괴되었고 인류 역사상 가장 위대한 과학자 아르키메데스마저 무지막지한 로마 병사의 손에 사라졌다. 이것은 한 민족의 개체 손실로 그친 것이 아니라 인류 전체의 집단적 손실을 말한다. 냉병기 시대는 산업혁명을 맞아 막을 내리게 되었고 인류의 총포사용은 영화 속에서나 가능한 일이었다. 야만적 무력은 더 이상 위력이 없었고 전쟁의 승패를 가르는 것은 단순한 총기가 아닌 과학 기술의 도입이었다.

미국이 총을 사용한 역사는 건국의 역사보다 길다. 일찍이 식민지 시대에 총기는 신대륙 이주민에게 없어서는 안 될 필수 장비였다. 16세기부터 유럽에서 바다를 건너 북미로 이동한 이민자들은 짐승뿐 아니라 인디언들과 맞서야 했다. 동시에 유럽의 다른 지역에서 온 식민지 주민들은 종교가 제각각인 탓에 충돌할 수밖에 없었고 여기에 유럽 열강들이 서로 텃밭 다툼을 벌이기 시작하면서 북미는 하루도 평안할 날이 없었다. 이런 환경에서 총기는 신변안전을 보장하는 필수품이 되었고, 일반인이 최강의 도적을 상대해도 대등하게 맞설 수 있는 저력을 만들었다. 미국 권리법안의 제2조에는 '잘 조직된 민병대는 자유국가의 안전에 필수적이며 국민의 무기 보유 및 휴대권은 불가침'이라고 명시되어있다.

사람과 대결하는 것 외에 땅이 넓고 사람이 드문 미국 서부 농장의 농장주에게 총기는 또 다른 용도로 쓰인다. 이들이 직면한 가장 큰 문제는 늑대 떼였다. 이 늑대 무리는 깊은 밤, 인적이 드문 초원에서 목장의 소와 양을 습격했다. 미국 서부 농장주들은 어둠이 깔리면 목장의 높은 단상에 올라가 저격용 소총 한 자루를 준비한 뒤 늑대 떼의 출몰을 기다린다. 하지만 이런저런 이유로 총기 소지가 일반화되자 오히려 총기사고와 총기 범죄율은 고공행진을 하고 있다. 광기 어린 비이성적 총기 소지자들은 상대가 누구건 간에 큰 고민 없이 방아쇠를

319

당긴다. 이는 기술적인 난제가 아니라 철학적인 난제이며 미국뿐 아니라 세계적인 골칫거리이기도 하다.

'총구 3cm 올리기'는 합당한가?

오늘날까지도 사람들의 입에 오르내리는 이야기가 있다.

1989년 베를린 장벽이 무너지기 전 장벽을 넘는 사람들에게 총을 쏜 위병 헨리히[Henrich]가 재판을 받게 된 일이 있었다. 그의 죄목은 자유를 위해 베를린 장벽을 넘으려던 청년 크리시를 사살한 것이다. 헨리히의 변호사는 그는 명령을 집행했을 뿐, 선택할 수가 없었으므로 죄가 없다고 변호했다. 그러나 판사는 "경찰로서 명령을 집행하지 않는 것은 유죄이다. 그러나 무죄일지는 확실하지 않다. 총부리를 3cm 높이 들어 올릴 수 있는 행동은 정신적으로 건강한 사람으로서 스스로 짊어져야 할 양심의 의무다. 법외에 양심도 있는 세상이다. 법과 양심이 충돌할 때 양심은 최고의 행위이다. 생명을 존중하는 것은 세상의 원칙이다."라고 말했다. 이 말은 총부리를 3cm 들어 올려 쏘았다면 청년을 살릴 수도 있었다는 말이다. 군이 고귀한 생명에 총부리를 정확히 겨눠 죽일 일은 아니었다는 것이다.

결국, 위병 헨리히는 고의적으로 크리시를 사살한 형으로 징역 3년 반을 선고받았다.

이 이야기를 통해 우리는 기술에 의존하여 이런 조작이 합당한지 아닌지를 보는 시각이 필요함을 알아야 한다.

자, 지금부터 고민해 보자. 총부리를 3cm 높이면 뇌를 직접 뚫지 못하는 것이 확실한가? 생사를 좌우하는 뇌관이 뇌의 전두엽을 겨냥하면 어떻게 될까? 전두엽은 기능과 논리적 사고와 관련 있어 사람의 고도의 사고 활동에 가장 큰 영향을 끼친다. 즉, 전두엽이 손상되면 인간의 사고력이 상실된다. 그래서 총알이 치명적인 곳에 맞지 않더라도 고통이 뒤따른다. 고통은 죽음보다 훨씬 더 무서운 결과를 낳기도 한다. 과연 무엇이 옳은 행동인지는 총을 쥔 사수에 달려있다.

탄도 계수의 아름다움
: 무기를 멀리하고 생명을 소중히 여기다

이야기의 시작으로 돌아가자. 검은 총구가 내 관자놀이에 놓인다면 어떤 기분일까? 총알이 내 운명을 지배하게 되면 그 순간 오히려 최후의 순간을 홀가분하게 넘길 수 있는 건 아닐까? 다행히 빛나가 운 좋게 살아남더라도 생존자 대부분이 고통스럽게 삶을 이어가야 한다는 점을 생각해야 한다. 따라서 '탄환으로 갈등을 해소하고자 하는 것'은 현명한 선택이 아니다. 아무리 급박한 순간이라도 시간의 꼬리를 잡고 생명을 소중히 여기는 양심이 절대적으로 필요하다.

$$a^2 + b^2 = c^2$$

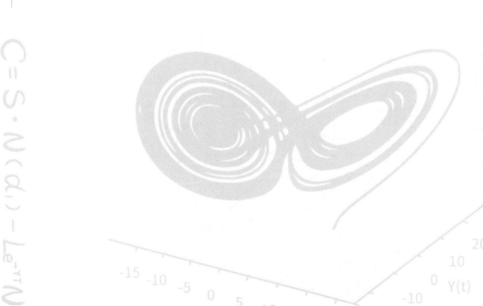

18

후크의 법칙 :
기계 시계의 심장

$$F = -kx$$

마음에 품은 세상은
스스로 천지를 갖는다

산업혁명의 축소판, 시계 ─────────────●

시계의 가치는 정확도에 있다. 우리는 현재의 정확한 시각을 확인하기 위해 시계를 들여다보기 때문이다. 물론 현시대에서 시계의 용도는 멋스러움도 한몫을 한다. 그래도 어쨌든 시계의 생명은 정확함이다. 이런 정확도로 보자면 기계 시계는 전자시계보다 뒤떨어진다. 고가의 시계로 알려진 롤렉스도 하루 평균 오차가 ±2s이다.

이렇게 단 두 개의 바늘로 시간을 알리는 만년 기계 시계에는 어떤 상업 논리가 숨겨져 있을까? 기계 시계는 시간이 지날수록 그 가치가 무척 높아지는데 시계 하나하나가 모두 산업 시대 지혜의 결정체이기 때문이다. 귓가에 대면 째깍째깍 밀당하는 소리가 또렷하게 들리는 것은 시간이 흐르는 소리이자 산업 시대의 울림이기도 하다. 톱니바퀴가 정밀하게 맞물리면서 합쳐지고, 돌고, 밤낮으로 멈추지 않고 아름다움이 극대화되는데, 이는 시간이 흘러가는 모습을 형상화한 것이다. 시계는 0.007㎡ 미만의 공간에 20종의 복잡한 구조, 1,366개 무브먼트, 케이스 부품 214개가 채워져 있다. 기계 시계는 작은 우주에 숨어 있는 백 년의 지혜로서 인간의 상상을 초월할 정도로 정밀하다. 불과 수백 년이라는 기계 시계의 역사에서 인류는 기계의 조화와 완벽을 끝없이 추구해 왔다.

중국에는《과주택^{寡住宅}》이라는 전통 만담이 있다. 그 중 일련의 대사에는 브랜드부터 소재까지 기본적으로 시계에 관한 내용이 포함되어 있다. 이 만담에 의하면 아편 전쟁의 포화는 청 정부가 쇄국의 문을 열어 통상 항구의 개방으로 이어졌고 이때부터 시계는 중국인들의 사치품으로 여겨지기 시작했다고 한다.

고대 바빌론 왕국의 해시계부터 14세기 유럽의 시계탑, 15세기 독일과 프랑스에서 태엽 시계가 잇따라 나왔다. 그리고 이탈리아인이 시계 원리를 발견하면서 18세기 산업혁명에 이르러 서양에서 기계 시계가 성행하기 시작했다. 평범해 보이는 이 작은 손목시계는 산업혁명과 긴밀한 연관성을 가지고 있다. 면방직에서 폭발한 산업혁명을 추진한 하층 노동자 중 적지 않은 수가 시계공이었기 때문이다. 신형 수력방적기를 발명한 '근대 공장의 아버지' 아크라이트^{Arkwright}와 '증기기관'의 개량자인 와트^{Watt}도 모두 시계를 고친 적이 있다.

시계는 세계에서 가장 정밀한 기구로, 시계공 모두는 최고의 엔지니어들이었다. 디자인 구상부터 무브먼트 제작, 광택 내기, 새김, 페인팅, 보석 세팅, 그리고 마지막 조립에 이르기까지 시계 제작에 수년이 걸릴 정도로 시계는 당시 세계에서 가장 정교한 기술의 집합체였다.

솜씨 좋은 장인만 있으면 간단히 만들 것 같은 이런 기계 시계가 과연 전 세계에서 가장 정밀한 기계로 꼽히는 매력은 무엇일까? 그 구조를 [그림 18-1]에서 살펴보자.

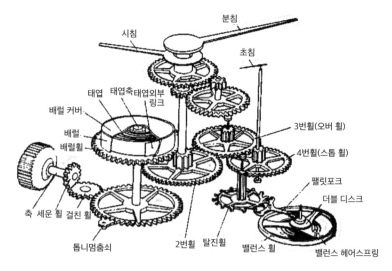

시침 분침 초침

태엽 태엽축 태엽외부
링크

배럴 커버

배럴

배럴휠

3번휠(오버 휠)

4번휠(스톱 휠)

팰릿포크

더블 디스크

축 세운 휠 걸친 휠

톱니멈춤쇠

2번휠 탈진휠

밸런스 휠

밸런스 헤어스프링

[그림 18-1] 기계 시계의 구조

기계 시계는 보통 손목시계를 가리킨다. 시계는 처음부터 지금의
모습을 띄고 있었던 것이 아니라 오랜 시간이 흐르며 진화하였다. 그
러나 어떤 것이나 그 구조는 대동소이한데 전체적으로 그 기능에 따
라 5가지 부분으로 나누어 볼 수 있다.

(1) 지침계$^{time\ indicator}$: 초침, 분침, 시침으로 구성된다.

(2) 상부조절계^{controller} : 외부에서 시계 케이스 바깥쪽의 손잡이 부분에서
수동으로 태엽을 감아 원동 기구에 외력을 전달한다. 태엽에 힘을 가하
여 기계 시계의 회전에 동력을 갖게 한다.

(3) 원동계$^{main\ spring}$: 배럴 휠, 축, 태엽 등 원래 구성 부분은 시계 작업의
에너지 부분이다. 원동계는 전 기구의 저항 소모를 보충하여 각 기어를

회전시킨다. 그중 태엽이 휠을 움직여 끊임없이 흔들린다.

(4) 전동계^{wheel} : 2번 휠(센터 휠), 3번 휠(오버 휠), 4번 휠(스톱 휠) 등으로 구성된다. 추진력을 탈진 휠에 전달하는 전동 기어로서 원동계의 힘을 탈진조속계에 전달하고, 지침계를 움직인다.

(5) 탈진조속계^{escapement} : 탈진기와 조속기(진동계) 두 부분으로 이루어져 있다. 장치는 탈진 휠, 팰릿 포크, 더블 디스크 등으로 구성된다.

기계 시계의 5가지 기능만 봐도 시계가 하는 일의 양과 작업이 복잡하다는 것을 충분히 알 수 있다. 오랜 시간 동안 사람들은 어떻게 다양한 탈진기와 속도조절기구를 발명하였고 또 변화시켰는지 상상조차 할 수 없다.

18세기, 누구나 알고 있듯이 혁명의 불길이 가장 먼저 타오른 영국에서 공업 발전 속도가 가장 빠르게 진행되었다. 당시 기계 시계 생산량은 매년 20만 개로 유럽 기계 시계 생산량의 절반가량을 차지했다. 19세기에는 노동생산성이 향상되고 기술 진보와 정밀한 분업으로 시계 부품이 표준화되면서 시계산업이 더욱 부각되었다. 시계의 흥망성쇠는 곧 산업혁명의 축소판이라 할 수 있었다.

한 번 잡고 한 번 놓아주는 기계 시계의 운행 ⸻⸻⸻•

요즘은 무소음 시계들이 많지만 적어도 한 번쯤은 '똑딱똑딱'거리는 시계 소리를 들어봤을 것이다. 이 소리는 기계 시계 안의 탈진조속계 escapement에서 나온 것이다. 그것은 탈진기가 갑자기 멈추었을 때 나는 소리이며, 스프링을 풀었다 감았다를 반복하여 탈진 휠이 규칙적인 운행을 하도록 한다. 탈진기는 기계 시계에서 에너지를 전달하는 스위치 장치로 전동계(2번 휠에서 4번 휠)와 조속기 사이에 위치한다. 시계가 작동하면 5가지 기능이 일사불란하게 움직여 '태엽형성(원동계) →2번 휠(센터 휠) →3번 휠(오버 휠) →4번 휠(스톱 휠) →탈진 휠 →팰릿포크 → 탈진기'와 같은 과정을 거친다. 평형 바퀴의 반작용으로 팰릿포크를 제자리로 되돌리는 운동의 원리는 [그림 18-2]와 같다.

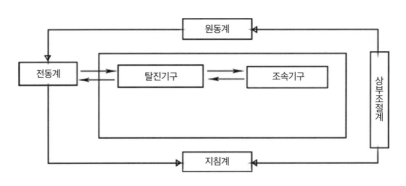

[그림 18-2] 기계 시계의 작동 원리

이런 과정에서 탈진조속계는 기계 시계의 핵심이 된다. 그 의미는

'한 번 잡고 한 번 놓아주고', '한 번 열고 한 번 닫고'로 이해할 수 있다. 한 번 잡을 때 주전동의 운동을 고정시킨다. 이때, 시계의 주전동 고리가 잠긴다. 진동계의 풀림은 동사슬 운동을 주도하며 동시에 주전동 사슬에서 일정한 에너지를 가져와 진동계의 작업을 유지한다. 탈진기는 탈진 휠, 플랫포크, 더블디스크 등의 부품으로 구성된다. 탈진 휠을 움직여 플랫포크를 한 번에 잡아주고 잠금, 전달, 방출, 낙하, 견인하는 일련의 동작들이 행해진다. 물이 흐르듯 이 과정들이 단번에 작동되는 것이다. 이것은 다시 탈진 휠에 동력을 전달하여 탈진 휠에 의해 시간 분배가 이루어지며 [그림 18-3]과 같이 속도를 조절한다.

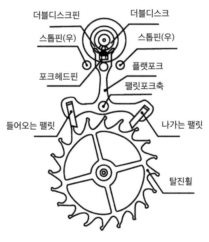

[그림 18-3] 톱니 바퀴식 탈진기

이처럼 '잡았다, 놓았다' 하는 동작은 매우 간단해 보이지만 이것이야말로 기계 시계의 영혼이나 다름없다. 그 이유는 놓칠 수 없는 두 가지 가장 중요한 역할 때문이다. 첫째, 탈진기는 원동계가 제공하는 에너지를 주기적으로 휠의 밸런스 헤어스프링에 전달하여 시계의 진동을 일정하게 유지하게 한다. 둘째, 탈진기는 밸런스 헤어스프링의 진동 횟수를 지시 장치에 전달하여 시간을 잰다. 따라서 탈진기의 좋고 나쁨은 시간의 정확성과 직결되는 것으로 기계 시계의 운명을 결정한다. 산업혁명이 시작된 후 18, 19세기는 기계 시계의 황금시대로서 탈진기 형태의 디자인 발명품만 300여 종에 이르게 되었다.

후크의 법칙, 용수철에 숨은 시간의 비밀

기계 시계의 핵심이나 다름없는 탈진조속계는 시계 안의 심장이라고 할 수 있다. 시계를 채우고 있는 무브먼트의 전반적인 작동에 따라, 밸런스 헤어스프링과 밸런스 휠로 구성된 조속기는 바로 심장 속의 심근으로, 규칙적인 운동에 따라 움직인다. 그것은 시간 운행의 수호자로 규칙적인 진동을 통해 기계 시계의 시간을 보증한다. 운동학적으로 말하자면 기계 시계는 감속 기어를 통과해 주기 진동을 [그림 18-4]와 같이 시계 바늘의 주기로 변환하여 회전시킨다. 밸런스 헤어스프링과 밸런스 휠은 서로 떨어져 있지 않고 밸런스 휠에 연결된 헤어스프링을 움직여 왕복 운동을 하며 시간을 완전히 같은 등분으로 잘라내는 것이 기계 시계의 '첫 번째 임무'이다.

[그림 18-4] 밸런스 휠과 헤어스프링

　밸런스 휠은 밸런스 휠의 축, 플랫포크, 플랫 포크 핀, 헤어스프링, 더블 디스크, 더블 디스크 핀 등으로 이루어져 있다. 헤어스프링은 강철로 만들어진 용수철로 휠의 둘레를 감싸는데 길이의 변화로 밸런스 휠의 관성 토크와 진폭 주기가 결정된다.

　1582년 갈릴레이는 진자의 등시성 원리를 발견하며 시간학의 이론적 토대를 마련하였다. 네덜란드 물리학자 호이겐스$^{Christin\ Huygens}$는 이 원리를 응용해 세계 최고의 진자시계를 만들어 [그림 18-5]와 같이 배치하는 데 성공했다. 진자시계는 진자와 헤어스프링 밸런스 휠로 구성된 진동계의 주파수를 설정해 시계의 표준을 맞추는 것으로 중대한 발명품으로 꼽힌다. 이 시계로 인해 시계의 주행 정도가 크게 향상돼 시계의 외형 사이즈를 줄일 수 있게 되었다. 그리고 이로 인해 서양에서는 회중시계가 유행하기 시작했다.

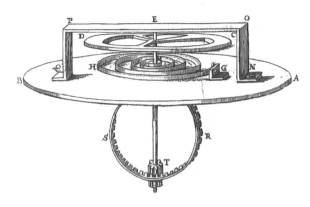

[그림 18-5] 호이겐스가 디자인한 헤어스프링 밸런스 휠

시계를 이야기할 때 빼놓을 수 없는 숨은 영웅은 바로 후크이다. 아마도 시계에 관심이 많은 사람이라면 한 번쯤 아래 공식을 본 적이 있을 것이다.

$$F=-kx$$

후크의 법칙$^{Hooke's\ law}$은 역학 탄성 이론의 기본법칙이라고 할 수 있다. 이는 고체재료가 힘을 받으면 재료 내에 생기는 저항력인 응력과 변형량 사이의 관계를 직선 관계로 표시한 것으로 '용수철의 법칙'이라고도 불린다. 이 중 k는 상수로 물체의 강도(탄성)계수이다. k는 재료의 성질만으로 결정되며 단위는 N/m[80]이다. x는 탄성 변화량으로 고체가 받는 외력을 가리킨다. 이는 각 점 사이의 상대적인 위치의 변화 정도를 말한다. 외력의 작용 하에 물체가 변형을 일으키며 외력이 없어지면 물체는 원형을 회복할 수 있는데, 이것을 '탄성변형'이라고 하고 단위는 m이다.

후크의 법칙은 탄성역학의 기본법칙으로 탄성계수는 수직선상에서 용수철이 늘어난(또는 줄어든) 단위 길이일 때의 탄성을 가리키며, 음(-) 부호는 용수철의 탄력이 뻗어 나가는(또는 압축) 방향과 반대 방향임을 나타낸다. 헤어스프링은 아르키메데스 나선([그림 18-6]과 같이 등속나선이라고도 한다.)을 따라가는 용수철의 일종이다. 무브먼트가 정상적으로 작동하기 시작하면 헤어스프링은 확대와 수축 운동을 하기 시작하는데, 헤어스프링의 조임과 확장을 통해 탄력적인 회전을 이루게 되고, 이로 인해 평형 바퀴는 끊임없이 움직이게 된다.

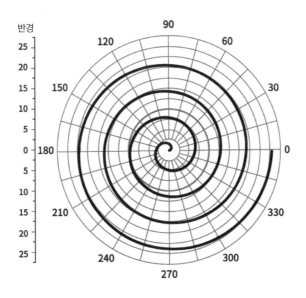

[그림 18-6] 아르키메데스 나선

후크는 용수철에 관한 많은 연구를 했고 공식도 만들어냈지만 실물을 만들어내는 것에는 실패했다. 이에 앞서 호이겐스가 발명가로서 이름을 남기게 되고 후크는 비록 발명권은 놓쳤지만 그가 만들어낸 법칙은 그 나름대로 큰 빛을 발한다. 인류는 그가 만든 연구를 기반으로 헤어스프링의 비밀을 더 빨리 이해하고 '갈릴레이의 등시성 원리' -선형회복력 작용하에 물체의 왕복 운동의 주기는 항상 일정하다-를 보다 쉽게 이해하게 되었다. 이것으로 기계 시계는 과학적으로 진보를 이루게 되었으며 시계는 더욱 정교해졌다.

기계 시계의 생명, 정밀도

후크의 법칙을 통해 헤어스프링(유사)의 비밀이 풀렸다. 모든 일반적인 기계 시계의 조속기인 헤어스프링 밸런스 휠은 모두 원둘레의 회전 형식의 스프링 진자로 볼 수 있으며, 진동 주기와 밸런스 휠의 회전 관성량(회전반경, 질량 크기에 따라 결정), 유사 탄성계수(유사 재질, 굵기, 길이에 따라 결정)와 수학적인 관계로 표현되었다. 공식은 다음과 같다.

$$T = 2\pi\sqrt{\frac{1}{k}}$$

이 중, k는 헤어스프링 탄성계수, 즉, 후크의 법칙에서 탄성계수를 말한다. 대부분의 시계는 평평한 헤어스프링이 쓰이며, 그것의 재료, 길이, 두께, 강도 및 간격 모두 시계의 주행에 직접적인 영향을 끼친다. I는 회전 운동 관성량으로 다음 공식을 만족한다.

$$I = \sum_i m_i r_i^2$$

식에서 m_i은 회전 운동하는 문체의 질량, r_i은 회전하는 물체의 중심
으로부터의 거리이다.

갈릴레이의 등시성 원리에 근거해 줄의 주기, 줄의 폭과 상관없이
줄의 길이가 줄어들면 진폭(줄의 주파수)이 빨라지고 주기가 줄어든다.
고전적인 기계들 중 전체 무브먼트의 작동과 주행속도는 모두 속도계
의 주파수에 준하는데 이는 결국 헤어스프링 밸런스 휠의 빈도수를
기준으로 한다. 진동수는 바퀴를 튕겨 매시간마다 흔드는 횟수로써
이론적으로 말하면, 진동수가 많을수록, 시계의 정확도가 높을수록
방해에 저항하는 힘이 강하다.

만약 진동수가 18,000번/h라면 1시간에 1만 8,000번, 초당 5번이 된
다. 무브먼트가 불안정하게 작동하면 즉, 1시간에 5번 덜 움직이면 1
시간 동안 1s 오차가 생길 수 있고, 진동수가 3만 6,000번의 무브먼트
라면 1시간 동안 0.5s의 오차가 있을 수 있다. 진동수에 따라 시계의
정확도는 확연히 달라지는 것이다.

시계의 정확도를 위해서는 시계의 속도와 주행 오차를 조정해야 한
다. 시간의 비밀을 파악하고 있는 I와 K에서는 주파수라는 객관적인
조건 때문에 헤어스프링의 재질, 굵기, 길이, 평형바퀴의 품질, 온도
등과 같은 요소는 제한되어야 한다.

철 니켈 코발트 합금 헤어스프링, Invar 합금 헤어스프링, 롤렉스의

파라크롬^{Parachrome} 순자성 헤어스프링, 그리고 실리콘 헤어스프링에 이르기까지 기술의 발달로 헤어스프링을 찾는 선택이 다양해지고 기계 시계의 질도 날로 개선되어 18세기 산업혁명 초기에는 기계 시계 제조 공정 중 최고 수준의 대표격인 투르비용^{Tourbillon}이 출현하기도 했다.

후크 법칙의 아름다움
: 세상은 하나의 큰 시계이다

증기와 기계 동력 시대에서 기계는 생산력을 극대화시켰고 인간은 세상을 개조할 생각을 하게 되었다. 이 극치의 과정은 기계 시계 속에 고스란히 숨겨져 있다. 이로써 시계는 고도기술이 함축된 공예이자 시대의 상징이 되었다. 훗날 이 원시적인 기계의 역량은 공업 시대를 바꾸었고 수많은 사람을 그 기계적 아름다움에 빠져들게 하였다.

근대철학의 아버지 데카르트 또한 기계 시계 기술에 빠져들어 애정과 열정을 보였다. 우주 전체가 거대한 기계 시계라고 가정한다면 과학은 그 속에 숨겨진 디테일을 발견하는 것이다.

$$a^2 + b^2 = c^2$$

$$dS \geq \frac{dQ}{T}$$

나비 효과는 전형적인 카오스 시스템으로 우리 생활 곳곳에서 볼 수 있다.
전 세계 기후는 단기간에 큰 폭으로 변할 수 있고 주식시장도
어떠한 예고도 없이 무너질 수 있으며 인류도 하루아침에 지구상에서
멸종할지 모른다. 인간은 한없이 무력한 것이다.

19

카오스 이론 :
나비 한 마리가 일으키는 사고思考

$$\frac{dv}{dt} = A(\mu)v + G(v)$$

혼돈이야말로
이 세상의 본질이다

나비 효과 : 아주 작은 차이가 ─────● 큰 오류를 낳는다

이 세상에 모르는 것이 없는 신통한 존재가 하나 있다고 한다. 그는 손가락만 까딱해도 우주에서의 모든 원자의 정확한 위치와 운동량을 알 수 있고 뉴턴의 법칙에 따라 순식간에 우주의 과거와 미래를 간추려낸다. 이것은 바로 그 유명한 '라플라스의 악마Laplace's demon'이다.

이 악마는 거시적 고전역학의 수호자로서 뉴턴 이론을 추종하고 과거와 미래를 모두 손아귀에 쥐고 있다. 그러나 이런 과학적인 존재는 열역학과 양자역학의 연합에 못 이겨 매우 빠른 속도로 그 생명력을 다하게 된다. 웨스트민스터 대성당 뉴턴의 무덤 앞에 도전장을 내민 것은 바로 '나비 효과'라는 아름다운 이름을 가지고 있다.

고전역학에 근거해 우리는 핼리혜성이 76년에 한 번씩 지구로 귀환한다는 정확한 예측을 할 수 있다. 혜성의 주기를 알아낼 수 있는 기술력이라면 미래의 날씨도 정확하게 예측할 수 있지 않을까?

미국 기상학자 로렌츠Lorenz는 날씨 변화를 정확하게 예측하는 수학 모델을 찾을 수 있을 것이라고 확신했다. 그래서 그는 매일 컴퓨터 실험실을 가득 메운 거대한 물건으로 기상에 영향을 미치는 대기를 시뮬레이션하였다. 이 과정은 수개월이 걸렸고 일련의 데이터를 원활하게 출력했다. 계산 결과의 정확성을 확인한 로렌츠는 다시 한번 계산을 하기로 마음먹었다. 그런데 그는 계산 도중 귀차니즘이 발동해 데이터 0.506127을 0.506로 생략하는 게으름을 피우게 된다. 그런데 이 작은 숫자의 차이는 엄청난 결과를 가져왔다. [그림 19-1]에서 그 차이를 뚜렷이 발견할 수 있다.

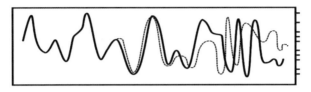

[그림 19-1] 로렌츠의 두 번째 계산 결과

실선과 점선의 차이가 바로 그 작은 값의 차이로 나온 결과이다. 이에 로렌츠는 좌절감을 감추지 못했다. 고전 이론에 따르면 초깃값의 작은 편차는 큰 영향을 끼치지 못한다. 하지만 결과는 이론을 따르지 않았다. 이로 인해 과학자들은 매우 복잡한 시스템의 행동을 상당 기간 앞당겨 예측할 수 있게 되었다.

이 점이 라플라스의 악마 결정론의 이론적 토대이자 로렌츠가 장기간의 일기예보를 꿈꾸는 근거가 된다. 로렌츠는 당황스러운 결과에서 벗어나기 위해 좀 더 깊이 연구하기로 마음먹는다. 그는 연립 미분방정식 해의 안정성을 연구하였는데 바로 다음의 주어진 방정식으로 역사상 최초로 과학자들에게 혼돈의 가능성을 인식시켰다.

$$\begin{cases} \dfrac{\mathrm{d}x}{\mathrm{d}t} = -10x + 10y \\[2mm] \dfrac{\mathrm{d}y}{\mathrm{d}t} = \mu x - y - xz \\[2mm] \dfrac{\mathrm{d}z}{\mathrm{d}t} = -\dfrac{8}{3}z + xy \end{cases}$$

이는 해석적 방법으로 해를 구할 수 없는 비선형 방정식으로 로렌츠가 기상 예보를 비범한 추상적 능력으로 모형화한 것이다. 백 개 이상의 요소와 방정식은 변수와 시간의 계수를 가진 연립 미분방정식으로 단순화되었다. 방정식에서 x, y, z는 3차원 공간을 운동하는 점이 아니라 3개의 변수이다. 이 세 가지 변수는 기상 예보 중의 많은 물리량, 예를 들면, 유속, 온도, 압력 등을 간소화해서 얻을 수 있다. 이 중 μ는 유체역학에서 레일리 수Rayleigh number81라고 하는데, 유체의 부력이나 점도와 같은 성질과 관련이 있다. μ=28일 때 컴퓨터로 변수 x, y, z를 번갈아 가며 시뮬레이션한 결과, 3차원 그래픽의 모습은 마치 날갯짓을 하는 나비처럼 보였고 이는 이후 '나비 효과'라고 부르게 된다.

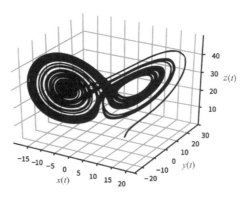

[그림 19-2] 로렌츠 방정식 해의 3차원 모형도

로렌츠의 시뮬레이션에서는 왜 이렇게 기묘하고 복잡한 '로렌츠 끌개Lorenz attractor'가 나오게 된 걸까? 일반적으로는 대부분이 [그림 19-3]의 세 가지 끌개attractor로 요약된다.

예를 들어, 어떤 시계추도 끊임없이 에너지를 보충하지 않으면 마찰과 저항에 의해 결국 멈출 수 있다. 시계추 시스템의 마지막 상태가 공간의 한 점이 될 수 있다는 얘기다.

전형적인 세 가지 끌개

기묘한 끌개

[그림 19-3] 로렌츠 끌개

흥미로운 것은 로렌츠 끌개는 어떤 고전적인 끌개로 분류될 수 없어 그저 '기묘한 끌개'라고 불린다. 전형적인 끌개는 초깃값이 안정적이지만 기묘한 끌개는 초깃값에 대한 민감성, 즉, 초기 상태에 가까운 궤적 사이의 거리는 시간이 지남에 따라 기하급수적으로 증가한다. 이 도형을 보면서 로렌츠는 시스템의 장기적인 현상이 매우 재미있다고 느꼈다.

3차원 공간의 이중 궤도가 두 개의 중심점을 돌고 있는 것처럼 보이지만, 실제로 돌고 있는 것은 아니다. 이들은 비록 양쪽 날개에 제한되어 있지만, 자기 자신과 만나지 않는다. 이것은 시스템의 상태가 반복되지 않고 비주기적이라는 의미다.

즉, 이것은 정확한 계수를 가진 정확한 방정식으로 초깃값을 정하는 시스템의 해는 겉보기에는 규칙적이고 질서 있는 깃처럼 보이지만 양쪽 날개를 가진 나비의 형태의 내부는 무작위적이고 무질서한 카오스 과정의 복잡한 구조를 담고 있다.

당시 역사상 가장 위대한 기상관이었던 로렌츠는 이를 정확히 '확정성 비주기 흐름'이라고 표현하면서 장기 일기예보를 정확히 예측하는 것은 불가능하다고 단언했다. 기상 예보의 초기 조건은 불안정한 지구의 대기 흐름에 의해 결정되는 것으로 이 초기 조건의 어떠한 미세한 변화는 추후 천차만별의 예보 결과를 가져올 수 있다는 것이다.

1963년에 이런 내용의 논문이 《대기 과학 저널Journal of Atmosphere Science》에 실렸는데 로렌츠는 이 결론을 '나비 효과'라고 결론 내렸다. 즉, 남아메리카 아마존강 유역의 열대우림 속의 나비 한 마리의 날갯짓 몇 번이 2주 후에 미국 텍사스주의 토네이도를 일으킬 수 있다는 것이다.

그 과정을 자세히 보면 이렇다. 나비의 날갯짓으로 대기에 변화가 생기고 약한 기류 운동이 일어난다. 이렇게 약한 기류가 만들어지면 다시 사방의 공기나 대기에 그에 상응하는 변화가 생기며, 이로 인해 일련의 미묘한 연쇄반응이 일어나고 최종적으로 시스템의 변화를 초래한다.

카오스chaos(혼돈)의 중요한 특징은 시스템에 장기간 동안 나타나는 현상의 초기 조건에 대한 민감한 의존성으로 초깃값의 근소한 차이가 미래에 혼돈을 초래할 수 있다는 것이다. 쉽게 말해 "아주 작은 차이가 큰 오류를 낳는다."는 뜻이다. 이후 로렌츠는 나비 효과를 발표한 결과로 '카오스 이론의 아버지'로 불렸다.

비선형 시스템이 주도하는 카오스의 세계

나비 효과는 전형적인 카오스 시스템으로 우리 생활 곳곳에서 볼 수 있다. 전 세계 기후는 단기간에 큰 폭으로 변할 수 있고 주식시장도 어떠한 예고도 없이 무너질 수 있으며 인류도 하루아침에 지구상에서 멸종할지 모른다. 인간은 한없이 무력한 것이다.

그렇다면 도대체 어떤 시스템이 혼돈 현상인 카오스를 야기하는 것일까? 카오스란 비선형 시스템의 일정한 조건에서의 상태이다. 사실 거의 모든 자연계는 비선형 시스템으로 일정한 조건에서 혼돈 현상이 일어난다. 이런 현상은 물체의 어떤 규칙으로부터 기인하는데 이전 단계의 운동 상태에 의존하여 예측할 수 없는 무작위 효과가 생긴다. 혼돈과정은 확정적이지만 많은 과정이 서로 연결되어 있고, 무질서하고 무작위적이다.

나비 효과 방정식을 예로 들어보자. $\vec{v}$를 3차원 벡터 $\vec{v}=(x, y, z)$으로 나타내면 방정식을 선형과 비선형 두 부분으로 분해할 수 있다.

$$\frac{dv}{dt} = A(\mu)\vec{v} + G(\vec{v})$$

여기서 $A = \begin{bmatrix} 10 & 10 & 0 \\ \mu & -1 & 0 \\ 0 & 0 & -\frac{8}{3} \end{bmatrix}$, $G(\vec{v}) = (0, -xz, xy)$

선형 미분방정식의 해가 안정적인지는 '수렴하는 해를 가지느냐'의 여부로 행렬 A의 고유값에 전적으로 의존한다. 행렬 A의 고유값의 실수부분(고유값은 복소수일 가능성이 있다)이 모두 0보다 작다면 이 방정식은 반드시 안정적일 것이다(적어도 부분적으로는 안정적일 것이다). 반면 행렬 A를 제외하면 오른쪽이 xz, xy로 구성된 $G(\vec{v})=(0,-xz,xy)$는 비선형적인 특징을 가진 부분으로 방정식이 발산된다면 더 복잡해진다.

카오스 이론의 기초는 분기 이론Bifurcation Theory[82]이다. 한편, 분기 이론의 연구 중심은 방정식의 안정성이 어떻게 변하는가에 있다. 수학의 본질은 방정식의 매개변수 변화가 행렬이 고유값의 부호를 변화하도록 하는 것이다.

따라서 카오스 이론은 질적 사고와 양적인 분석 방법이 모두 필요하다. 불규칙하고 예측할 수 없는 현상에 대한 분석이기 때문이다. 동적 시스템에서 반드시 단일 데이터 관계가 아닌 전체적이고 연속적인 것으로 해석하고 예측할 수 있는 행위, 예를 들면 인구 이동, 화학 반응, 기상 변화, 사회 행위를 이용한다. 우리가 살고 있는 이 세계는 비선형 시스템이 주도하는 혼돈의 세계이다. 카오스 이론에 내재된 '임의의 과정'의 가능성은 결국 무엇이든 정확하게 풀어낼 수 있다고 자신하는 라플라스의 악마에게 치명타를 안겼다.

불규칙한 세계를 묘사하는 법칙을 찾아내다

구름은 원이 아니고, 산등선은 뾰족하지 않다. 해안선은 일정하지 않고 나무 껍데기는 매끄럽지 않으며 번개도 일직선이 아니다. 이 세상을 구성하는 대다수의 사물은 이처럼 혼돈스럽고 번잡하고 복잡하다. 그 전체나 부분적인 특징은 전통적인 유클리드 기하로 간단하게 표현할 수 있는 것이 아니라 곳곳에 예측 불허성이 드러난다. 그렇다면 우리는 이렇게 제멋대로인 자연의 일부를 어떻게 측정할 수 있을까? 해안선의 길이를 측정한다고 생각해 보자. 일정하지 않은 해안선을 어떻게 정확하게 측정할 수 있을까?

사실 우리는 영원히 그 길이를 잴 수 없다. 위키피디아는 '중국의 해안선은 3만 2000km이다'라고 설명한다. 하지만 물리적으론 해안선을 측정할 수 없고, 기껏해야 중국의 해안선 '윤곽'의 길이가 몇 km라고밖에 말할 수 없다. 1940년, 영국 정부는 국토의 해안선 길이를 측정했는데 사용한 도량의 크기가 정확할수록 데이터가 길어져 최신 데이터는 기존의 어떤 데이터와도 일치하지 않고 큰 차이를 보였다. 그러면 우리는 해안선과 이 세상의 불규칙을 어떻게 묘사할 수 있을까? 이 문제는 오랜 시간이 지나도록 해결되지 않다 1967년에 이르러서야 해결되었다.

만델브로^{Mandelbrot}는 혼돈의 이면에 있는 법칙인 '프랙탈'을 찾아냈다. 프랙탈은 단순한 구조가 끊임없이 반복되면서 복잡한 전체 구조를 만드는 걸 말한다. 미국 유력지《사이언스^{Science}》에 실린 만델브로의 논문은 '영국의 해안선은 도대체 얼마나 긴가?'라는 제목으로 프랙탈의 싹이 돋아났음을 알리며, 임의의 어떤 해안선은 무한히 길다는 것을 증명하였다. 해안과 반도에는 갈수록 작아지는 부분해안과 부분반도가 [그림 19-4]와 같이 나타났다.

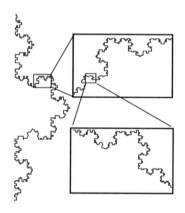

[그림 19-4] 만델브로 해안선 프랙탈 설명도

만델브로는 이처럼 부분과 전체의 서로 유사한 성질을 '자기 유사성'이라고 하였는데, 이것은 특수한 대칭성으로 패턴 속에 패턴이 포함되어 있다는 의미이다. 실제로 자연계에도 자기 유사성을 가진 현상들이 있는데 끊임없이 반복되는 산천과 자유로이 떠다니는 구름, 식물, 심지어 인체의 대뇌피질과 각종 기관에 이르기까지 그 예가 다양하다. 이런 현상은 결국 만델브로에 의해 프랙탈로 추상화되었고 잡티, 깨짐, 꼬임, 뒤틀림에 관한 기하학이 수립된다. 프랙탈 기하학의 차원은 정수가 아닐 수 있다. 예를 들어 영국의 해안선은 1.25차원의 프랙탈이고, 많은 산천 지형의 표면은 2.2차원, 로렌츠 끌개의 프랙탈의 차원은 2.06정도이다. 더 흥미로운 것은 만델브로가 발견한 것으로 수학적으로 볼 때, 프랙탈 대부분이 비선형 방정식 가운데서 특히 피드백^{feedback}(순환)의 성질을 갖는 대상으로 만들어진다. 대표적인 예는 $Z(n+1)=Z(n)^2+C$이다.

식에서, $Z(n+1)$와 $Z(n)$ 모두 복소변량이며, C는 복소매개변수이다. 몇몇 매개변수 값 C에 대하여, 복소평면에서 몇 가지 사이를 순환하며, 다른 매개변수 값인 C에 대해서는 순환의 결과가 불규칙하다. 앞의 매개변수 값을 '끌개'라고 하고, 뒤의 대응하는 현상을 '혼돈'이라고 한다. 모든 끌개로 구성된 복소평면의 부분집합은 [그림 19-5]와 같은 '만델브로 집합'이라고 한다.

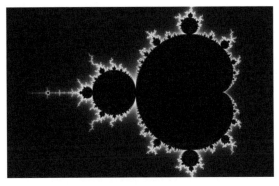

[그림 19-5] 만델브로 집합

이로써 만델브로는 가장 기이하고 환상적인 기하학적 문양인 만델브로 집합, 이른바 '신의 지문'과 '마법의 집합체'를 발견하게 된다.

프랙탈을 통해 사람들은 복잡하고 아름다운 도형 뒤에는 원래 모두 이런 비선형 공식으로 묘사되는 도형으로 이루어져 있다는 것을 알게 되었다.

카오스가 아무런 기준과 원칙도 없이 무질서한 것은 아니다. 나타나는 불규칙한 행위나 무질서는 단지 표면적인 현상으로, 그것의 내면에 깊이 들어가면 규칙적인 프랙탈을 발견할 수 있다.

카오스의 양면성 : 순서와 무질서의 통일

우리는 카오스와 프랙탈을 분리해서 보았다. 전자는 마치 악마처럼 사람들의 진리에 대한 탐구를 가로막고 혼란과 도전을 가져온다. 후자는 우주의 천사로 만물의 질서와 생기를 가져다준다. 그러나 실제로 이 둘은 불가분의 관계이며 카오스는 시간적 프랙탈이고 프랙탈은 공간적 카오스로서 함께 혼돈세계를 이루고 있다. 이 비선형 시스템은 두 가지 주요 특성을 가지는데 그것은 초깃값 민감성과 불규칙적 순서이다.

남아메리카 아마존강 유역의 나비의 행위는 무작위 불확실성으로 가득 차 있지만 나비의 마음은 질서를 따른다. 아름다운 로렌츠의 끌개는 실제 무한한 구조를 가진 프랙탈로, 카오스와 프랙탈의 교량으로서 혼돈이 무질서에서 질서정연하게 나아가고 있다는 것을 증명한다. 그래서 자연계는 실제로 규칙적이면서 무질서하다. 카오스 이론은 신기하게도 질서와 무질서를 하나로 묶고, 확실성과 임의성을 하나로 통일하여 이 세상의 본질을 깊이 있게 보여주고, 동시에 과학계의 오랜 대립과 상극의 두 가지 시스템인 결정론과 확률론 사이의 괴리를 해소시켜 주고 있다.

1990년대, 카오스 이론은 응용 단계로 나아가기 시작했다. 비록 우리는 시스템의 장기적인 행위를 예측할 수 없지만 카오스의 법칙을 이용해 단기간의 행동을 예측할 수 있으며, 이는 전통적인 통계 방법보다 효과적이다. 지금은 일기예보든 주식이든 상관없이 시장, 언어 연구, 공학, 바이오의학, 컴퓨터 등의 분야에서도 카오스 이론의 흔적을 찾아볼 수 있다. 예를 들어 경제학자들은 각종 비선형 방정식을 만들어 경제 금융 시장의 각종 흐름을 연구하는데, 대표적인 것이 증시 주가, 환율 변동이다.

환율은 단순히 만들어지는 것이 아니다. 경제학자들은 환율의 불규칙한 변화를 하나의 모형으로 만들어 경제구조의 체계화에 일조했다. 경제학자는 각종 가설과 분리될 수 없는 결정적인 변수(독립변수)의 변화에 환율이 선형적으로 대응한다고 가정했다. 경제 금융학에서는 이처럼 각종 모델을 세워 연구하는 것을 '선형회귀 분석'이라고 한다.

완전 시장화된 자유로운 주식시장을 가정하면 시장은 비선형 동역학 시스템으로 여러 종류의 인위 및 비인위적 요소의 영향을 받는다. 각 요소 사이에는 대량의 비선형 상호작용이 존재한다. 주식시장은 겉으로 드러나는 모습은 무질서하지만 본질적인 내용을 보면 질서 있는 자기 유사성을 띄고 있다. 이처럼 카오스 이론은 주식시장의 행위에 관한 비선형 모델을 만들어냄으로써 주식시장의 역동적 변화를 이해하는 새로운 방법론을 제시하였다.

또한 카오스 이론의 가장 이른 성취 중 하나는 위성에 남아 있는 극소량의 하이드라진hydrazine83으로 죽은 위성이 궤도를 바꿔 소행성과 충돌하게 한 것이다. NASA는 나비 효과를 이용해 이 위성이 달 주위를 다섯 바퀴 돌도록 유도했고 한 바퀴마다 약간의 하이드라진을 쏘아 위성을 가볍게 밀어내고 실제로 충돌하도록 하였다.

카오스 이론의 아름다움
: 세상의 본질은 혼돈이다

20세기 초반 상대성이론과 양자물리학의 발전은 고전 역학이 세운 질서를 무너뜨렸다. 상대성이론은 뉴턴의 절대적 시공간적 관점에 도전했고, 양자역학은 미시 세계의 인과법칙을 문제 삼았다. 그리고 뉴턴의 법칙에 직접 도전장을 내민 건 바로 남아메리카에 있는 나비 한 마리였다. 나비가 날갯짓을 하면, 과학에서 한차례 돌풍이 휘몰아쳤다. 양자역학이 미시적 세계의 예측 불가능성만을 제시하는 것에 비해, 카오스 이론은 뉴턴의 법칙을 따르는 일반적인 상황에서 보편적으로 내재된 임의성을 의미한다.

카오스 이론은 20세기 자연 과학의 중요한 발견으로 불린다. 그 후 인류는 세상의 본질인 카오스에 한 걸음 더 다가서면서 끝없는 운명의 맥을 짚기 시작했고, 대자연의 중요한 키를 하나씩 파악하기 시작했다.

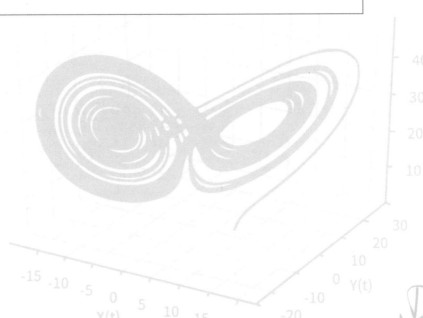

도박장 주인의 눈에는 세상에 단 두 부류만 보인다.
하나는 현재 가난한 사람과 또 다른 하나는 미래의 가난한 사람이다.
이 중에서 도박장 주인이 기피하는 사람은
현재 가난한 사람도 미래의 부자도 아닌, 수학 게임의 고수이다.

20

켈리 공식 :
카지노의 최대 승자

$$f = \frac{bp-q}{b} = \frac{p(b+1)-1}{b}$$

도박꾼은 운을 믿고
도박장은 수학을 믿는다

보이는 것은 확률, 보이지 않는 것은 함정 →

도박왕 스탠리 호$^{Stanley Ho}$84가 포르투갈 카지노를 인수하고 호황을 누리고 있을 때였다. 그는 잘나가는 카지노를 운영하면서도 늘 안절부절못했다. 그리고 어느 날은 엽한^{叶汉}에게 이렇게 물었다.

"고객들이 자꾸 돈을 잃어서 안 오면 어떡하나요?"

이에 엽한은 웃으며 "한 번 도박꾼은 영원한 도박꾼, 그들이 걱정하는 것은 도박장이 없어지면 어떡하냐입니다."라는 대답을 한다. 과연 엽한의 말처럼 노련한 도박꾼이 도박장의 돈을 휩쓴다 해도 걱정할 필요가 없을까? 스탠리 호의 우려와는 반대로, 도박꾼이 계속해서 이기게 되면 도박장이 파산할 수도 있지 않을까? 결론부터 이야기하자면 결코 도박장이 문을 닫을 일은 일어나지 않는다.

현대의 카지노 프로그램은 훨씬 치밀하게 확률 통계학적 수학 지식으로 집약되어 있다. 어떤 도박꾼이든 오랜 시간 도박을 하면 결국에는 반드시 밑천을 날리게 된다. 일확천금의 꿈에 푹 빠진 도박꾼은 영원히 깨닫지 못할 것이다. 도박이 냉철한 수학 지식으로 똘똘 뭉쳐 만들어 낸 완벽한 게임이라는 사실을 말이다.

도박을 운도, 딜러도 아닌 디리클레, 베르누이, 가우스, 내쉬, 켈리 같은 수학의 대가에게 걸면 이길 확률이 얼마나 될까?

먼저 가장 간단한 동전 던지기 게임으로 생각해 보자.

규칙은 앞면이 나오면 이기고 뒷면이 나오면 지는 것이다. 만약 당신이 이긴다면 판돈보다 2배 많은 돈을 가져갈 수 있고, 진다면 원금을 날릴 수 있다. 당신은 이 게임이 꽤 괜찮은 공평한 게임처럼 들릴 것이다! 그래서 당신은 가지고 있던 100원을 꺼낸다. 매 게임에 5원씩을 베팅하면 당신은 적어도 20번의 베팅 기회를 가질 수 있다. 그러나 당신은 운이 별로 좋지 않아 첫 번째 게임에서 상대방에게 5원을 지불했다. 천성적으로 낙천적인 당신은 아무렇지도 않다. 어쨌든 50%의 확률로 다음엔 이길 수 있다고 생각한다. 이렇게 게임을 반복하다 결국 당신은 지니고 있던 돈을 다 잃게 된다.

당신은 아무리 생각해도 이해할 수 없다. 분명히 이길 가능성은 공평하게 50%인데 왜 마지막까지 패배한 것일까? 사실 50% 확률 게임을 보면, 의외로 확률은 보이지만 배후에 있는 함정은 보이지 않아 '도박꾼의 그릇된 이론'이라는 구덩이에 발을 들여놓게 된다.

당신은 게임이 공평하다고 생각하는데 그 이유는 이길 확률이 50%라고 생각하기 때문이다. 큰 수의 법칙에 따르면 이것은 필연적이다. 그러나 당신이 생각하는 '공평함'이 큰 수의 법칙을 오해하게 만들었다. 이제부터는 당신이 공평하다는 생각을 들게 하는 '큰 수의 법칙'이 무엇인지 살펴보자.

수학자 야곱 베르누이[Jacob Bernoulli85]는 "만약 n이 N차 독립 시행에서 A가 발생한 횟수이고 p가 매 시행에서 A가 발생할 확률이라고 하면, N이 무한히 커질 때, $\lim\limits_{N \to \infty} \dfrac{n}{N} = p$이다"임을 제시하였다.

즉, 충분히 많은 시행에서 나타나는 임의의 현상에는 어떤 필연적인 법칙이 숨겨져 있다는 것이다. 동전 던지기의 경우, 시행 횟수가 충분히 많을 때 앞면(또는 뒷면)이 나타날 확률은 거의 $\dfrac{1}{2}$에 가깝게 되며 시행 횟수가 증가할수록 [그림 20-1]과 같이 편차가 감소한다. 이것은 가장 먼저 발견된 큰 수의 법칙 중의 하나이다.

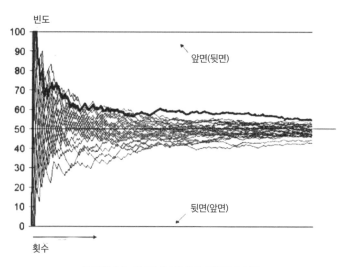

[그림 20-1] 동전 던지기 확률분포도

표면적인 확률로 볼 때 이것은 확실히 공평한 게임이지만 이런 공평에는 조건이 있다. 큰 수의 법칙은 '충분히 많은 임의의 시행에서의 현상'을 따진다. 동전 앞뒷면의 출현 횟수와 전체 횟수의 비율은 거의

$\frac{1}{2}$이다. 그러나 구체적으로 몇 번이 '충분히' 많은 걸까? 답은 아무도 모른다. 확률론이 주는 답은 무한대이기 때문이다.

누구도 무한히 큰 수를 말할 수 없지만 이것이 인간이 생각하는 수보다 더 큰 수임은 알 수 있다. 동전 던지기 횟수가 적을수록 큰 수의 법칙은 흐릿해져서 10번 중 5번은 앞면, 5번은 뒷면 또는 9번은 앞면, 1번은 뒷면, 10번 모두 뒷면 등등 값이 제각각 달라진다.

현실적으로 우리는 '충분히 많은' 실험을 할 수는 없다. 당신이 100원을 가졌든, 1만 원을 가졌든, 아니면 100만 원을 가졌든 당신에게 영원히 '충분한' 돈은 있을 수 없다. 언젠가는 모두 잃게 된다는 것이다.

이기고 지는 확률은 50%로 이것은 매우 큰 오차를 가지고 있다. 동전을 던지기 전 50%의 확률은 가능성을, 동전을 던진 후 50%의 확률은 결과의 평균을 나타내므로 실제 분포값이 아니다. 이것은 큰 수의 법칙에 대한 당신이 가진 오해 중의 하나이다.

'큰 수의 법칙'을 '작은 수의 법칙'으로 여기고, 게임을 무조건 '공평하다'고 하면 앞면 또는 뒷면이 나올 확률은 모두 $\frac{1}{2}$이다. 잠재의식 속에서 모범적으로 여겨지는 이 '공평함'은 곧이어 당신을 두 번째 오해인 '도박꾼의 그릇된 이론'에 빠지게 한다.

시행 횟수가 충분히 많을 때 발생 빈도는 예상 확률에 가까워진다. 그러나 사람들은 종종 무작위가 균일함을 의미한다고 오해한다. 만약 지난 일정 기간 동안 발생한 사건이 균일하지 않다면, 여러분은 미래의 일을 심리적으로 정리한다. 1등으로 지면 다음 승자의 확률은 더 커진다는 얘기다. 그래서 당신은 다음엔 이길 수 있을 거라는 강한 착각을 하게 되는데 이것이 바로 '도박꾼의 망언'이다.

게임으로 연패했을 때, 당신의 마음속에 갑자기 한 가지 생각이 떠오른다. 그리고 어디선가 들려오는 신비한 목소리가 당신을 향해 격하게 소리친다.

'진정해. 다음엔 네 차례야, 네가 이길 거야!'

큰 수의 법칙의 메커니즘은 결코 목적이 아니다. 의도적으로 전후의 데이터를 균형 있게 하고 게임에서 임의의 두 사건 사이에 서로 영향을 주지 않는 것이다. 도박판은 어떠한 것도 기억하지 못한다. 당신이 여러 번 졌다고 이길 수 있는 기회를 더 주는 것은 아니다.

도박장에만 들어가면 가난해진다

이번에 당신은 운이 좋아 첫 번째로 이겨 100원을 땄다고 해 보자! 그런데 앞에 앉은 딜러가 애처로운 표정을 지으며 이렇게 이야기한다.

"당신은 이렇게 많이 이겼어요, 나는 고생만 하고 아무것도 얻지 못했는데 말이죠. 당신이 이기면 2%를 늙은 형을 구제한다 생각하고 나눠주세요."

생각해 보니 2%는 많지도 않은 돈이니 '좋아! 나눠주는 것도 괜찮을 거 같군'이라고 생각할 수 있다. 그런데 적어 보이는 2%가 또 한 번 당신을 패가망신 시킨다! 당신은 아무리 생각해 봐도 알 수가 없다. 눈에 거의 띄지 않는 2%인데 왜 마지막에는 그것이 딜러의 돈 버는 무기가 되었을까? 왜 나는 또 모든 것을 잃게 된 것일까? 순진한 당신은 도박꾼의 파산 딜레마가 카지노에 있다는 걸 몰랐을 것이다.

첫 번째에 이기고, 두 번째에도 이기고, 세 번째에도 행운의 여신은 당신의 편을 들어줄 거라고 착각한다. 그러나 18세기 초 도박을 좋아했던 확률론 수학자들은 '공평한' 도박에서 한정된 도박판을 가진 어떤 도박꾼도 장기 도박을 하면 언젠가는 반드시 가진 돈을 몽땅 잃는다는 악몽을 제기하였다.

왜 그렇게 많은 장기 노름꾼들이 모두 실패했는지 살펴보자. 돈은 다 어디로 간 것일까?

당신의 작은 금고가 r이고 당신이 작은 금고를 가지고 딜러와 도파민 자극을 쫓는 도박이 시작되어 s를 땄을 때, 자리를 떠날 확률이 p라면 작은 금고를 다 잃을 확률은 얼마나 될까? 우리는 마르코프 체인 Markov chain[86], 이항 분포 Binomial distribution[87], 순환 공식 등의 도움 아래 다음과 같은 함수를 열거할 수 있다.

서로 다른 r에 대응하는 $f(r, n)$와 $f(r, s, p)$를 살펴보면 '공평한' 도박이라고 하는 것은 결코 공평하지 않다는 것을 알 수 있다. $f(r, n)$에서 횟수 n의 값이 커질수록 노름꾼이 돈을 잃을 확률이 점점 높아져 1에 가까워지고, r이 작아질수록 이런 추세가 뚜렷해진다. 공평한 베팅이 가능한 상황에서 카드가 적은 도박꾼은 더 쉽게 파산할 수 있다는 얘기다.

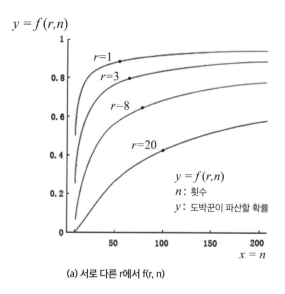

(a) 서로 다른 r에서 f(r, n)

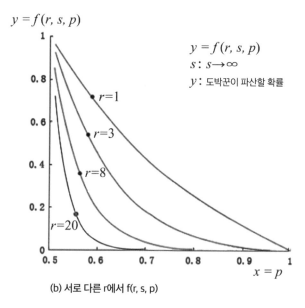

(b) 서로 다른 r에서 f(r, s, p)

[그림 20-2] 도박꾼 파산 정리 시뮬레이션

368

$f(r, s, p)$에서 [그림 20-2]의 (b)는 우리에게 완패할 확률이 적다면 그때마다 p가 충분히 크거나 손에 쥔 카드 r이 충분하다고 냉정하게 알려 준다.

그런데 눈앞에 존재감이 매우 강한 딜러가 있어 그 사람의 먹이를 뺏으려고 할 때, 승리와 칩 중에 무엇에 한 판을 걸 수 있을까? 여기에 답하기는 분명 어렵다. 바로 이런 이유 때문이다.

첫째, 50%를 넘는 카지노는 없다. 매번 충분히 이기려면 딜러가 당신의 것을 커닝하는 상황을 제외하고 무작위로 승리한다.

둘째, 딜러는 도박꾼이 아니다. 딜러 뒤에는 도박장이 있다.

즉, 딜러는 당신에 비해 '무한한 재산'을 가지고 있다. 당신의 작은 금고는 영원히 딜러의 도박 자금과 비교할 수 없다. 이것은 딜러보다 당신이 더 쉽게 궁지에 몰릴 수 있다는 것을 의미한다. 물론 일확천금을 딸 수도 있겠지만 카지노에 설치된 최대 베팅액은 결코 그들이 좋은 마음으로 당신을 파산으로부터 보호하기 위함이 아니다. 그들은 단지 스스로를 보호하기 위해서 안전 장벽을 설계해서 파산 위협에 저항할 뿐이다. 어느 날 빌 게이츠가 도박장에 가게 된다면, 한 번에 몇백억 원이 들어갈 것이고, 만약 빌 게이츠가 정말로 이기게 된다면 도박장 주인은 아마도 정말 울게 될지도 모른다. 다시 말해, 당신의 파산을 걱정하는 것이 아니라 도박장의 파산을 걱정할 뿐이다.

셋째, 딜러는 물을 빨아올리듯 순식간에 돈을 번다.

동전 던지기 놀이의 2%를 잊었나? 도박꾼이 돈을 따면 딜러는 도박꾼에게서 일정 비율의 수수료를 받는다. 이렇게 되면, 설령 딜러와 씨름해 장기전을 벌일 수 있는 작은 금고가 하나 있더라도, 이길수록 딜러를 위한 수입이 많아지는 것이다. 이렇게 되면 당신은 결국 패하게 되고 돈은 모두 딜러의 주머니에 들어가게 된다. 결국, 딜러가 버는 돈은 도박꾼이 베팅하는 크기와 관계있을 뿐이다.

이 세상에 평범한 도박꾼이 '도박의 신'이나 '도박의 왕'이 되기 어려운 것은 도박장 주인들이 도박꾼의 심리를 잘 알고 있을 뿐 아니라 도박장의 규칙을 잘 알고 베팅할 줄 알기 때문이다.

베팅법을 알려주는 켈리 공식

도박장 주인의 눈에는 세상에 단 두 부류만 보인다. 하나는 현재 가난한 사람과 또 다른 하나는 미래의 가난한 사람이다. 이 중에서 도박장 주인이 기피하는 사람은 현재 가난한 사람도 미래의 부자도 아닌, 수학 게임의 고수이다. 최상위 고수들은 수학의 여러 공식들 중에서도 '켈리 공식'을 애용한다. 이 공식은 고급 도박꾼의 세계에서 아주 유명한 공식으로 통한다. 그렇다면 켈리 공식이 무엇인지 먼저 예를 하나 살펴보자.

1개당 2배상(원금 제외)하는 간단한 규칙으로 동전을 던지고 1원을 베팅하는 것으로 가정하면 동전이 앞면일 때 2원을 얻고 뒷면일 때 1원을 잃는다. 현재 당신의 총자산은 100원으로 매번 임의금액을 투자할 수 있다. 이런 경우 당신은 어떤 방식으로 도박을 하게 될까? 동전을 던질 때, 앞면 또는 뒷면이 나타날 확률이 모두 50%이고 배당률은 1개당 2배(원금 제외)인 것을 이미 알고 있다. 당신이 끊임없이 돈을 걸고 불공정 요소의 간섭을 없앤다면 돈을 벌 수 있다. 동전을 던지는 시행 횟수가 많을수록 앞면 또는 뒷면이 나올 확률은 50%로 안정되고 수익은 2배가 되는데 손실은 1배밖에 안 되니 수학적으로 돈은 벌고 손해는 없는 도박판이라고 할 수 있다. 하지만 실상은 다를 수 있다.

만약 당신이 모험을 즐기는 사람이라면 한 번에 100원을 모두 걸 수 있다. 행운이 따른다면 한 번에 200원을 얻을 수 있는 기회가 생기겠지만 만약 진다면, 100원의 재산을 상대방에게 내줘야 한다.

만약 당신이 보수적이라면, 이런 생각을 할 것이다. 천천히 1원씩만 베팅해서 앞면일 때 2원을 얻고 반대이면 1원을 잃는다. 문득, 상대가 10원을 베팅하면 한 번에 20원을 버는데, 자신이 1회에 2원씩 걸면, 10회를 베팅해야 20원을 따야 한다는 생각이 든다. 이때 당신은 마치 이미 '몇억'을 놓친 것처럼 후회를 한다. 이러니 도박꾼은 늘 베팅액을 고민할 수밖에 없다.

그러면 도대체 얼마의 비율로 베팅해야 가장 큰 수익을 얻을 수 있을까? 일반 도박꾼들은 이런 걸 수학적으로 분석할 수 있다는 사실에 어리둥절한 표정이지만 켈리 공식은 1회 베팅비율이 전체 자금의 25%를 차지할 때 가장 큰 수익을 올릴 수 있다는 답을 들려준다.

켈리 공식은 다음과 같다.

$$f = \frac{(bp-q)}{b}$$

식에서, f는 베팅해야 할 자본 비율, p는 이길 확률(동전의 앞면이 나올 확률), q는 실패할 확률 즉, $1-p$(동전의 뒷면이 나올 확률)이다. b는 베팅비율로서 기대이익÷손해금액(손익비)이다.

공식의 분자 $(bp-q)$는 '이기는 면'으로 수학에서 기댓값[88]이라고 한다.

켈리는 최적의 베팅비율을 선택해야 장기적으로 최대 이익을 낼 수 있다고 조언한다. 앞에서 언급한 예에서 동전은 앞, 뒷면이 나올 확률이 50%이므로 p, q(승리, 실패 확률)는 모두 0.5이고 베팅비율 =기대이익÷손해금액=2원÷1원으로 베팅비율은 2이다. 이는 베팅 횟수가 많을수록 수익이 올라간다는 뜻이다. 그렇다면 수중에 있는 돈으로 어떻게 최고의 수익을 낼 수 있을까?

우리가 요구하는 답 f, 즉, $\frac{(bp-q)}{b} = \frac{2 \times 50\% - 50\%}{2} = 25\%$이다.

이로써 우리는 켈리 공식의 계산에 근거하여 항상 갖고 있는 돈의 25%를 베팅한다. 초기 자금을 100원으로 설정하면 동전이 앞면일 경우 수익은 2배, 뒷면일 경우 투자금액이 없어진다. [표 20-1]과 [표 20-2]는 10번의 도박장 수익 현황을 시뮬레이션해 본 것이다.

도박차례	투자비율	베팅금액(원)	앞뒤 상황	본차수익(원)	여유자금(원)
0		—	—	—	100
1		25	앞	50	150
2		37.5	앞	75	225
3		56.25	앞	112.5	337.5
4		84.375	앞	168.75	506.25
5	25%	126.5625	앞	253.125	759.375
6		189.84375	뒤	-189.84375	569.53125
7		142.3828125	뒤	-142.3828125	427.1484375
8		106.7871094	뒤	-106.7871094	320.3613281
9		80.09033203	뒤	-80.09033203	240.2709961
10		60.06774902	뒤	-60.06774902	180.2032471

[표 20-1] 25% 베팅 시 10회 수익표(1)

도박차례	투자비율	베팅금액(원)	앞뒤 상황	본차수익(원)	여유자금(원)
0		—	—	—	100
1		25	앞	50	150
2		37.5	뒤	-37.5	112.5
3		28.125	앞	56.25	168.75
4		42.1875	뒤	-42.1875	126.5625
5	25%	31.640625	앞	63.28125	189.84375
6		47.4609375	뒤	-47.4609375	142.3828125
7		35.59570313	앞	71.19140625	213.5742188
8		53.39355469	뒤	-53.39355469	160.1806641
9		40.04516602	앞	80.09033203	240.2709961
10		60.06774902	뒤	-60.06774902	180.2032471

[표 20-2] 25% 베팅 시 10회 수익표(2)

[표 20-1]은 동전의 앞뒷면의 상황을 구분하여 수익을 계산하였고 [표 20-2]는 동전의 앞뒷면의 분포가 엇갈릴 경우의 수익을 계산했다.

두 개의 표를 비교해 보면, 결국 그 수익이 같다는 것을 발견할 수 있다. 동전 앞뒷면의 순서는 최종 수익 계산에 영향을 미치지 않는다. 그리고 25%의 베팅비율로 베팅하면 수익은 꾸준히 늘어나는 추세를 보인다. 베팅비율이 100%라고 가정하면 10회 중 임의의 이면이 나타나게 될 때 완전히 돈을 잃고 바로 아웃되는데 한 게임당 이면의 확률은 50%이므로 1원, 즉, 1%를 걸 때마다 10회 수익은 $100+10\times50\%\times2+(-1)\times10\times50\%=105$(원)이다. 이는 위험은 적지만 수익도 너무 낮다. 그러고 보면 켈리 공식이야말로 가장 큰 승자다.

도박장 주인은 매번 돈을 걸 때마다 주의 깊게 수학의 원칙을 기억한다. 일반 도박꾼이 신의 가호를 외우는 것 외에 그 뒤의 숨겨진 수학 지식을 어떻게 알겠는가. 그러니 '재물신'의 지지는 받을 수 있을지언정 켈리 공식을 영원히 이길 수는 없다.

100% 이기는 것이 아니라면 베팅은 안 하는 것이 좋다 →

모든 카지노 게임은 거의 모두 도박꾼에게 불공평한 게임이다. 그러나 이런 불공평함이 딜러가 타짜라는 뜻은 아니다. 현대의 도박, 즉, 수학적인 룰에 기대어 떳떳하게 이윤을 남기는 카지노는 어떤 의미에서 투명하게 공개된 장소이다. 켈리 공식은 근거 없이 생각해낸 것이 아니다. 이 수학 공식은 이미 월가에서 검증된 모델로 카지노에서 '승리 논리'로 추앙받으면서 동시에 자금관리의 신기로 불렸다. 빌 그로스[Bill Gross] 등 투자 대가들의 사랑을 받아 왔으며 워런 버핏[Warren E. Buffet]도 이 공식에 의존해 많은 수익을 올렸다.

도박장으로 돌아가 이 공식 $f=\dfrac{(bp-q)}{b}$의 결론은 기댓값 $(bp-q)$이 마이너스일 때, 도박도 베팅도 금물이라는 것을 알려준다. 도박과 같은 게임에 돈을 걸 바에야 차라리 자신이 도박장을 차리고 딜러가 되는 것이 낫다.

확실한 사실은 세상에는 몇 안 되는 '도박의 신'이 있다는 것이다. 그들 중에는 정보론의 발명자인 섀넌, 수학자 에드워드 소프[Edward Thorp] 등이 있는데, 그들은 복잡한 계산과 난해한 수학 이론들을 통해 포커[porker]에서 '21점[89]'과 같은 강력한 암산 능력으로 도박판의 승률을 50% 이상으로 끌어올린다. 하지만 구구단을 외울 정도의 실력을 갖춘 일반인이라면 다음의 세 가지 가이드라인을 철저히 기억하길 바란다.

(1) 기댓값 (bp-q)이 0일 때, 공평한 게임으로 도박판을 벌이면 안 된다.
(2) 기댓값 (bp-q)이 마이너스(-)일 때, 열세에 몰리면 더더욱 도박을 해서는 안 된다.
(3) 기댓값 (bp-q)이 플러스(+)일 때, 켈리 공식에 따라 돈을 가장 빨리 벌고, 위험이 가장 적다.

켈리 공식의 아름다움
: 도박을 하지 않는 것이 미덕이다

누군가는 '나는 카지노와 베팅하는 것이 아니다. 단지 상대가 누구든 이기면 된다'고 말할 수 있다. 하지만 승자가 누구든 결국 오랜 시간 동안 베팅을 하다 보면 카지노에서 아르바이트를 해야 할 신세가 될 것이다. 현대 카지노가 스스로 약점을 보일 가능성은 희박하다. 그들은 수학 정리에 의존하여 이익을 얻기 때문이다.

타락한 도박꾼을 설득할 수 있는 사람은 아무도 없다. 이미 인격적인 결함이 있기 때문이다. 아직 이성적인 사람이라면 운에 연연하지 마라. 도박꾼이 기댈 수 있는 것은 '신의 보살핌'이고, 카지노 뒤에 있는 거장은 가우스, 켈리, 베르누이 같은 수학의 신이다. 당신이 어떻게 그들을 이길 수 있을 것인가? 우리가 반드시 기억할 것은 이것이다.

• 도박장의 주인보다 더 이성적인 사람은 없다.
• 도박장의 주인이 의지하는 전문가보다 수학에 정통한 사람은 없다.
• 도박장의 주인보다 더 많은 돈을 가진 사람은 없다.

그러니 당신이 도박판을 이기는 유일한 방법은 단 하나, 도박을 하지 않는 것이다.

21

베이즈 정리 :
AI는 어떻게 사고하나?

$$P(A|B) = \frac{P(B|A)P(A)}{P(B)}$$

AI는 인류 최고의 기계이다.
그런데 AI는
영원히 기계일 뿐일까?

비과학적인 베이즈-라플라스 공식 ————•

데카르트$^{René\ Descartes}$가 "나는 생각한다. 고로 나는 존재한다."고 말했을 때 이는 '인간의 각성'으로 여겨졌었다. 최초 AI 시민권자인 소피아에게 "어떻게 자신이 로봇인지 알았나요?"라는 질문에 돌아온 대답은 "당신은 어떻게 자신이 인간인 줄 알았나요?"였다.

로봇이 질문에 대답만 하는 것이 아니라 오히려 새로운 질문을 던지는 상황이다. 이처럼 로봇이 반박하는 게 가능한 일인가? 이것은 21세기의 복음인가, 인류가 제 발등을 찍는 것인가?

최근 몇 년 사이, 기계의 지능이 "나는 생각한다. 고로 나는 존재한다."라는 철학 명제에 점점 다가오면서, AI$^{Artificial\ Intelligence}$(인공지능)는 이제 세상을 수동적으로 표현하는 것이 아니라 능동적으로 이야기하기 시작했다.

구글^{Google}의 자율주행 조종시스템, 지메일$^{G\ mail}$의 스팸메일 처리, MIT가 주도하는 '글쓰기' 시스템에서 최신 Siri$^{Speech\ Interpretation\ \&\ Recognition\ Interface}$(언어식별) 스마트 음성지원 플랫폼, 그리고 인류 최후의 스마트 아성에 맞서는 알파고^{AlphaGo} 시스템, 딥러닝의 폭풍우 같은 혁명은 이미 시작되었다. 이 정도라면 이제 기계는 능동적으로 사고를 하고 있다고 봐도 되지 않을까?

이 질문에 답하려면 우리는 반드시 AI 뒤에 숨은 수학 공식인 '베이즈 정리'를 연구해야 한다.

베이즈 정리$^{Bayes'\ theorem}$는 18세기 영국 수학자 토머스 베이즈^{Thomas} ^{Bayes}가 제안한 확률 이론이다.

이 정리는 그가 생전에 '역^{逆}확률' 문제를 해결하기 위해 쓴 논문에서 비롯되었다. 베이즈가 논문을 쓰기 전에 사람들은 이미 '정^{正}확률'을 계산할 수 있었다. 예를 들어, 주머니 안에 붉은 공 P개, 흰 공 Q개가 있다고 가정하자, 색깔 외에 다른 조건은 모두 동일하다. 여기서 공 하나를 꺼낼 때, 붉은 공을 꺼낼 확률이 얼마인지 계산하는 것이 정확률이다.

그런데 반대로 생각해 보자. 주머니에 들어있는 붉은 공과 흰 공의 비율을 몰랐다면 눈을 감고 손에 쥐는 붉은 공과 흰 공의 비율에 따라 주머니에 있는 공들의 비율을 추측할 수 있는데 이것이 '역^{逆}확률' 문제이다.

베이즈의 논문은 인류가 가장 최신의 정보로 갱신될 것이라는 뻔한 견해를 내놓았다. 처음 어떤 것에 대한 신념이 자리 잡은 후에 우리는 새롭고 향상된 신념을 얻게 된다. 쉽게 말해 경험이 이론을 수정할 수 있다는 것이다. 통속적으로 말하면 회사의 인사부에 별자리를 믿는 HR$^{Human\ Resources}$(인적자원 컨설턴트)이 존재하는 것과 같다. 처녀자리 지원자를 만나게 되면 HR은 이들이 대부분 완벽을 추구하는 사람이라고 추측할 것이다. 이것은 바로 사람들이 어떤 사물의 본질을 정확히 알지 못할 때 경험으로 그 본질적 속성을 판단할 수 있는 확률에 근거한다는 것이다. 이 속성을 확신시켜주는 횟수가 많이 발생할수록 이

속성이 하나의 이론처럼 성립될 가능성이 높다. 처녀자리의 많은 사람이 완벽을 추구하는 특성을 보일수록 '처녀자리는 완벽을 추구한다'는 속성이 성립된다.

이 연구는 보기에는 평범해 보인다. 하물며 당시 베이즈는 이름이 알려지지 않았기 때문에 많은 반향을 일으키지 못했다. 심지어 그의 논문은 그가 죽은 다음 해인 1763년에 이르러서야 그의 친구에 의해 발표되었는데 반 고흐처럼 생전에 관심을 얻지는 못했지만 사후에 그 가치를 평가받게 된다.

그렇다면 베이즈 정리는 왜 200여 년 동안 줄곧 방치되어 있었을까? 과학자들의 인정을 받지 못했기 때문일까? 이는 당시의 고전 통계학과 배치된다는 이유가 컸다. 고전 통계학에서는 무작위 표본, 반복 관찰, 반복 시행, 빈도로 추론하는 반면, 베이즈 방법은 주관적인 판단 위에서 세워진다. 따라서 먼저 하나의 값을 추정한 다음, 객관적 사실에 근거하여 그 값을 끊임없이 수정해나간다. 주관적인 추론이라는 점에서 보면 분명 과학 정신에 맞지 않는 것이기 때문에 베이즈 정리가 사람들의 지탄을 받는 것은 일리 있어 보였다.

베이즈 외에 1774년, 프랑스 수학자 라플라스Pierre-Simon Laplace도 '비과학적'인 베이즈 공식을 발견했지만, 그의 무게중심은 달랐다. 라플라스는 논쟁을 피하기 위해 지금 우리가 사용하는 베이즈 공식의 수학적 표현을 직접 제시했다.

$$P(A \mid B) = \frac{P(B \mid A)P(A)}{P(B)}$$

이 공식은 이미 널리 알려져 있는데, 마치 미적분 공식의 정식 명칭이 뉴턴-라이프니츠 공식인 것처럼, 베이즈 공식은 '베이즈-라플라스 공식'으로 불린다.

베이즈 공식은 어떻게 쓰일까?

베이즈 정리는 원래 간단하고 우아하며 심오하기로 유명하지만 쉽게 이해하기는 결코 쉽지 않다. 각 요소마다 깊은 뜻이 숨어 있기 때문이다. 심플하지만 심도 깊은 베이즈 정리, 어떻게 쓰이는 것일까? 베이즈 정리의 용도를 발견하기 위해 아래의 공식을 참조하면, 우선 각각의 대응하는 사건에 대한 확률을 이해해야 한다.

$P(A|B)$는 B가 일어난 상황에서 A가 일어날 확률, $P(A)$는 A가 일어날 확률로 사건 B가 일어나기 전, 사건 A의 확률에 대한 판단을 한다.

$P(B|A)$는 A가 일어난 상황에서 B가 일어날 확률, $P(B)$는 B가 일어날 확률이다.

$$P(A \mid B) = \frac{P(B \mid A)P(A)}{P(B)}$$

$$= P(A)\frac{P(B \mid A)}{P(B)}$$

여기서 $\dfrac{P(B|A)}{P(B)}$는 가능성 함수possibility function라고도 하는데 인자를 조정하여 예상 확률을 실제 확률에 더 가깝게 한다. 따라서 조건부 확률은 '사후 확률 = 사전 확률 × 조정인수'로 이해할 수 있다.

베이즈 정리의 뜻은 자명하나. 먼저 하나의 사전 확률을 예측한 후 실험을 한다. 결국 이 실험이 사전 확률을 강화했는지, 아니면 약화시켰는지에 따라 수정해서 실제에 가까운 사후 확률을 얻는다.

베이즈 정리에서 인수를 $\dfrac{P(B|A)}{P(B)}>1$으로 조정하면 사전 확률이 강화된 것이고 사건 A가 일어날 가능성은 커졌음을 의미한다. 만약, 인수를 $\dfrac{P(B|A)}{P(B)}=1$으로 조정하면 사건 B가 사건 A의 가능성 판정에 도움이 되지 않는다는 것을 의미한다. $\dfrac{P(B|A)}{P(B)}<1$으로 인수를 조정한다면 사전 확률이 약화되어 사건 A의 가능성이 작아진다는 것을 의미한다.

이해하기 힘들다면 자주 쓰이는 예를 한번 살펴보자. 오늘날처럼 의학이 발달한 시대에 질병은 이제 과학 기술의 손아귀에 있다. 현대 의학이 무엇이든 검사를 통해 질병의 원인을 찾아낼 수 있기 때문이다. 실제로 여러분이 어떤 병에 걸렸다고 가정해 보자.

당신이 현재 걸린 병의 발병률이 0.001이라고 하자. 즉, 1,000명 중 한 명은 병에 걸린다는 말이다. 의사는 당신이 병에 걸렸는지 아닌지를 검사할 수 있는 시약을 개발했다. 그 정확도는 0.99이다. 즉, 당신이 확실히 병에 걸린 상태에서 시약으로 검사할 경우 양성이 나타날 가능성은 99%이다. 그것의 오진율이 0.05이면 병에 걸리지 않은 경우에도 5%가 양성일 수 있음을 의미한다. 다시 말해, 의학계는 '거짓인 양성' 판정으로 사람들을 힘들게 할 수 있다.

만약 당신의 검사 결과가 양성이라면, 당신이 확실히 병에 걸릴(참인 양성) 가능성은 얼마나 될까?

A를 병에 걸린 사건이라고 가정하면 $P(A)$는 0.001이다. 이 값은 사전 확률로 실험 전에 우리가 예상한 병에 걸린 확률이다. 다시 B를 양성인 사건이라고 가정하면 $P(A|B)$를 계산할 수 있다. 이것은 실험 후에 발병률을 가늠하는 사후 확률이다.

$P(B|A)$는 병에 걸린 경우 양성, 즉, '참인 양성'으로 $P(B|A)$는 0.99이다.

$P(B)$는 모든 상황에서 B(양성)가 발생하는 확률로서 확률의 총합은 오진이 없는 '참인 양성'과 오진인 '거짓인 양성' 두 가지 상황이 있다. 공식을 이용하여 $P(A|B)$을 계산하면 다음과 같다.

$$P(A \mid B) = \frac{P(B \mid A)P(A)}{P(B)}$$

$$= P(A)\frac{P(B \mid A)}{P(B)}$$

$$= P(A)\frac{P(B \mid A)}{P(B \mid A)P(A) + P(B \mid \overline{A})P(\overline{A})}$$

$$= 0.001 \times \frac{0.99}{0.99 \times 0.001 + 0.05 \times 0.999}$$

$$= 0.019$$

정확도가 99%인 시약이 양성 반응을 보였을 때, 실제로 병에 걸릴 확률은 베이즈 정리에 의해 약 0.019로 그 결과를 2% 신뢰할 수 있음을 의미한다. 0.05(5%)의 오진율은 의학계에서는 높은 수치로 질병으로 인해 인간이 살 수 있다는 희망을 무자비하게 앗아가지만 냉정한 베이즈 정리에서 그 확률이 2%가 안 되니 이 값은 큰 위로가 된다고 할 수도 있겠다.

인류가 신뢰하는 베이즈 공식

오늘날 베이즈 이론은 이미 각 분야에 널리 활용되고 있다. 물리학부터 암 연구까지, 생태학에서 심리학에 이르기까지 베이즈 정리는 '열역학 제2법칙'와 같이 우주의 이치처럼 여겨진다.

물리학자들은 양자 기계의 베이즈 해석을 제시해 끈 이론string theory[90]과 다중우주론multiverse[91]을 지켜냈다. 철학자는 과학이 하나의 전체로서 실제로는 하나의 베이즈 과정이라고 주장한다. IT 업계에서도 AI 두뇌의 사고와 의사결정 과정은 많은 베이즈 프로그램으로 설계됐다. 일상에서도 우리는 흔히 베이즈 공식을 활용해 의사결정을 한다. 예를 들어 강가에서 낚시를 한다고 생각해 보자. 우리는 어느 포인트로 가야 물고기가 잘 잡히는지 전혀 알 수 없다. 그저 감으로 낚싯대를 던질 뿐이다. 하지만 진정한 낚시꾼이라면 아무 데나 낚싯대를 던지지 않는다. 자율적인 선택은 하되, 실제로는 베이즈 방법을 따른다. 오랜 기간 쌓아온 경험을 활용해 물고기가 많이 잡히는 구역을 찾는 것이다. 이처럼 우리가 사물을 인식할 때 확신이 서지 않은 상황에서 베이즈 이론은 매우 이성적이고 과학적인 방법을 제공한다. 앞서 이야기한 바와 같이 베이즈 이론은 200년이 지난 후에야 뒤늦게 인정을 받게 되었는데 이는 다음과 같은 두 가지 이유 때문이다.

첫 번째 사건. 《연방당 인문연방주의자 논집The Federalist Papers》저자의 추정

1788년, 85편의 글이 실린 《연방당 인문연방주의자 논집》이 익명으로 출판되었다. 해밀턴과 매디슨이 생전에 제공한 저자 명단에 따르면 이 중 12편의 글의 저자는 논란의 여지가 있었다. 하지만 글 하나하나의 저자를 찾아내는 것은 두말할 나위 없이 어려웠다.

하버드대학과 시카고대학의 두 통계학과 교수는 베이즈 공식을 핵심으로 알고리즘을 분류해 먼저 작가의 작문 스타일을 반영할 수 있는 어휘를 골라서, 작가의 텍스트에서 이 단어들의 출현 빈도를 집계했다. 그리고 이 단어들의 출현 빈도 중에서 정확히 알 수 없는 작가들의 출현 빈도를 추정했다. 이런 일련의 작업 끝에 그들은 마침내 12편에 해당하는 저자를 모두 추정해냈고, 이 과정에서 그들의 연구 방법도 통계 학계에 큰 반향을 일으켰다. 이 일로 인해 약 200년 넘게 어둠 속에 갇혀 있던 베이즈의 공식이 드디어 당당히 그 모습을 드러내게 된다.

두 번째 사건. 미국 핵잠수함 전갈호 수색

1968년 5월, 미해군 핵잠수함 전갈호가 대서양 아조프해sea of Azov에서 실종되었다. 당시 군의 각종 기술력을 총동원해 조사했지만 큰 효과는 없었다. 결국 당국은 수학자 크레이븐John P. Craven에게 도움을 요청하게 된다. 크레이븐이 제시한 방법도 역시 베이즈 공식을 이용하는 것이었다. 그는 수학, 잠수함, 해사 수색 등 각 분야 전문가들과 함께 베이즈 공식으로 한 영역을 검색한 후, 해역 확률을 수정하고, 상대적으로 적은 확률 영역은 하나씩 제거해나가며 '가장 의심스러운 구역' 하나를 찾게 된다. 그리고 몇 달 뒤 잠수함은 예상됐던 서남쪽 해저에서 발견되었다.

2014년 초 말레이시아항공 MH370편이 실종되는 사건이 벌어졌는데 과학자가 생각한 첫 번째 방법 역시 베이즈 공식으로 지역 검색을 진행하는 것이었다. 이때 이미 베이즈 공식은 세상에 널리 알려져 이용되고 있었다.

마지막으로 베이즈 정리를 세계의 중심에 세운 것은 인공지능의 영역, 특히 자연 언어의 식별 기술이다.

자연 언어 처리는 컴퓨터가 사람을 대신해서 언어를 번역하고 음성과 문자를 인식해 문헌의 자동 검색을 진행하는 것이다. 이것은 줄곧 과학자들이 해결하고자 했던 대난제 중 하나였다. 인류의 언어는 정보에서 가장 복잡하고 동적인 부분이었기 때문이다. 그런데 최근 몇 년 동안 베이즈 공식과 마르코프 체인$^{Markov Chain}$이 도입된 후, 장족의 발전을 이루게 된다.

기계가 문자 번역을 하는 것은 쉬운 일이다. 하지만 음성은 각종 동태문법에 관련되어 있기 때문에 간단해 보이지 않는다. 그렇다면 기계는 어떻게 당신이 말한 것이 무엇인지 알 수 있을까? 기계번역의 정확성을 보면 당신은 분명 그들의 능력에 감탄하게 된다. 대부분의 현장 번역보다 훨씬 정교하기 때문이다. 음성 인식은 본질적으로 오디오 서열이 문자열로 바뀌는 과정, 즉, 주어진 음성을 전송하면 확률이 가장 큰 문자열을 찾는다. 일단 조건부 확률이 나타나면 베이즈 정리는 이때부터 당당하게 나서서 업무를 처리한다.

베이즈 정리를 살펴보면 음성 인식 문제는 문자열을 정리한 후 시작된다. 주입되는 음성의 조건 확률 및 문자 서열의 사전 확률이 나타나는데 이 조건부 확률은 음성학 모형으로 정해지며 이 문구 서열이 나타나는 사전 확률은 모델링하는 언어 모형을 만들게 된다.

우리는 위의 $P(A|B)$와 구별되는 $P(f|e)$로 음성 인식 기능을 해석한다. 통계적인 기기 번역의 문제는 문장 e를 부여하면 가능한 외국어로 묘사할 수 있는 번역 f 중 어느 것이 가장 확실한가로써 우리는 $P(f|e)$를 계산해야 한다.

$$P(f|e) \propto P(f) \times P(e|f) \ (\propto \text{ 는 정비례를 의미한다})$$

이 공식의 오른쪽 끝은 쉽게 해석할 수 있다. 사전 확률은 비교적 높고, 문장을 생성할 가능성이 높다. 우리는 간단한 통계만 있으면 외국어로 된 문장 f의 출현 확률을 알 수 있다. 그러나 $P(e|f)$는 그리 쉽게 구해지지 않는다.

그러면 선정된 외국어 문구 f가 문장 e를 생성(또는 대응)할 확률은 얼마나 될까? 영어 번역에서처럼 정확한 번역은 높은 확률을 가진 문장으로 이루어져 있지만, 번역 모델은 방대한 이중 언어의 대응(평행) 재료를 훈련시켜 만든 것으로 한국어 재료와 영어 재료에 상응하는 단어 구절을 맞추어야 영어 구절이 복잡한 데이터를 통해 한국어로 번역을 할 수 있다. '대응'이 무엇인가가 정의되면 $P(e|f)$가 계산된다.

대량의 데이터 입력 모형으로 세대교체와 빅데이터 기술이 발전함에 따라 베이즈 정리의 위력은 부각되었고 베이즈 공식의 실용성도 엄청난 가치를 지니게 되었다.

AI 제품의 출발점인 음성 인식은 베이즈 공식을 활용한 일례이다. 실제로 베이즈적 사유는 AI의 면면에 모두 침투되어 있다.

AI의 스마트한 확장, 베이즈 네트워크

고전 통계학의 도움으로 인류는 비교적 간단한 문제들을 이미 해결 하였다. 그러나 고전 통계학적 방법으로는 토네이도의 발생 원인, 은 하의 기원, 뇌의 작동 메커니즘처럼 복잡하게 얽혀 있는 현상을 설명 할 수 없다. 과학자는 단지 믿을 수 있는 방법을 선택할 수 있을 뿐이 고 이를 바탕으로 이론적 모형을 만드는데 바로 베이즈 공식이 이를 가능케 했다.

AI 응용의 중점이라 할 수 있는 음성 인식 역시 베이즈 정리가 가능 하게 했으며 앞으로의 인공지능의 미래는 베이즈 네트워크의 확장에 따라 달라질 것이다.

어떤 현상의 관련 요인들을 연결해서 다시 모든 가설, 이미 알고 있 는 지식, 관측 데이터를 베이즈 공식에 대입하여 확률값을 얻으면, 공 식이 서로 연결되어 [그림 21-1]과 같이 베이즈 네트워크를 형성한다.

데이터 변수 사이의 의존도를 설명하는 그림의 패턴이 바로 베이 즈 네트워크를 보여준다. 이는 인과 관계를 나타내기 위해 편리한 프 레임 구조를 제공하며 불확실성 추리의 논리를 더욱 선명하게 해주는

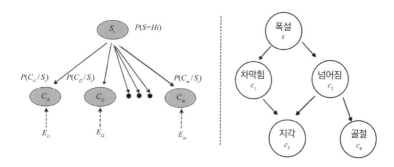

[그림 21-1] 베이즈 네트워크

역할을 한다. 이것 역시 베이즈 네트워크를 '확률 네트워크'라고 부르는 이유 중 하나이다. 복잡하게 얽힌 베이즈 네트워크는 각 점의 독립 관계를 나타낸다. 이를 통해 우리는 속성 간의 조건 독립 및 의존 관계를 직관적으로 들여다볼 수 있으며, 그러한 현상의 인과 관계가 이 큰 네트워크 속에서 일목요연하게 나타난다. 사전 지식과 견본 데이터를 이용해 변수 간의 연관성을 확립하고, 조건 확률이라는 핵심 목적에 현란하게 접근하는 것이 베이즈 네트워크의 본질이다. 하나하나의 노드, 하나하나의 확률은 인간의 사전 지식, 즉, 과거의 경험, 기존의 분석 등에서 비롯된다. 인간이 인지하는 결함이 클수록 베이즈 네트워크가 보여주는 힘은 더 충격적인 결과를 보여줄 것이다.

오늘날의 '베이즈 혁명'은 AI에서 발생하고 있다. 베이즈 공식이 엔지니어의 뼛속까지 스며들었고, 베이즈 분류 알고리즘도 주류 알고리즘이 되었다. 이미 많은 사람과 학자들도 인정했듯이 베이즈 정리는 AI 발전의 초석임에 틀림없다.

베이즈 공식의 아름다움
: AI는 생각할 수 있을까?

AI의 첫 번째 수업은 모두 베이즈 정리로부터 시작된다. 우리는 빅데이터와 인공지능, 자연어 처리에 모두 베이즈 공식이 쓰인다는 걸 알게 되었지만 여전히 베이즈 공식과 컴퓨터 결합의 진정한 위력이 어느 정도인지 예측할 수는 없다. 이제 겨우 초기 단계이기 때문이다. 그렇다면 베이즈 공식과 AI의 결합은 과학의 혁명인 것일까, 이념의 혁명인 것일까? 아니면 생산력의 혁명일 수도 있다. 그것도 아니라면 인류가 자기 자신을 혁신하고 있는 것일지 모른다.

과거의 과학자들은 객관적인 베이즈 공식을 찾아내었다. 그리고 현대 과학자들은 이 공식으로 AI에 주관적인 유전자를 주입했다. 우리는 이쯤에서 이런 고민을 하게 된다.

과연 이런 주관적인 개념은 단지 데이터의 표현일 뿐인가, 아니면 의식을 깨우는 표현인 것인가? 인간이 자랑하는 "나는 생각한다. 고로 나는 존재한다."라는 이론은 정말로 AI의 '베이즈 사고'와 차별되는 것일까?

삼체문제는 마치 난폭한 왕 같다.
오락가락하는 동선動線은 영 종잡을 수조차 없다.
이로 인해 수많은 이론 물리학자가 절망하기 시작했을 때
라그랑주 점은 이미 활발히 적용되고 있었다.

22

삼체문제 :
떠나지 않는 먹구름

$$m_i \ddot{r}_i = \sum_j \frac{m_i m_j}{r_{ij}x}(r_i - r_j)$$

**삼체문제를 해결하는 것은
인간의 꿈이다**

$$m_i \ddot{r}_i = \sum_j \frac{m_i m_j}{r_{ij}^3 x} (r_j - r_i)$$

뉴턴 시대 완벽하게 해결된 이체문제 ──•

　중국의 소설가인 류츠신은 《삼체》라는 소설로 중국의 SF를 세계적인 수준으로 끌어올렸다. 소설에는 '삼체인'이라는 기이한 생명체가 나온다. 이는 천체역학의 삼체 모형을 기초로 한 '삼합성' 은하에 사는 지혜로운 생명들이다. 그들은 생존을 위해 삼체의 해를 찾는다. 그들의 은하에는 세 개의 태양이 있는데 이들은 규칙 없이 삼체 운동을 한다. 소설에 따르면 세 개의 태양이 강렬한 열을 발해 언젠가 이 뜨거운 열로 인해 죽음에 이르게 될지 알지 못한다. 또 언제 긴 밤이 지속되어 천 년 동안 얼어붙을지 역시 모른다. 이처럼 안정적이지 않은 생존 환경에서 삼체 문명은 200번 넘게 파괴되었지만 삼합성이 은하에 있는 행성들을 계속 삼켜버려 결국은 마지막 하나의 행성인 지구만 남게 되었다. 만약 삼체문제를 해결하지 못하면 지구의 생명은 위태로울 것이고, 삼합성의 먹잇감이 되고 말 것이다. 과연 이들이 말하는 삼체문제[92]는 무엇일까?

　서기 1066년에 꼬리를 길게 드리운 천체가 밤하늘을 천천히 그리며 인간 세상을 지켜보고 있다. 그 시각 헤이스팅스의 언덕에서는 영국왕 헤럴드가 그의 군대를 이끌고 노르만인의 침공에 필사적으로 저항하고 있었다. 얼마 후 영국은 결국 노르만인의 강력한 무력에 밀려 적의 발아래로 굴복하게 되었고 그들의 왕성 꼭대기에 침입자가 늠름하

398

게 올라서는 것을 고통스럽게 지켜볼 수밖에 없었다.

안타깝게도 당시 사람들은 이 모든 결과가 머리 위의 신비로운 천체가 몰고 온 재앙이라고 여겼다. 그 신비로운 천체는 혜성으로, 이 낯선 행성의 등장과 인간의 재앙의 연관 관계를 밝힌 사례는 이 외에도 무척이나 많다. 하지만 이를 어리석은 사고라며 비웃는 사람은 드물었다. 오직 단 한 명, 천문학자 핼리Edmund Halley를 제외하고는 말이다. 그는 혜성을 불길하게 여기지 않을 뿐만 아니라 오히려 그 매력에 흠뻑 빠져있었다. 핼리는 오랫동안 혜성의 운행 궤도를 꾸준히 관측하고 기록하면서 혜성 뒤에 숨어 있는 운행 법칙을 찾아내려 했다.

이를 위해 1684년 그는 케임브리지로 달려가 뉴턴에게 가르침을 청한다. 뉴턴은 그에게 물체 사이의 중력과 거리의 제곱은 반비례한다는 것을 알려주었고 뉴턴의 가르침으로 인해 천체는 모두 타원 궤도를 돌고 있다는 것을 발견할 수 있었다. 이어 뉴턴의 이론을 이용해 혜성이 다시 지구로 내려오는 시점을 예측했는데 이것이 그 유명한 '핼리혜성Hally's comet93'이라는 이름의 유래이다.

핼리는 뉴턴이 일찍이 천체의 운행 비밀을 알고 있었다는 것에 놀라움을 감추지 못했다. 뉴턴의 탁월한 식견에 감복해 그의 학문적 성과를 출간할 것을 강요하기도 했다. 이후 뉴턴은 그의 권유 탓인지 저서 《자연철학의 수학 원리Mathematical Principles of Natural Philosophy》를 출간하게 된다.

뉴턴은 《자연철학의 수학 원리》에서 수학적 방법으로 케플러의 3

대 법칙[94]을 증명하여 이체문제를 완전히 해결하였다. 이것이 지금까지 완벽하게 해결된 유일한 천체역학 문제이다. 이체문제는 질량 m_1과 질량 m_2 간의 상호작용(만유인력)을 고려하는데 지구의 자전 상태에 영향을 주는 요소를 무시한다. m_1, m_2의 방향성을 R로 설정하면, 그것의 방향 가속도는 시간에 대한 이계도함수가 된다.

$$\frac{d^2R}{dt^2} \text{(R의 t에 대한 이계도함수)}$$

만유인력의 법칙에 근거하여, 방향 가속도는 구심력과 질량 m의 비, 즉, $-\frac{uR}{r^3}$이다.

위의 두 식이 같으므로 이체 운동 방정식을 얻는다.

$$\frac{d^2R}{dt^2} = -\frac{uR}{r^3}$$

식에서 R은 방향벡터, r은 R의 모형, u는 지구 중력 상수로서 인공위성 운동에 상용되는 상수이다. 구체적인 공식은 $u=GM$으로 그중 G는 만유인력상수, M은 지구 질량이다. 즉, 이 식은 만유인력 공식의 변형이다.

만약 m_1과 m_2가 태양과 행성의 질량을 나타내고 그들의 운동 상황을 연구하면 이체문제는 수학적으로 해를 구하는 것으로 귀결될 수 있고 다음의 미분방정식의 해를 구하면 된다.

$$F_{12}(x_1 x_2) = m_1 \ddot{x}_1$$

$$F_{21}(x_1 x_2) = m_2 \ddot{x}_2$$

그렇다면 과연 3차원 세계에 살고 있는 우리가 광대한 삼체문제를 매듭지을 수 있을까?

이체문제의 성공적인 해결은 뉴턴에게 희망을 주었고, 그는 지체 없이 삼체문제를 연구하기 시작하였다. 뉴턴은 매우 의욕적인 청년이었다. 만약 삼체인이 실제로 지구를 점령했다면 유일한 생존자는 뉴턴이 될 수도 있을 것이다.

뉴턴이 세 번째 구체를 끌어들였을 때의 느낌을 묘사해 보자. 위대한 수학자인 뉴턴의 의식 속에 도형은 숫자화된다. 타고난 수학적 감각은 그가 하나의 구체와 두 개의 구체 즉, 이체문제를 해결하는 데 결코 힘을 들이지 않고도 모든 운동 궤도를 몇 개의 방정식으로 표시할 수 있게 했다. 그러나 세 번째 구체가 수학적 모형에 도입되면서 세 구체가 공존하는 세상은 한눈에 알 수 없었다. 세 개의 구체는 수학 모형에서 영원히 반복되지 않는 무작위 운동을 하고 있으며, 이를 묘사하는 함수 방정식은 물밀듯이 늘어나 끝이 없었다.

뉴턴이 삼체문제를 연구하는 것은 단지 자신이 라이프니츠보다 더 대단하다는 것을 증명하기 위함이 아니었다. 삼체문제는 천체역학의 기본모형으로서 세 구체의 질량을 탐구하며 초기 위치, 초기 속도를 모두 임의의 질량이라고 여긴다. 만유인력이 작용하는 상황에서 운동

규칙을 말하는 것으로 뉴턴은 이를 연구할 가치가 있다고 보았다.

가장 간단한 예가 바로 태양계에서 태양과 지구, 달의 운동이다. 그런데 2에서 3까지의 수의 변화는 간단하게 표현할 수 있지만 이체문제에서 삼체문제로 가는 것은 그리 쉬운 일은 아니었다. 두 구체에서처럼 매끈하고 아름다운 타원 궤도를 가진 곡선은 사라지고, 뉴턴이 삼체문제 계산에서 얻은 곡선은 갈수록 멀어지고 답은 뒤죽박죽이 되었다. 이런 결과는 뉴턴을 상실의 도가니로 이끌었다. 왜 삼체는 주기 없이 돌고 반복하는 패턴이 없을까? 이 문제에 대해 뉴턴도 답을 얻을 수 없었고, 아무도 그를 위해 대답해주지 못했다. 이에 뉴턴은 태양, 지구, 달의 시스템 또한 불안정하다고 여겼다.

뉴턴뿐만 아니라 오늘날 수많은 과학자와 수학자가 밤낮없이 해를 쫓았지만, 삼체문제는 여전히 원만한 해결을 보지 못했다. 당연히 3보다 큰 N체 문제는 더 어려워질 수밖에 없다. 이렇게 어려운 삼체문제는 천체운행 중에 아주 흔히 볼 수 있다. 예를 들면 태양, 지구, 달은 뉴턴의 계산에 근거하면 장난꾸러기 세 아이가 뛰어다니는 것 같아서 만유인력 작용으로 이들을 한곳에 모을 수 없다.

삼체문제의 진정한 해법은 수학적 모델을 만드는 것이다. 삼체의 임의의 시점에서 단면의 초기 운동 벡터가 이미 알려졌을 때, 이후 삼체 시스템의 모든 운동 상태를 정확하게 예측할 수 있다. 만약 뉴턴의 만유인력의 법칙과 뉴턴의 제2법칙에 근거한다면, 우리는 삼체문제에서 질점 Q_i에 작용하는 힘을 얻을 수 있다.

$$\sum_j F_{ij} = \sum_s \frac{m_i m_j}{r^i_{ij}}(r_j - r_i) \quad (j \neq 1)$$

식에서 m은 질점의 질량, r은 질점의 위치 벡터, r_{ij}는 두 질점 사이의 거리, F_{ij}는 두 질점 사이의 작용력이다.

삼체문제의 운동 미분방정식은 다음과 같이 쓸 수 있다.

$$m_i \ddot{r}_i = \sum_j \frac{m_i m_j}{r^3_{ij} x}(r_i - r_j) \quad (j \neq i;\ i, j = 1, 2, 3)$$

일반적인 삼체문제는 천체가 다른 두 천체의 만유인력 작용하에, 그 운동 방정식을 모두 여섯 개의 미분방정식으로 나타낼 수 있다. 따라서 일반적으로 삼체문제의 운동 방정식은 18계 미분방정식이므로 18번의 적분으로 해를 얻을 수 있다. 하지만 현재로선 삼체문제의 10개의 적분만 얻을 수 있어 삼체문제를 해결하기에는 턱없이 부족하다.

수학계에 드리운 먹구름, 삼체문제

1900년, 독일의 수학자 힐베르트는 그의 번뜩이는 혜안으로 강연에서 23개의 수학 난제를 제시하였다. 첫 번째가 페르마 정리, 두 번째는 N체 문제의 특수해인 삼체문제이다. 1995년 페르마 대정리는 해결되었지만 삼체문제는 여전히 수학계의 과제였다.

'삼체문제는 풀리지 않는다'라는 의미는 해가 없다는 것이다. 삼체

문제에 대한 초깃값은 처음에는 아주 작은 오차지만 시간이 지나면 그 값이 점차 커진다. 시간이 무한히 커질 때 삼체 궤도가 어디로 갈지 예상할 수 없게 되는 것이다. 이처럼 삼체 궤도의 장시간 행위의 불확실성을 '혼돈 현상'이라고 한다.

공간에서 세 물체의 분포는 무수히 많은 경우의 수가 있을 수 있다. 이런 혼돈 현상으로 인해 일반적으로 삼체문제의 해결은 비주기적으로 이루어지게 된다. 그러나 특수한 조건하에서는 특이점이 존재한다. 예를 들어 적절한 초기 조건(위치, 속도 등)에서 시스템이 일정 기간 움직이다가 초기 상태로 돌아가는 주기적인 운동을 할 수 있는 것이다.

삼체문제가 제기된 300년 동안 3가지 유형의 (서로 같지 않은) 특수해만 발견되었다. 그 후 2013년에야 뚜렷한 돌파구가 마련되었고 두 물리학자가 13가지의 새로운 특수해를 추가로 발견하게 된다.

사실 삼체운동은 구의 자전 속도, 상태 등 제한조건을 무시했다. 뉴턴, 라그랑주, 라플라스, 포아송, 야코비, 푸앵카레 등의 거장들이 이 문제를 위해 평생을 바쳤지만 이미 알려진 10개의 보존량 외에는 다른 보존량은 없다. 보존량을 유지하면서 해의 강도를 낮추는 데 쓰일 수 있는 동력계통 방법이 유행했는데, 이는 다체문제 해결에 유용한 해답을 주지 못했다.

과학이 발전하면서 삼체문제의 해결은 다각도로 모색되고 있다. 인류가 눈을 돌린 미지의 세계는 더 많은 가능성이 존재할 것으로 보고 심층적인 연구가 지금도 진행되고 있다.

인류는 늘 이런 질문을 던져왔다. '드넓은 우주에 지구인 외에 다른 생명체가 살지 않을까?', '실제로 소설 속의 이야기처럼 삼체인이 존재하는 것일까?' 답은 명확하지 않다. 그러나 이 문제로 인해 심각한 토론이 야기되고 있고 그것은 문제 자체의 해답보다 더 중요할 수 있다. 과학자들은 철학을 믿지 않는다. 그들은 수수께끼를 수학 방정식으로 풀고 싶어 한다. 그래서 과학자들은 삼체문제를 단지 재미있는 소설 속의 이야기로써 끝내려 하지 않는다. 그들은 끊임없는 연구로 삼체인들을 끌어내려 한다.

제한적 삼체 : 한발 물러서 다음을 보다, 삼체문제 간소화

삼체문제가 이렇게 다루기 어렵다면 질점이 더 많은 4체 문제, N체 문제는 말할 것도 없다. 이로써 차근차근 적의 방어탑을 격파해야 한다는 것을 잘 아는 지구인들은 한발 물러서 삼체 모형을 간소화하기로 결정했고 제한적 삼체문제를 연구하게 되었다.

제한적 삼체문제는 이체 운동에 지장이 없는 질점을 넣어 이체 중력에 의한 운동을 연구하는 것이다. 이 중 이체 운동 법칙에 따라 원형, 타원형, 포물형, 쌍곡형 등 제한적 삼체문제를 분류한다. 그중에서도 가장 단순한 모델인 평면에서 원형의 제한적 삼체에 대해 이야기해 보자.

18세기 프랑스 수학자, 역학자, 천문학자인 라그랑주는 삼체문제에 대한 이해를 구하기 위해 고심한 끝에 매우 극단적인 예로 삼체문제의 결과를 만들었다.

만약 어느 순간 세 개의 운동물체가 이등변삼각형의 세 꼭짓점에 있고 초기 속도를 부여하면 이들은 항상 이등변삼각형의 대형운동을 유지한다는《삼체문제》를 1772년에 발표하였다.

이 추론의 결과로 다섯 개의 평행 운동점을 얻게 되었는데, 일명 '라그랑주 점[95]'이라고도 불리며, 천체역학에서는 '원형의 제한 삼체문제의 다섯 개의 특이해'라고 한다. 이 점들의 존재는 스위스 수학자 오일러가 1767년에 앞 3개를 추측하여 계산하였고, 이후 프랑스 수학자 라그랑주가 1772년에 나머지 2개를 증명하였다. 그리고 이 다섯 개의 라그랑주 점 중 두 개만이 안정화되었다.

작은 물체는 이 두 점에서 외부 중력의 방해를 받더라도 원래의 위치에서 유지되는 경사가 있다. 각 안정점은 두 개의 큰 물체가 있는 점과 같이 이등변삼각형을 이룬다. 이 다섯 개의 평행 운동점은 각각 L_1,

$$L_1 = \left(R \times \left(1 - \sqrt[3]{\frac{\alpha}{3}}\right), 0\right) \qquad \alpha = \frac{M_2}{M_1 + M_2}$$

$$L_2 = \left(R \times \left(1 + \sqrt[3]{\frac{\alpha}{3}}\right), 0\right)$$

$$L_3 = \left(-R \times \left(1 + \frac{5\alpha}{12}\right), 0\right)$$

$$L_4 = \left(\frac{R}{2} \times \frac{M_1 - M_2}{M_1 + M_2}, \frac{\sqrt{3}}{2}R\right)$$

$$L_5 = \left(\frac{R}{2} \times \frac{M_1 - M_2}{M_1 + M_2}, -\frac{\sqrt{3}}{2}R\right)$$

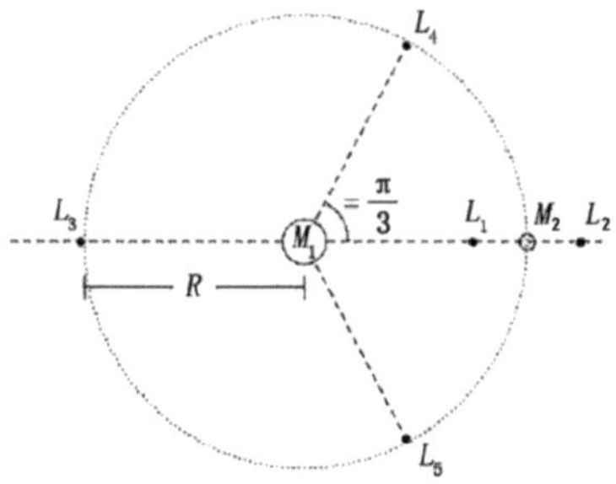

[그림 22-1] 다섯 개의 라그랑주 점 표시

L_2, L_3, L_4, L_5로 정하고 [그림 22-1]과 같다.

L_1, L_2, L_3은 두 천체의 연결선상에 있고 불안정한 점이다. 중선에 수선을 그어 그 위에 질점을 두면 그 힘은 평행한 상태가 된다. 질점이 어떤 성체로 떠내려가는 것을 측정하면, 이 별의 중력이 자신을 향하게 된다. 불안정하기는 하지만 특정 수치를 선택해 시스템의 원래 해를 근사 주기해에 맞게 평행 운동점의 운동을 안정화시킬 수 있는 것이다. 이때 안정을 '조건안정'이라고 한다.

L_4, L_5에 대해 $0<\mu<\mu^*$(여기서 μ^*는 $\mu^*(1-\mu^*)=\frac{1}{27}$을 만족한다)일 때, L_4, L_5는 안정적이다. 태양계에서 태양-목성-소행성, 태양-지구-달 등 제한적 삼체문제를 처리하는 시스템에 대해 μ는 모두 $0<\mu<\mu^*$(μ^*는 $\mu^*(1-\mu^*)=\frac{1}{27}$을 만족한다)을 성립시킨다. $\mu^*<\mu<\frac{1}{2}$의 경우는 분명히 불안정하다.

삼체의 폭정을 무너뜨린 수학의 세계

삼체문제는 마치 난폭한 왕 같다. 오락가락하는 동선動線은 영 종잡을 수조차 없다. 이로 인해 수많은 이론 물리학자가 절망하기 시작했을 때 라그랑주 점은 이미 활발히 적용되고 있었다.

1906년, 발랄하고 활동적인 소행성이 한 천문학자의 시선에 들어왔다. 그것은 화성과 목성 사이에 순순히 머물러 있는 소행성이 아니었다. 목성의 궤도를 쫓아 열심히 탐험을 하는 행성이었다. 가장 신기한 것은, 태양을 도는 운동 주기도 목성과 같다는 것이었다. 태양에서 보면 이 행성은 항상 목성 앞 60°에서 운동을 할 뿐 목성에 가까이 가지는 않았다. 이 소행성은 호메로스의 서사시에서 트로이 전쟁의 그리스 영웅을 칭송하기 위함인듯 아킬레스라는 이름으로 불렸다. 이 소행성 아킬레스의 출현으로 지혜로운 과학자들은 이것이 삼체문제 중 하나의 특이해일 가능성이 크다고 생각했다. 지금까지 700개의 소행성이 목성의 앞뒤에 있는 라그랑주 점에서 발견됐는데, 이 라그랑주 점의 소행성들은 트로이 전쟁의 영웅을 따서 '트로이 소행성군'이라고 부른다. 이것은 고대 그리스 신화에서 소아시리아의 트로이성이었다.

저 깊은 밤하늘에 반짝이는 무수한 별은 수학적 연산하에서 더 이상 먼 거리에 있지 않다. 또한 아득한 우주도 과학의 예견에서 더 이상 신비로운 존재가 아니다. 우리는 이제 세상 곳곳에서 수학적 지혜의 빛이 반짝이고 있음을 짐작할 수 있다.

삼체문제의 아름다움
: 삼체 세계로 가는 지도

비록 ≪삼체≫는 허구소설이지만 수학에서 삼체문제는 실제 존재한다. 삼체문제가 정말 풀리지 않는 것인지, 인류가 결론을 내릴 수 있는 방법이 없는 것인지는 아직 확실치가 않다. 만약 삼체문제로 통하는 지도를 찾으면 인간이 한 단계 도약할 수 있는 것일까? 또한 양자 계산은 이 과정에서 어떤 역할을 할 수 있을까? 삼체는 계산력의 문제인가, 아니면 규칙을 묻는 문제인가? 우리가 어떤 문제에 직면할 때 제한을 받는 것이 문명의 차원 때문일까, 아니면 우리에게 힐베르트 같은 천재가 부족했기 때문일까? 모든 것이 다 의문이다. 삼체를 파괴하는 빛의 입자 문명, 삼체의 행성 하나를 명중시킬 수 있었던 것은 삼체운동을 해석했기 때문이었을까? 이 모든 것은 공상 과학이 아닌 과학적인 이성적 사고가 요구되는 문제이다.

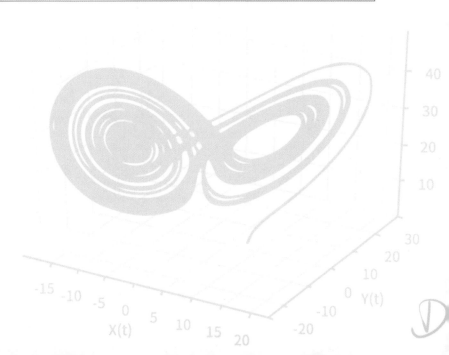

디지털 화폐의 탄생 과정은 릴레이 경기와 같다.
비대칭 암호화, 점대점 기술, 해시 캐시Hash Cash의 핵심 기술 어떤 것도
사토시 나카모토가 스스로 발명한 것이 아니다.
그 이후 누군가가 열심히 바통을 넘겨 받아
끊임없는 연구를 통해 지금의 비트코인을 만들어 낸 것이다.

23

타원곡선 방정식 :
비트코인의 초석

$$y^2 = x^3 + ax + b$$

사람은 거짓말을 할 수 있지만
수학은 사람을 속이지 않는다

$$y^2 = x^3$$

비트코인 탄생 전야 ─────────●

2009년 1월 3일 사토시 나카모토[Satoshi Nakamoto]는 오후부터 해질녘 까지 소형 서버에 첫 오픈 소스 코드를 만들고 컴파일 패키지하는 일 에 열정을 쏟았다. 비록 이 코드는 매우 초라해 지금까지도 많은 프로 그래머들의 비웃음을 사고 있지만 SHA256 알고리즘1, RIPEMD-160 알고리즘2, Base58 코딩을 정상적으로 실행하는 중이었다. 나카모토 의 열정적인 연구 덕에 2009년 1월 3일 18시 15분, 세계 최초 암호화 폐인 비트코인 블록[block]이 탄생하게 된다. 이날은 비트코인 추종자들 에게는 '창세일'이었고 블록은 '창세화폐'가 되었으며 사토시 나카모토 는 '창세주'가 되었다.

1990년대 인터넷의 물결이 전 세계를 휩쓸자 전 세계인구는 새로운 시대가 열렸음에 열렬한 환호를 보냈다. 하지만 인터넷의 아름다움 만 보였던 건 아니다. 찬란한 햇살이 있다면 그에 대응하는 그늘도 있 는 법이다. 컴퓨터 전문가들 중에 코드를 악용해 컴퓨터 해킹을 시도 하는 암호학자들이 대거 등장했고 그들은 하나의 모임을 창설하게 된 다. 해커들은 명석한 두뇌를 가지고 있어 코드 세계에 매우 익숙한 사 람들조차도 당할 자가 없었다.

인터넷의 세계를 처음 접한 최초의 원주민과 창세자는 인터넷이 인 류의 미래사회에 미치는 리더십을 이해하는 것 외에도 인터넷이 가져

414

올 부정적인 영향을 경고했는데 특히 개인 사생활 영역의 침범을 가장 큰 골칫거리로 여겼다. 인터넷 세상에서 사생활 보호는 강력한 기술력이 뒷받침되지 않는 한 성공할 수 없기 때문이었다.

인터넷상의 기업들이 나날이 성장하여 가상세계의 중심 노드로 자리 잡고, 궁극적으로 권력의 중심으로 그 세력을 구축한다면 인터넷 자유 세계의 악몽은 재현될 수밖에 없다. 그중에서도 가장 우려되는 것이 지불 체계의 문제이다. 여기에 개인의 부富가 얽혀 있는 만큼 어떻게 인터넷상에서 자신의 부를 보호할 수 있는가는 아주 중요한 문제가 되었다.

1990년 데이비드 촘David Chaum은 사생활 보호를 중시해 인터넷 결제시스템의 추적 불가능한 특성에 주시했다. 이를 통해 탄생한 것이 바로 이후 E 캐시(E-cash)라는 진정한 의미의 1세대 전자화폐이다. 그로부터 2년 후인 1992년, 티모시 메이Timothy C. May를 중심으로 미국 캘리포니아주 물리학자와 수학자가 비밀리에 모였다. 이들은 기술자유주의파들로서 FBIFederal Bureau of Investigation(미국연방수사국)와 NSANational Security Agency(미국 국가안보국)에 대한 경계 차원에서 디지털 세상의 사생활 보호를 위해 남몰래 사이퍼펑크cypherpunk96를 만들어 익명성을 추구하는 독립 전자화폐 체제를 논의했다.

이들은 만약을 대비해 암호학, 익명 메일 리트윗, 디지털 서명, 전자화폐 사용에서 대중의 사생활을 보호해야 한다는 공감대를 갖고 있었다. 또한 인쇄 기술이 중세시대 사회 권력 구조를 바꾼 것과 마찬가지로 암호기술도 기관 및 정부의 경제교역 관여 방식을 근본적으로 바꿀 것으로 믿었다. 이처럼 암호학을 이용하여 어떤 정치력이나 금융력에 휘둘리지 않는 전자화폐를 개발한다는 것이 사이퍼펑크의 의제로 상정되었다.

이후 1998년 웨이 다이戴伟, Wei Dai는 익명성을 보장하는 분산식 전자 암호화폐 시스템인 비머니B-Money를 제안하였다. 또한 2005년 닉 사보 Nick Szabo는 비트골드Bit Gold의 아이디어를 내놓는다. 사용자가 수학적 난제를 경쟁적으로 해결하고, 그 결과를 암호화 알고리즘으로 엮어 공개 배포해 재산권 인증 시스템을 구축한다는 것이다.

촘의 E-cash에서 웨이 다이의 B-Money, 사보의 비트골드에 이르기까지 여러 세대를 거쳐 사이퍼펑크는 자유화폐에 대한 이상을 품고 인터넷 화폐의 주자가 되고 싶어 했지만 모두 실패하고 말았다.

비록 이 이론들은 진정한 응용으로 이어지지 않았지만 오랫동안 침묵 속에 있던 연구 성과들이 모습을 드러내며 비트코인 출시를 가속화시키는 데 큰 영향을 주게 되었다.

디지털 화폐의 탄생 과정은 릴레이 경기와 같다. 비대칭 암호화, 점대점 기술, 해시 캐시Hash Cash의 핵심 기술 어떤 것도 사토시 나카모토가 스스로 발명한 것이 아니다. 그 이후 누군가가 열심히 바통을 넘겨받아 끊임없는 연구를 통해 지금의 비트코인을 만들어 낸 것이다.

데이비드 촘, 웨이 다이, 닉 사보는 비대칭 암호화, 점대점 기술, 해시 캐시의 세 가지 핵심 기술을 적용해 가시밭길을 헤쳐나가는 공격의 선봉에 앞장섰다.

앞의 두 가지 기술에 의한 분산 거래 장부는 데이터 변조를 막았고, 해시 캐시 알고리즘은 2004년 핼 피니$^{Hal\ Finny}$에 의해 재사용 작업 증명$_{Reusable\ Proofs\ of\ Work,\ RPOW}$으로 개선되었다. 그리고 비트코인의 창세주인 사토시 나카모토에 의해 암호화폐의 마지막 난점인 비잔틴 장군 문제[97] 즉, 이중지급 문제를 공략하는 데 성공했다.

암호화 선구자들의 고군분투와 축적된 기술적 성과에 힘입어 사토시 나카모토는 블록체인 세계를 구축한다. ECC 타원곡선을 기반으로 탈중심화를 정신적인 핵심으로 하고 SHA256 알고리즘을 최후의 수학 보루로 삼아 인터넷 세계의 비즈니스 거물과 국가 독점에 대항하였다.

2008년 11월 1일, 미국발 금융위기로 전 세계에 경제위기가 닥쳤을 때 논문《비트코인: 점대점 전자현금시스템》이 발표되었다. 그리고 2009년 1월 3일, 나카모토는 최초의 오픈소스 코드를 패키지로 만들고, 비트코인 세계의 최초 블록을 만들게 된다.

그 후 비트코인 시가는 줄곧 상승하였다. 여러 차례 궁지에 몰리는 일도 있었지만 비트코인 이면의 가장 큰 버팀목인 수학을 굳게 믿었기 때문에 더 많은 지지와 옹호를 받게 되었다. 비트코인의 면면을 살펴보면, 수학과 서로 떼려야 뗄 수 없는 연관성을 갖고 있다는 것을 발견할 수 있다.

(1) 해시 알고리즘[98]

비트코인은 '안전체인'이라 불리는 해시 알고리즘을 가지는데 이는 임의의 길이에 대한 정보를 일정한 길이에 압축하는 함수이다. 해시 함수는 하나의 방향성을 가지는데 임의의 메시지가 입력되면 임의의 코드로 메시지가 출력된다. 이때 출력된 코드를 해시값[Hash Value]이라고 한다. 비트코인 시스템에서는 주로 두 개의 해시 알고리즘 SHA256과 RIPEMD160을 이용하며 이 알고리즘은 Hash256과 Hash160 두 함수로 조합된다.

Hash256은 주로 사용블록 ID, 거래 ID 등을 생성하며, Hash160은 비트코인 주소를 생성하는 데 사용된다.

(2) 작업량 증명 메커니즘

비트코인은 누구나 권한을 가질 수 있는데 수학 문제를 가장 먼저 해결한 자에게 첫 번째 기회가 주어진다. 풀기가 어렵고 검증이 쉬운 것이 비트코인의 작업량 증명 메커니즘이다.

"주사위 4개를 던진다고 가정하자. 5보다 작은 값이 나오면 된다. 던지기는 어렵지만 검증은 간단하다." 이것이 비트코인의 해시 충돌이자 블록체인의 작업 본질이다.

(3) 타원곡선 암호화 알고리즘

비대칭 암호화 공개키와 비밀키의 조합은 더 수준 높은 수론 위에 타원곡선이라 불리는 암호화 알고리즘을 세웠다. 이 수학 방정식은 비록 간단해 보이지만 세계 3대 난제 중 하나인 페르마 대정리를 증명 하는 열쇠로 그 가치는 실제로 엄청나다. 1955년 일본 수학자가 타니 야마-시무라 추론을 제기하였고 타원곡선과 그 모듈형식 간의 중요한 관계를 수립하였다. 이후, 영국의 수학자 앤드류 와일즈가 페르마의 마지막 정리를 증명하였고 이는 사토시 나카모토가 비트코인을 발명 할 지혜의 문을 열게 해주었다.

비트코인은 타원곡선으로 비밀키를 선택하는데 비밀키는 공개키, 공개암호, 비밀키 해제를 계산하고 타원곡선을 이용한 데이터 서명 검증에 이용된다. 이 과정에서 거래와 서명, 인증이 가능해졌고 비트 코인의 안전이 담보되었다.

비트코인의 초석, 타원곡선 방정식

타원곡선 방정식은 비트코인에서 핵심적인 역할을 한다. 타원곡선 방정식 없이는 비트코인의 안전성을 보장할 수 없고 안전성 없이는 비트코인의 통화 신용이 불가능하다고 할 수 있다.

이렇게 강력한 암호화 시스템을 구축하는 것은 쉽지 않은데 그 이면에는 게임과 음모가 깔려 있다. 1990년대 말 이전까지 비대칭 암호화 기술은 군사용으로 취급되어 NSA의 철저한 감시 아래 있었다. 그후 NSA는 암호화 기술에 대한 통제를 포기하고 공공의 영역으로 진출시켜 인터넷 통신에 널리 활용하도록 했다. 그러나 NSA는 암호화 영역에 대해 여전히 간섭을 하고 있고 암호화 알고리즘에 관련된 뒷문을 설치한 후 그 문을 통해 넘어가는 알고리즘을 표준 알고리즘으로 보급함으로써 사용자의 정보를 손쉽게 얻고 있다.

재미있는 것은 나카모토가 NSA가 공개한 암호화 기술을 믿지 않는다는 것이다. 2013년 9월, 에드워드 스노든$^{Edward\ Snowden}$은 NSA가 암호화 국제 표준을 비밀리에 제어하고, 암호화 화폐의 타원곡선 함수에 부정한 방법이 남아 있을 가능성을 제기했다. 또한 NSA는 알려지지 않은 방법으로 이 곡선을 약화시킬 수 있다고 폭로하였다. 다행히 나카모토는 NSA의 표준이 아닌 Secp256k1 타원곡선을 사용하였는데, [그림 23-1]에서 보이는 랜덤곡선이다.

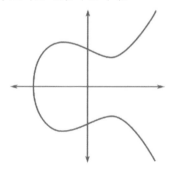

[그림 23-1] Secp256k1 타원곡선

전 세계에서 극히 일부 프로그램만 Secp256k1 타원곡선에 의존해 치명적인 구멍을 피하는데 비트코인이 그중 하나이다. 이 Secp256k1 타원곡선을 명확하게 이해하기 위해서는 먼저 타원곡선이 무엇인지 알아야 한다. 매스월드^{Mathworld}라는 온라인 수학 참고 사이트에는 "타원곡선은 x와 y의 두 변량을 가진 바이어스트라스 방정식이다."라고 일컫는다.

이를 식으로 표현하면 아래와 같고,

$$y^2+axy+by=x^3+cx^2+dx+e$$

일반적으로 다음과 같이 간단하게 표시한다.

$$y^2=ax^3+bx+c$$

판별식은 $\Delta=-4a^3c+a^2b^2-4b^3-27c^2+18abc\neq0$으로 두 가지 중요한 특성을 가진다.

(1) 수직이 아닌 직선이 타원곡선과 두 점에서 만날 때, 만약 이 두 점이 모두 접점이 아니라면 이 직선은 이 곡선과 세 번째 점과 만난다.

(2) 타원곡선 위에 있는 어떤 수직이 아닌 접선은 반드시 이 곡선과 다른 점에서 만난다.

암호 시스템에 사용되는 타원곡선은 제한된 $GF(p)$에 기반한 타원곡선으로 방정식은 다음과 같다.

$$y^2=x^3+ax+b(\mathrm{mod}\ p)$$

Secp256k1 타원곡선이 가리키는 것은 비트코인에서 사용되는 ECDSA^{Elliptic Curve Digital Signature Algorithm}(타원곡선 디지털 서명 알고리즘) 곡선의 6가지 매개변수 a, b, p, G, n, h를 가리킨다.

타원곡선 방정식 $y^2=x^3+ax+b$의 a와 b는 Secp256k1에 사용되는 타원곡선 방정식을 결정한다. Secp256k1 타원곡선에서 $a=0, b=7$이다.

따라서 방정식은 $y^2=x^3+7$이고 실수 영역에서 [그림 23-2]와 같이 나타난다.

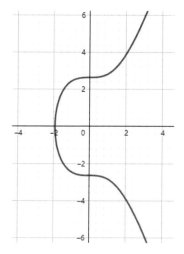

[그림 23-2] 실수영역에서 타원곡선

암호학에서 사용되는 타원곡선은 모두 제한 영역에서 정의되므로 p에 따라 Secp256k1 타원곡선 $GF(p)$, 즉, 곡선 방정식이 실제로는 $y^2=x^3+7(\mathrm{mod}\,p)$로 제한되어 있다.

G는 타원곡선 위의 하나의 점으로 기점이라고 한다. n은 $nG=0$을 만드는 최소의 양의 정수이다. h는 일반적으로 $h=1$을 취한다. h는 타원곡선군의 계와 G로 생성된 하위군 계의 비율로 Secp256k1 타원곡선을 설계할 때 사용하는 요소이다. $GF(p)$를 기반으로 제한된 영역에 있는 Secp256k1 타원곡선은 구조의 특수성 때문에 최적화 시 다른 곡선의 성능보다 30% 향상될 수 있다. 또한 적은 대역폭과 메모리 자원을 차지하며, 비밀키의 길이가 매우 짧고 모든 사용자가 동일한 조작으로 도메인 연산을 수행할 수 있다는 두 가지 장점이 뚜렷하게 나타난다. 물론 더 중요한 것은 비밀이 보장되어 있다는 점이다. 비밀키는 생성과 서명에 대한 보안으로 비트코인에 강력한 천연 장벽을 세웠다.

개인키는 유일한 증명이다

비트코인을 소유한 클라이언트의 핵심은 개인키이다. 개인키를 가지고 있으면 비트코인에 대응할 수 있는 사용 권한을 갖기 때문에 지갑 암호화의 핵심 대상은 당연히 개인키가 된다. 비트코인의 암호화 체계를 해석하기 전에 먼저 용어의 뜻을 살펴보자.

(1) **비밀번호** : 외부에서 입력된 사용 지갑의 문자열을 암호화하고 복호화

한다.

(2) 메인 비밀키 : 32바이트의 무작위수는 지갑에 비밀키 암호화에 직접 사용되며 암호화 완료 후 바로 삭제된다.

(3) 메인 비밀키 암호 : 외부에서 입력된 비밀번호는 메인 비밀키 AES-256-CBC 암호화 결과에 대해 대칭 암호화되어 있다.

(4) 메인 비밀키 암호 생성 인자 : 메인 비밀키 문자를 받는 동안 연산에 관여하는 인자를 저장한다. 이 인자에서 비밀번호로 메인 비밀키를 역추적할 수 있다.

(5) 개인키 : 타원곡선 알고리즘은 개인키, 즉, 지갑의 핵심이다. 개인키를 가지고 있으면 개인키로 대응하는 비트코인 사용권을 갖는 반면, 개인키로 대응하는 공개키는 비트코인과 관련될 뿐 비트코인 사용 권한은 없다.

(6) 개인키 암호 : 메인 비밀키는 개인키 AES-256-CBC 암호화 결과에 대해 대칭 암호화 과정을 거친다.

전체 암호화 해부도는 [그림 23-3]과 같다. 암호화 해부도에 근거하여, 우리는 암호화 과정을 다음과 같이 해석한다.

32바이트 무작위 수를 메인 비밀키로 만든 다음, 외부에서 입력한 비밀번호와 결합한다. 이렇게 생성된 메인 비밀키 암호화 인자와 함께 메일 비밀키를 AES-256-CBC 암호화한다. 그리고 이 결과를 메인 비밀키 비밀 파일로 한다. 지갑에 있는 개인키를 AES-256-CBC로 암

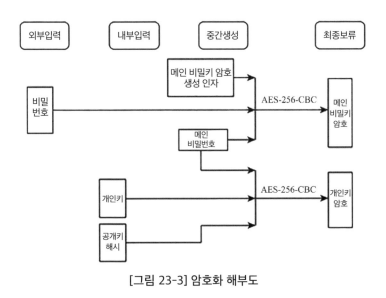

[그림 23-3] 암호화 해부도

호화하여 개인키의 암호화를 받은 다음, 암호화가 완료되면 개인키를
삭제하고 개인키 암호를 유지한다. 또한 메인 비밀키를 삭제하고 메
인 비밀키와 메인 비밀키 암호를 생성하는 인자를 유지한다. 이렇게
해서 지갑의 암호화가 완성되었다.

다음은 암호화 과정의 입출력의 총결과이다.

(1) 입력 : 비밀번호

(2) 중간 생성 : 메인 비밀키, 메인 비밀키 암호 생성 인자, 메인 비밀키 암
호, 개인키 암호

(3) 최종 보류 : 메인 비밀키 암호 생성 인자, 메인 비밀키 암호, 개인키 암호

(4) 내부 입력 : 개인 키

비트코인은 타원곡선 암호화 알고리즘으로 생성된 공개키와 개인 키를 사용하며 Secp256k1 곡선을 선택한다. SHA-256은 MD5부터 SHA-1까지의 증강단계가 아닌 수십 년 동안 지속할 수 있을 정도로 강력하다. 이런 완벽한 암호화 시스템 덕분에 비트코인은 초기부터 열렬한 추종자와 기술파, 자유주의자, 무정부주의자들의 많은 신뢰를 얻었다. 그들은 사토시 나카모토보다 수학을 더 굳게 믿었다.

물론 비트코인 지갑의 암호화 체계는 매우 안전하지만 비트코인 생태계 전체가 빈틈이 없는 것은 아니다. 계산력 싸움에서 비트코인의 중심화는 프랑스 화폐의 중심화를 훨씬 넘어선 지 오래다. 이 과정에서 실제 권력과 이권 다툼도 있었다. 수학으로 화폐의 신뢰를 구축하여 발전하려는 과정에는 항상 수많은 장애물로 가득 차 있다.

수학 공식의 아름다움
: 비트코인의 본질은 수학이다

탄생의 취지에서 보면 비트코인은 이중 지급 문제를 해결하고 모든 것을 화폐 발전의 본질로 되돌리려는 점대점의 전자 현금 시스템을 구축하였다. 비트코인은 실현을 바탕으로 볼 때 기존의 수학 이론 위에 세워지는 것이고, 안전 보장상으로 볼 때 비밀키가 생성되든 비밀키 서명과 서명 검증이 되든 타원곡선 함수의 보강이 필수적이다. 이 세 가지를 한 가지로 압축하면 수학은 비트코인의 초석임을 알 수 있다.

비트코인은 여전히 수학의 인터넷 세계일 뿐이다. 아무리 영광과 후광을 주어도 오픈 소스 프로그램, 암호 알고리즘, P2P의 전자결제 시스템과 같은 인간의 하위 운영체제일 뿐이다. 비트코인의 가장 큰 의의는 TCP/IP[99], 알리페이, P2P[100]와 마찬가지로 인류를 위한 서비스라는 것이다. 그렇지 않으면 결국 과학 기술 선험자의 실증 게임으로 전락할 뿐이다.

2010년 12월 12일, 사토시 나카모토는 비트코인 카페에 마지막 게시물을 올린 뒤 활동 빈도를 점차 줄였다. 그리고 2011년 4월, 그는 마지막 발표 성명을 내고 "다른 일에 전념하기 시작했다."고 선언하며 비트코인의 세계에 더 이상 모습을 드러내지 않았다. 나카모토는 그렇게 비트코인계의 전설로 남게 되었다. 하지만 여전히 수학은 건재하며 수학의 세계에서 기원한 비트코인의 여정은 무한한 가능성을 열게 되었다.

에필로그

모든 것은 사라지지만, 공식은 영원하다

인간은 허망하고, 수학은 유일한 진리이다

수로 존재하며 0과 1이 모든 것을 다스린다

위대한 이론은 지극히 간단하고

이를 표현하는 수는 가장 아름다운 언어이다

- 인류의 묘비명 -

괴팅겐은 독일 작센주에 속하는 작은 도시로 120㎢에 13만 명이 살고 있다. '꽃의 도시'라고 불릴 정도로 서정적인 이곳이 한때는 수학계의 메카였다는 사실이 흥미롭다.

괴팅겐에는 작은 묘지공원이 있는데 이곳이 과학 애호가들에게 '성지'로 꼽히는 이유는 유수한 과학자들이 잠들어 있기 때문이다. 이 작은 세계에 들어서면 사람들은 어쩐지 한순간에 편안해지고 고요해짐을 느낀다.

나는 괴팅겐을 처음 방문했을 때, 라이네강을 건너 성 야코비 교회를 방문하고 가우스의 조각상 앞에서 잠시 생각에 잠겼다. 이 도시의 오랜 역사를 이해하고 있었기에 조각상의 내면 세계-그 침묵과 엄격함이 19세기 학문의 정상에 서게 하였고 그 깊이와 순수함이 20세기 수학의 장을 마련하였다-를 들여다볼 수 있었다. 수학의 여운이 깃든 묘에 가까이 다가가 부호가 새겨진 묘비를 읽어 내려가자 홍콩의 1/9 면적도 안 되는 이 작은 도시에서 과학사에 이름을 남긴 많은 학자들이 배출되었다는 사실을 알 수 있었다. 무려 45명의 노벨상 수상자들이 괴팅겐에서 공부하고 연구하였고 여기에 잠들었다.

왕의 무덤에 비하면 이곳은 결코 그 면적을 비교할 수조차 없을 만큼 작지만 묘비를 주의 깊게 관찰하다 보면 그 웅장함에 마치 묘비가 뒤흔들리는 것 같은 기분이 느껴진다. 오토 한$^{Otto\ Hahn}$의 묘비에는 핵반응 공식, 막스 보른$^{Max\ Born}$의 묘비에는 파동 함수의 확률 분석, 플랑크$^{M.\ Planck}$의 묘비에는 양자역학의 상숫값이 새겨져 있다.

묘지명 하나하나에는 그들이 살아생전 쏟아부었던 정열과 지혜, 그리고 그들의 빛나는 삶이 아직도 살아 숨 쉬는 듯했다. 이 영혼들의 위대한 삶을 글로 묘사하기란 매우 어렵다. 하나같이 모든 인생이 한참을 우러러봐도 끝이 없을 정도로 숭고하다. 숫자 몇 개와 자음, 모음으로 구성된 간단한 기호들로 우주의 섭리를 밝혀내고 인류의 문명을 만들어낸 것이다. 인류는 그 생명을 다했어도 이들이 만들어낸 공식은 영원불멸할 것이다.

어떤 사람들은 이런 기호들과 공식이 우리의 밥상에 어떤 도움을 주냐며 의문을 제기한다. 심지어 어떤 공식들은 아직까지도 지하 세계에 묻혀 빛조차 보지 못한 채 썩고 있다. 그런데 왜 이토록 높은 찬사를 받는 것일까? 오일러 공식은 겉으로는 완벽하나 그 쓰임을 말하자면 사실 딱히 내세울 게 없다. 백여 년 동안 계속되는 삼체문제의 논쟁은 아직도 미해결 상태다. 게다가 많은 공식이 아직도 불분명한 채 미지의 분야로 남아 있다.

하지만 이 '쓸데없어 보이는' 공식이야말로 숫자로 환산할 수 없는 가치를 지닌 인류의 보물이다. 그리고 그 가치는 눈앞에 바로 드러나지 않는다.

고대 그리스의 기하학자 아폴로니우스^{Apollonius}가 정립한 원추곡선 이론은 천년 후 독일 천문학자 케플러^{Kepler}가 비로소 행성궤도에 적용하였다. 가우스는 일생을 비유클리드 기하에 힘썼지만 빛을 보지 못했고 백 년이 지난 후에야 텐서해석$^{Tensor\ analysis}$이론으로 아인슈타인의 넓은 의미의 상대성이론의 열쇠가 되었다. 지렛대 원리, 뉴턴의 3대 법칙, 맥스웰 방정식, 섀넌 공식, 베이즈 정리 등에 따라 인류는 증기시대, 전기시대, 정보시대, 나아가 인공지능^{AI}의 시대로 서서히 진화하고 있다. 이 모든 것이 공식 덕분이다. 지금 당장은 그 유용성을 판단하기가 매우 어렵지만 수백 년, 심지어 수천 년의 시간이 지난 뒤에는 그 진가가 발휘될 것이다.

비 내리는 묘지공원은 매우 아늑한데 녹음이 우거진 큰길을 따라 걷다가 넝쿨이 드리워진 연못가에 다다르면 노벨상 수상자 플랑크, 오토 한, 하이젠 베르그, 라우에와 아돌프 빈다우스의 묘비가 나란히 보인다. 논쟁의 정점에 있던 과학자 하이젠베르크의 묘비는 스승인 막스 보른과 따로 떨어져 있는데 이 둘은 마치 함께 있기를 꺼려 하는 듯 했다.

이곳에는 아직도 수많은 선현과 그들을 따르는 수행자들도 함께 잠들어 있다. 함께 동행한 동료들이 디리클레, 클라인, 힐베르트, 바일, 민코프스키의 묘를 찾으려고 시도했지만 묘비가 숲 사이 곳곳에 흩어져 있어 일일이 분간하기 어려웠다. 묘비마다 새겨져 있는 공식을 마주하니 모두 고차원의 메아리가 들리는 듯했다. 비록 녹음이 짙고 잡초가 무성해 존재감을 잃어도 위인들의 빛나는 삶은 감출 수가 없었다.

인류의 문명을 돌아볼 때, 고요한 숙명 속에서 위대한 공식을 자신의 묘비명으로 새겨야 한다면 무엇을 새기는 것이 좋을까? 뉴턴의 만유인력공식일까, 아니면 양자 세계의 슈뢰딩거 방정식일까? 혹은 전자기 시대를 연 맥스웰 방정식이나 우주를 통찰한 아인슈타인의 질량 에너지 방정식이 될 수도 있을 것이다. 아니면 전 세계를 대상으로 한 엔트로피 증가 공식을 새길 수도 있다.

그것이 무엇이 됐든, 그 해답은 내 인생의 위대한 공식 목록에서 찾아볼 수 있을 것이다.

<1+1 = 2 : 수학의 기원>

주세페 페아노(Giuseppe Peano , 1858-1932) : 이탈리아 수학자, 수학 논리와 집합이론의 선구자.

크리스티안 골드바흐(Christian Goldbach , 1690-1764) : 독일 수학자, 골드바흐 추측을 제안함.

고트프리트 라이프니츠(Gottfried Leibniz , 1646-1716) : 독일의 철학자, 수학자, 뉴턴과 더불어 미적분을 발견함.

<피타고라스 정리 : 수와 형의 결합>

유휘(刘徽, 약 225-295) : 수학자, 중국 고전 수학 이론의 초석을 마련함.

피타고라스(Pythagoras , 약 기원전 580-500) : 고대 그리스 수학자, 철학자, '만물은 수이다'를 신념으로 삼음.

<페르마 정리 : 인간을 괴롭힌 358년>

피에르 드 페르마(Pierre de Fermat , 1601-1665) : 프랑스 아마추어 수학자, 페르마의 대정리를 제시함.

앤드류 와일즈(Andrew Wiles , 1953-) : 영국 수학자, 1995년 페르마의 정리를 증명함.

<뉴턴-라이프니츠 공식 : 무한소의 비밀>

제논(Zeno, 약 기원전 490-425) : 그리스의 수학자, 철학자, 제논의 역설로 유명함.

아이작 뉴턴(Isaac Newton , 1643-1727) : 영국의 물리학자, 수학자, 천문학자, 라이프니츠와 더불어 미적분을 발견함. 만유인력과 3대 운동의 법칙을 묘사하였고 역학과 천문학의 기초를 다짐.

아르키메데스(Archimedes , 기원전 287-212) : 고대 그리스의 철학자, 수학자, 물리학자로 고전역학의 아버지로 불림.

칼 바이어스트라스(Karl Weierstrass , 1815-1897) : 독일 수학자, 현대 해석학의 아버지로 불림.

장 밥티스트 푸리에(Jean Baptiste Fourier , 1768-1830) : 프랑스 수학자, 물리학자, 푸리에 변환을 만듦.

<만유인력 : 혼돈에서 광명으로>

니콜라우스 코페르니쿠스(Nicolaus Copernicus , 1473-1543) : 폴란드의 천문학자, 수학자, 현대 천문학의 개척자.

요하네스 케플러(Johannes Kepler , 1571-1630) : 독일의 천문학자, 수학자, 행성운동의 3대 법칙을 발견함.

헨리 캐번디시(Henry Cavendish , 1731-1810) : 영국의 화학자, 물리학자, 만유인력 상수와 지구의 중량을 계산함. 캐번디쉬 실험실은 그를 기념하기 위해 명명됨.

<오일러 공식 : 가장 아름다운 공식>

레온하르트 오일러(Leonhard Euler , 1707-1783) : 스위스 수학자, '수학의 왕'으로 불림.

피에르시몬 라플라스(Pierre-Simon Laplace , 1749-1827) : 프랑스 수학자, 천문학자, 라플라스의 악마결정론 제안.

<갈루아 이론 : 풀리지 않는 방정식>

에바리스트 갈루아(Évariste Galois , 1811-1832) : 프랑스 수학자, 아벨과 함께 현대 군론의 창시자.

알렉산더 그로텐디크(Alexander Grothendieck , 1928-2014) : 독일 수학자, 현대 대수기하학의 창시자.

<위험한 리만 가설>

베른하르트 리만(Bernhard Riemann , 1826-1866) : 독일 수학자, 리만 기하학 창시자.

존 폰 노이만(John von Neumann , 1903-1957) : 헝가리계 미국 수학자, 컴퓨터과학자, 물리학자, 현대 컴퓨터의 아버지로 불림.

<엔트로피 증가의 법칙 : 소멸은 우주의 숙명인가?>

앙투안 라부아지에(Antoine-Laurent de Lavoisier , 1743-1794) : 프랑스 화학자, 생물학자, 현대 화학의 아버지로 불림.

루돌프 클라우지우스(Rudolf Clausius , 1822-1888) : 독일의 물리학자, 수학자, 열역학의 주요 토대를 마련함.

제임스 클라크 맥스웰(James Clerk Maxwell , 1831-1879) : 영국의 물리학자, 수학자, 고전적인 전기역학의 창시자, 통계물리학의 창시자 중의 한 명.

루트비히 볼츠만(Ludwig Boltzmann , 1844-1906) : 오스트리아 물리학자, 철학자, 열역학과 통계물리학의 기초자 중 한 명.

<맥스웰 방정식 : 어둠이 사라지다>

하인리히 루돌프 헤르츠(Heinrich Rudolf Hertz , 1857-1894) : 독일의 물리학자, 전자파의 존재를 증명함.

샤를 오귀스탱 드 쿨롱(Charles-Augustin de Coulomb , 1736-1806) : 프랑스 물리학자, 쿨롱의 법칙으로 유명함.

한스 크리스티안 외르스테드(Hans Christian Ørsted , 1777-1851) : 덴마크의 물리학자, 전류 자기 효과 발견함.

앙드레 마리 앙페르(André-Marie Ampère , 1775-1836) : 프랑스 물리학자, 화학자, 수학자, 맥스웰에 의해 '전기학의 뉴턴'으로 불림.

마이클 패러데이(Michael Faraday , 1791-1867) : 영국의 물리학자, 화학자, 전자기학의 창시자.

토머스 영(Thomas Young , 1773-1829) : 영국의 물리학자, 빛의 파동설의 창시자 중 한 명.

<질량 에너지 방정식 : 판도라의 마법을 여는 상자>

알베르트 아인슈타인(Albert Einstein , 1879-1955) : 독일계 미국 물리학자로 현대물리학의 기초를 닦음. 상대성이론의 창시자.

막스 플랑크(Max Planck , 1858-1947) : 물리학자, 양자역학의 중요한 창시자 중의 한 명.

갈릴레오 갈릴레이(Galileo Galilei , 1564-1642) : 이탈리아 천문학자, 물리학자, 철학자, 근대 실험과학의 선구자.

<슈뢰딩거 방정식 : 고양이와 양자 세계>

닐스 보어(Niels Bohr , 1885-1962) : 덴마크 물리학자이자 코펜하겐 학파의 창시자, 보어의 원자 모형과 상호보완 원리를 제시함.

베르너 칼 하이젠베르크(Werner Karl Heisenberg , 1901-1976) : 독일의 물리학자이자 양자역학의 주요 창시자, 행렬역학을 만들어 불확실성의 원리를 제시함.

루이 빅토르 드 브로이(Louis Victor·Duc de Broglie , 1892-1987) : 프랑스의 이론 물리학자이자 양자역학의 기초를 닦은 사람 중 한 명, 물질파 이론의 창시자.

에르빈 슈뢰딩거(Erwin Schrödinger , 1887-1961) : 오스트리아 물리학자, 양자역학의 기초를 세운 사람 중의 한 명.

<디랙 방정식 : 반물질의 예언자>

폴 디랙(Paul Dirac , 1902-1984) : 영국의 이론물리학자, 양자역학의 기초를 세운 사람 중의 한 명.

막스 보른(Max Born , 1882-1970) : 독일의 이론물리학자, 양자역학의 기초를 세운 사람 중의 한 명.

볼프강 파울리(Wolfgang E. Pauli , 1900-1958) : 오스트리아계 미국인 과학자, 물리학자, 파울리의 배타 원리를 제시함.

장수성(1963-2018) : 중국계 미국인 물리학자, 응집 상태의 물리 분야 연구를 주로 함.

<양-밀스 이론 : 대통일의 길>

양전닝(1922-) : 세계적인 물리학자, 1954년 밀스와 함께 양-밀스 이론을 제기하여 1957년 노벨 물리학상을 수상함.

피터 힉스(Peter Higgs , 1929-) : 영국 물리학자, 힉스 메커니즘-힉스 입자로 유명, 2013년 노벨 물리학상을 수상함.

<섀넌 공식 : 5G의 배후>

클로드 섀넌(Claude Shannon , 1916-2001) : 미국 수학자, 정보론의 아버지로 불림.

<블랙-숄즈 방정식 : 금융 주술>

피셔 블랙(Fischer Black , 1938-1995) : 미국의 경제학자, 블랙-숄즈 모형의 제시자 중 한 명.

마이런 숄즈(Myron S. Scholes, 1941-) : 미국 경제학자, 블랙-숄즈 모형의 제시자 중 한 명, 1997년 노벨 경제학상을 수상함.

<후크의 법칙 : 기계 시계의 심장>

크리스티안 호이겐스(Christiaan Huygens , 1629-1695) : 네덜란드 물리학자, 천문학자, 수학자, 구심력의 법칙과 운동량보존의 원리를 제시함.

로버트 후크(Robert Hooke , 1635-1703) : 영국의 물리학자, 후크의 법칙을 제시함.

르네 데카르트(Rene Descartes , 1596-1650) : 철학자, 수학자, 물리학자, '해석기하의 아버지'로 불리며 서구 현대 철학사상의 토대를 마련함.

<카오스 이론 : 나비 한 마리가 일으키는 사고(思考)>

에드워드 로렌츠(Edward Lorenz , 1917-2008) : 미국의 기상학자, 카오스 이론의 아버지로 불림, 나비 효과의 발견자.

베노이트 만델브로(Benoit Mandelbrot , 1924-2010) : 수학자, 프랙탈 기하학의 창시자.

<켈리 공식 : 카지노의 최대 승자>

자코브 베르누이(Jakob Bernoulli , 1654-1705) : 스위스 수학자이자 확률론 선구자 중 한 명, 베르누이 실험과 대수 정리를 제시함.

존 내쉬(John Nash, 1928-2015) : 미국의 경제학자, 내쉬 균형 게임 이론을 내세워 노벨 경제학상을 수상함.

존 래리 켈리(John Larry Kelly , 1923-1965) : 미국 과학자, 켈리의 공식으로 유명함.

에드워드 소프(Edward Thorp , 1932-) : 미국 수학자, 카지노를 이긴 첫 번째 사람으로 불림.

<베이즈 정리 : AI는 어떻게 사고하나?>

토머스 베이즈(Thomas Bayes , 1702-1761) : 영국의 수학자, 수리 통계학자, 철학자, 베이즈 통계의 창시자.

<삼체문제 : 떠나지 않는 먹구름>

조제프 루이 라그랑주(Joseph Louis Lagrange , 1736-1813) : 이탈리아계 프랑스 수학자, 물리학자, 해석역학의 창시자.

<타원곡선 방정식 : 비트코인의 초석>

사토시 나카모토(Satoshi Nakamoto) : 신원미상, 2009년 첫 번째 비트코인 소프트웨어 발표, 비트코인 금융시스템을 본격 가동함.

찾아보기

1 **자연수**(Natural number) : 양의 정수인 1, 2, 3, …을 뜻하며, 사물의 개수를 셀 때 쓰이는 수로 '자연수러운 수'를 의미한다.

2 **공리** : 하나의 이론에서 증명 없이 '참'임을 나타내는 명제, 즉, 조건 없이 전제된 명제이다. 수학에서는 '이론의 기초로서 가정한 명제'를 그 이론의 공리라고 한다.

3 **따름수**(Successor) : 어떤 자연수의 바로 다음에 오는 자연수. 2의 따름수는 3, 4의 따름수는 5이다. 1은 어떤 자연수의 따름수가 아니다. 임의의 자연수는 하나의 따름수를 가진다.

4 **이진법**(Binary notation) : 0과 1 두 종류의 숫자로 수를 나타내는 방식이다. 독일 수학자 라이프니츠가 처음 수학적으로 연구하였고 컴퓨터에 활용되고 있어 현대사회에서 매우 중요한 역할을 한다.

5 **피타고라스 수**(Pythagoras number) : 직각삼각형의 세 변을 이루는 세 양의 정수이다. 즉, 세 변의 길이가 $a^2+b^2=c^2$(c:빗변)을 만족한다.

6 **《기하학원론(Stoicheia)》** : 유클리드가 저술한 13권의 수학서로서 《원론》 또는 《원본》이라고도 한다. 제1권은 삼각형, 평행선, 면적, 제2권은 직사각형, 정사각형 면적의 변형, 제3권은 원, 제4권은 내접 및 외접다각형, 제5권은 비례론, 제6권은 닮은꼴, 제7~9권은 유리수론, 급수, 비례수, 제10권은 무리수론, 제11~13권은 입체기하학을 다룬다. 저술연대는 알려져 있지 않다.

7 **유리수**(Rational number, 有理數) : $\frac{2}{3}$와 같이 두 정수의 몫(또는 분수 또는 비)으로 나타낼 수 있는 수이다. 단, 분모는 0이 아닌 정수이다. 피타고라스 학파는 모든 추상적인 개념이 유리수로 표현될 수 있다고 주장하였다.

8 **유클리드 기하학**(Euclidean geometry) : 고대 그리스의 수학자 유클리드가 구축한 수학 체계로 《원론》은 기하학에 관한 최초의 체계적인 논의로 알려져 있다. 유클리드의 방법은 직관적으로 받아들일 수 있는 공리를 참으로 간주한다.

9 **비유클리드 기하학**(Non-Euclidean geometry) : 직선 밖의 한 점에서 직선에 평행한 직선을 두 개 이상 그을 수 있는 공간을 대상으로 하는 기하학이다. 유클리드 기하학의 제5공리 '직선 밖의 한 점을 지나면서 그 직선에 평행한 직선은 단 하나 존재한다'가 성립하지 않는 공간을 다루는 기하학으로, 쌍곡기하학, 타원기하학, 택시기하학 등이 있다.

10 **1.75″**(1.75초) : 아인슈타인의 일반상대성이론에 의하면 태양 주위에서는 만유인력의 장(場)에 어울리게 공간과 시간이 구부러져 있으므로, 먼 곳에서 와서 태양 표면 가까이를 지나는 광선은 그 진로가 구부러진다. 이때 구부러지는 각도의 이론값은 1.75″이다.

11 **《산술(Arithmetic)》**: 3세기 후반 알렉산드리아에서 활약했던 그리스 수학자 디오판토스가 저술한 책으로 총 13권 중 6권이 현재까지 남아 있다. 주로 1차부터 3차까지의 방정식 문제와 해법이 다루어져 있다.

12 **무한강하법**(無限降下法, Method of infinite descent) : 귀류법의 일종으로, '공집합이 아닌 자연수의 부분집합에는 항상 최소 원소가 존재한다'라는 성질을 이용하여 모순을 이끌어 내는 증명법이다.

13 **대수적 정수론**(Algebraic Number Theory) : 정수론을 연구하는 데에 광범위한 대수학의 방법들을 사용하는 분야이다.

14 **타원곡선**(橢圓曲線, Elliptic curve) : 대수기하학에서 형태의 방정식으로 정의되는 대수곡선으로서 첨점이나 교차점 등의 특이점이 없는 것이다.

15 **타니야마-시무라 추측**(Taniyama-shimura conjuction) : 1956년 일본의 수학자 타니야마 유타카는 타원곡선의 L급수의 계수를 가진 모듈러형식의 급수가 있고, 반대도 성립한다는 내용을 도쿄에서 열린 수학 학술회에서 발표하였다. 시무라 고로는 타니야마의 연구를 보고 공동으로 연구한 결과, 여러 타원곡선과 모듈러 형식에 대해 그 추측대로 서로 일대일 대응됨을 찾아낸다. 이 추측은 페르마의 마지막 정리에 아주 중요한 열쇠로 유명해졌다.

16 **타원곡선 암호체계**(ECC, Elliptic Curve Crypotosystem) : RSA 암호화방식의 대안으로 제기된 후 전자상거래 보안 기술로 각광받고 있다. ECC는 암호화 길이가 짧아 암호화 키 생성에 많은 시간이 걸리지 않으며, 암호화 수준도 높고, 극히 미량의 컴퓨팅 리소스를 사용해 저사양 단말에 적합하다

17 **다항시간**(多項時間) : 어떠한 문제를 계산하는 데에 걸리는 시간 m(n)이 문제의 크기 n의 다항식 함수보다 크지 않은 것을 가리킨다.

18 **볼테르**(Voltaire) : 프랑스 계몽사상가, 문학가, 철학자이다. 반봉건적 풍자 때문에 두 차례 체포되었고, 그 후 인생의 대부분을 외국에서 보냈다. 런던 체류중(1726~1727) 로크의 철학과 뉴턴의 물리학에서 큰 영향을 받았다.

19 **근일점**(近日點, Perihelion) : 태양을 중심으로 타원운동을 하는 행성의 궤도상에서 구심력의 중심이 되는 태양과 가장 가까운 점을 근일점이라 하고, 가장 먼 점을 원일점이라 한다. 지구는 태양을 중심으로 타원운동을 하는데, 지구와 태양 사이의 거리가 가장 가까운 근일점은 1월에 지나고, 가장 먼 원일점은 7월에 지난다.

20 **넓은 의미의 상대성이론** : 일반 상대성이론(Theory of general relativity)을 의미한다. 이는 중력에 대한 상대론적 이론으로서 아인슈타인이 1915년에 발표하였다. 중력이 약

한 경우, 뉴턴의 만유인력 법칙과 같은 결과를 나타내며, 중력이 강한 경우에 뉴턴 법칙과 상이한 결과를 보이므로 무거운 별 근처에서 그 효과를 확인할 수 있다. 수성의 근일점 이동, 중력렌즈 효과 등을 통해 정밀하게 검증되었다.

21 **위상수학**(Topology) : 현대 수학의 한 분야로서 요한 베네딕트 리스팅(Johann Benedict Listing, 1808~1882)이 처음 사용한 용어이다. 공간 속의 점, 선, 면 및 위치 등에 관하여, 양이나 크기와는 별개의 형상이나, 위치 관계를 나타내는 법칙을 연구하는 학문으로 정의하였다.

22 **랭글랜즈 프로그램**(Langlands program) : 캐나다 수학자 로버트 랭글랜즈(Robert Langlands, 1936~)는 표현론과 보형 형식을 수론의 갈루아 군과 관계짓는 랭글랜즈 프로그램을 창시하였다. 대수학, 정수론, 해석학 등 수학의 여러 분야를 통합하는 거대한 추측이다.

23 **군**(群, Group) : 어떤 수의 집합이 한 가지 이항연산에 대하여 닫혀 있고, 결합법칙이 성립하고, 항등원을 가지며, 모든 원소가 역원을 가질 때, 이 집합을 그 이항연산에 대한 군이라고 한다.

24 **갈루아 군**(Galois group) : 다항방정식의 근이 가지는 구조를 보여주는 수학적 개념으로 특정한 종류의 체의 확대에 대응되는 군이다. 갈루아 이론은 갈루아 군을 이용해 체의 확대(및 이를 생성하는 다항식)를 연구하는 분야이다.

25 **가해군**(可解群, Solvable group) : 아벨 군들만을 사용한 군의 확대로 나타낼 수 있는 군이다. 즉, '풀 수 있는 군'으로 다항식을 사칙연산과 거듭제곱근만을 이용하여 풀 수 있다는 것과, 다항식에 대응하는 갈루아 군이 가해군이라는 것이 동치임을 밝힌 갈루아 이론으로부터 파생되었다.

26 **대칭군**(對稱群, Symmetric group) : 어떤 집합 A가 주어졌을 때, 그 집합 A의 치환(자기 자신으로의 일대일 대응 함수)들로 만들어지는 모든 것을 원소로 갖는 군이다.

27 **기약다항식** : 더 낮은 차수의 다항식의 곱으로 표시되지 않는 다항식으로, 더 이상 인수분해가 되지 않는 다항식이 이에 포함된다.

28 **분해체**(Splitting field) : 체 F위에서 정의되는 다항식 f(x)가 F의 확대체 E에서 일차식의 곱으로 인수분해되면서 E보다 작은 체에서는 일차식의 곱으로 인수분해되지 않을 때, E를 F위에서 다항식 f(x)의 분해체라고 한다.

29 **3대 작도 불능 문제** : 고대 그리스 시대부터 내려온 세 가지 작도 문제이다. 2000년 이상의 오랜 시간 동안 많은 사람이 풀이를 구하려고 했으나 성공하지 못했고, 19세기에 들어와서 세 가지 문제 모두 작도가 불가능하다는 것이 증명되었다. 주어진 각을 삼등분

하는 문제, 주어진 정육면체의 2배 부피를 가지는 정육면체를 작도하는 문제, 주어진 원과 같은 넓이를 가지는 정사각형을 작도하는 문제 이 3가지 문제를 3대 작도 불능 문제라고 한다.

30 **체**(體, Field) : 사칙연산에 대하여 닫혀 있는 집합. 즉, 어떤 전체 집합에서 임의의 두 원소를 택하여 덧셈, 뺄셈, 곱셈, 나눗셈을 한 결과가 그 전체 집합의 원소인 집합이다. 복소수, 실수, 유리수 등이 이 집합에 속한다.

31 **유클리드 기하**(Euclid geometry) : 기원전 300년경 그리스의 수학자 유클리드에 의하여 다섯 개의 공준과 다섯 개의 공리로 이루어진 초등 기하학이다.

32 **리만 기하**(Riemannian geometry) : 타원적 비유클리드 기하라고도 하며 구면기하학으로 표현된다. 구면상의 두 직선은 대원호(大圓弧)이므로 반드시 만난다. 따라서, '직선 밖의 한 점을 지나, 이것에 평행한 직선은 존재하지 않는다'를 공리로 한다.

33 **곡률**(曲率, Curvature) : 곡선이 구부러진 정도를 재는 척도이다. 곡률을 가리키는 기호로 그리스 문자 K(kappa)를 주로 사용한다.

34 **웜홀**(Wormhole) : 두 시공간이나 동일 시공간의 두 곳을 잇는 좁은 통로를 의미한다. 블랙홀과 화이트홀을 연결하는 우주 시공간의 구멍이다. 블랙홀이 회전할 때 만들어지며, 속도가 빠를수록 만들기 쉬워진다. 웜홀(벌레 구멍)은 벌레가 사과표면의 한 쪽에서 다른 쪽으로 이동할 때 이미 파먹은 구멍을 뚫고 가면 표면에서 기어가는 것보다 더 빨리 간다는 점에서 착안하여 붙여진 이름이다.

35 **영점**(Zero point) : 리만 제타 함수의 값이 0이 되는 근이다.

36 **균등분포** : 연속확률변수 X가 한 구간의 임의의 점을 '동일한 확률'로 취할 때 X는 그 구간에서 균등분포를 따른다고 한다.

37 **리만 가설**(Riemann hypothesis) : 독일 수학자 베른하르트 리만이 1859년에 발표한 논문에서 제안한 것으로 '주어진 수보다 작은 소수들이 일정한 규칙에 따라 배열된다'는 내용을 담고 있다.

38 **RSA 공개 키 암호방식** : 1978년에 매사추세츠 공과 대학(MIT)의 리베스트(R.Rivest), 샤미르(A.Shamir), 아델먼(L.Adelman) 등 3인이 공동 개발한 RSA법이라는 암호화 알고리즘을 사용하는 공개 키 암호방식이다. 큰 수의 소인수 분해에는 많은 시간이 소요되지만 소인수 분해의 결과를 알면 원래의 수는 곱셈에 의해 간단히 구해지는 사실에 바탕을 두고 있다.

39 **고립계** : 물리학에서 고립계는 두 가지를 의미한다. 첫 번째는 어떤 물리적 계(system)가 다른 계들로부터 충분히 멀리 떨어져 있어 서로 상호작용하지 않는 경우이고, 두 번

째는 열역학에서 어떤 물리적 계가 외부로부터 단절되어 있어 외부와 에너지와 물질 모두를 주고 받지 않는 경우이다. 열역학적 계에는 고립계 외에도 열린계와 닫힌계가 있다.

40 **닫힌계** : 외부와 단절되어 있지만 외부와의 경계에서 열이나 일 형태로 에너지를 주고받을 수 있는 계를 의미한다.

41 **변위전류**(Displacement current) : 전기력선속의 시간에 대한 변화량. 맥스웰의 전자기학 법칙 중 앙페르의 법칙에서 전류가 하는 역할과 같이 자기장을 생성하는 항으로 전기장의 시간에 대한 도함수다. 실제 전류는 아니고 전류와 같은 역할을 하므로 이런 이름이 붙게 되었다.

42 **이중 슬릿 실험** : 양자역학에서 실험 대상의 파동성과 입자성을 구분하는 실험이다. 실험 대상을 이중 슬릿 실험 장치에 통과시키면 그것이 파동이냐 입자냐에 따라 결과 값이 달라진다. 파동은 회절과 간섭의 성질을 가지고 있다. 따라서 파동이 양쪽 슬릿을 빠져나오게 되면 회절과 간섭이 작용하고 뒤쪽 스크린에 간섭무늬가 나타난다. 반면 입자는 이러한 특성이 없으므로 간섭무늬가 나타나지 않는다. 이 두 가지 상의 차이를 통해 실험 물질이 입자인지 파동인지를 구분하다.

43 **대통일론**(Grand Unified Theories, GUT) : 자연계에 존재하는 네 가지 힘 중에서 중력을 제외한 세 가지(전자기력, 강한 핵력, 약한 핵력)를 통일한 이론으로 통일장이론이라고도 한다. 입자물리학에서 모든 힘들과 소립자들 사이의 관계들을 단일한 통일적 개념으로 기술해 내려는 시도를 의미한다.

44 **흑체 복사**(Blackbody radiation) : 일정한 온도에서 열평형을 이루는 물체가 복사(radiation)만으로 열을 내보내는 현상을 말한다. 역사적으로 흑체복사를 설명하기 위해 빛의 양자화를 도입하였는데, 이를 통하여 양자역학이 탄생하였다.

45 **관성계**(Inertial Frame of Reference) : 뉴턴의 운동 제1법칙(관성의 법칙)이 성립하는 좌표계로 뉴턴의 운동 제2법칙(힘과 가속도의 법칙)에 따라서 운동을 표현할 수 있다. 타성계 또는 관성 좌표계와 같은 뜻으로 쓰인다.

46 **좁은 의미의 상대성이론** : 특수상대성이론(Special theory of relativity)을 의미하며 광속이 모든 관성계의 관찰자에 대해 동일하다는 원칙에 근거해서 시간과 공간 사이의 관계를 기술하는 이론이다. 아인슈타인이 1905년 발표한 '움직이는 물체의 전기역학에 대하여'에서 제안되었다.

47 **마이컬슨-몰리 실험**(Michelson-Morley's experiment) : 1887년 마이컬슨이 빛은 에테르를 매질로 하여 전파된다는 설을 검증하기 위해 몰리와 함께 행한 실험이다. 마이컬슨 간섭계를 이용하여 광원이 지구의 자전에 의해 운동할 때 빛이 진행한 거리의 차이가 간

섭무늬에 반영될 것이라 가정하고 진행한 실험이다. 결과는 광원의 운동과 광속은 차이가 없다는 것이었으며 이는 광속도 일정의 원리의 바탕이 되었다.

48 **행렬역학** : 양자역학의 이론형식. 양자역학에서 물리량을 나타내는 연산자를 행렬로 표현하면 물리량의 관계나 물리량의 시간 변화를 나타내는 역학의 관계식은 수학적으로 행렬의 방정식이 된다. 이 행렬 표시를 사용한 양자역학의 형식이 곧 행렬역학이다.

49 **코펜하겐 학파** : 보어를 필두로 한 하이젠베르크, 보른 등이 포진된 학파로, '진보파'로 표현할 수 있다. '물리적 대상의 운동은 정확하게 예측하는 것이 불가능하고 확률적으로 밖에 예측할 수 없다'거나 '미시세계에서는 정확한 측정이 불가능하다'거나 또는 '관찰되지 않은 물체는 실재한다고 볼 수 없다'고 주장하는 등 운동에 대한 고전 물리학적 사고방식에서 크게 벗어나 새로운 눈으로 세상을 보기 시작한다. 코펜하겐 학파의 주장에 격렬히 반대한 '보수파' 학자는 아인슈타인, 슈뢰딩거, 드 브로이, 플랑크 등이 있다.

50 **반물질**(反物質, Antimatter) : 반물질은 반입자(antiparticle)로 구성된 물질을 뜻한다. 모든 입자는 그에 해당하는 반입자가 존재하는데, 질량은 입자와 같지만 반대의 전하를 띠고 있다.

51 **불확정성의 원리** : 코펜하겐 해석의 핵심 내용 중의 하나로서 양자역학에서 입자의 위치와 운동량(또는 속도) 두 물리량을 동시에 정확하게 알 수 없다는 것이다.

52 **클라인-고든 방정식**(Klein-Gordon equation) : 양자장론에서 스핀이 0인 자유입자를 기술하는 스칼라장이 만족하는 상대론적 운동방정식이다. 양자역학을 기술하는 슈뢰딩거 방정식을 상대론적으로 확장한 방정식 중 하나이다.

53 **보손**(Boson) : 보스-아인슈타인 통계를 따르는 입자로 스핀이 0, 1, 2 등의 정수값을 가진다. 대표적인 예로는 광자가 있다. 표준 모형의 기본 입자 중에서 입자들 사이에 상호작용을 전달하는 역할을 하는 게이지 보손과 힉스 입자가 모두 보손이며 아직 실험에서 발견되지는 않았지만 중력을 전달하는 입자인 중력자도 보손이다. 자연에 존재하는 입자는 모두 보손과 페르미온으로 나눌 수 있다.

54 **페르미온**(Fermion) : 페르미-디랙 통계를 따르는 입자로 스핀이 1/2, 3/2등의 반정수만 가능하다. 우리 주변의 보통의 물질을 구성하는 모든 기본 입자가 이에 속한다. 즉, 원자를 구성하는 전자, 양성자, 중성자가 모두 페르미온이며 표준 모형의 쿼크, 렙톤이 모두 페르미온이다.

55 **쿼크**(Quark) : 우주를 구성하는 가장 근본적인 입자로서 강한 상호작용을 비롯하여 네 가지 근본적인 힘이 모두 작용하고 스핀이 1/2인 페르미온이다. 더 작은 입자로 쪼개지지 않고 그 자체로 가장 근본적인 입자이며 내부 구조가 없는 점 입자이다.

56 **아원자**(Subatomic particle) : 원자를 형성하는 보다 작은 입자들을 총칭한 것으로 '원자보다 작다'는 의미를 가졌다. 아원자에 대한 연구는 1960년대부터 시작되었다. 아원자 이론을 발표하면서 쿼크(quark)라는 용어도 생겼는데 이는 '전하를 가진 아원자들'을 말한다. 양성자와 중성자를 구성하는 아원자들이 쿼크이다.

57 **U(1)** : 군론에서 원군(Circle group)은 절댓값이 1인 복소수로 구성된 1차원 리 군이다. SO(2) 또는 U(1)으로 불리며, 폰트랴긴 쌍대성을 발생시킨다.

58 **SU(2)** : 3차원 직교군으로 3차원 유클리드 공간의 회전 및 반사로 구성되는 리 군이다.

59 **SU(3)** : 3차원 특수 유니터리 군으로 행렬식이 1인 3×3 유니터리 행렬들의 리 군이다.

60 **초끈 이론**(Super-string theory) : 우주를 구성하는 최소 단위를 끊임없이 진동하는 끈으로 보고 우주와 자연의 궁극적인 원리를 밝히려는 이론이다. 상대성이론의 거시적 연속성과 양자역학의 미시적 불연속성 사이에 존재하는 모순을 해결할 수 있을 것으로 생각되는 이론 후보 중 하나이다.

61 **1G**(1st Generation) : 1세대 이동통신 기술로서 음성통화만 가능한 아날로그 통신 시대를 말한다. 아날로그 이동통신 시스템은 음성전송에 아날로그 주파수변조를, 신호전송을 위해서는 주파수편이변조 방식을 이용한다.

62 **2G**(2nd Generation Mobile Telecommunication) : 2세대 이동통신 기술로서 디지털 이동전화를 말하며, 음성통화 외에 문자메시지, e메일 등의 데이터 전송이 가능한 수준이다.

63 **3G**(3rd Generation Mobile Telecommunication) : 3세대 이동통신 기술로서 음성 데이터와 비음성 데이터를 모두 전송할 수 있다. 2세대와 달리 동영상을 주고받을 수 있는 속도이므로 2세대 기기와 차이가 있다. 뮤직비디오나 인터넷 방송, 만화, 뉴스 등 다양한 컬러 동영상 콘텐츠의 주문형 비디오(VOD) 서비스를 실시간으로 이용할 수 있다.

64 **4G**(4th Generation Mobile Telecommunication) : 4세대 이동통신 기술로서 휴대용 단말기를 이용해 전화를 비롯한 위성망 연결, 무선랜 접속, 인터넷 간의 끊어짐 없는 이동 서비스가 가능하다. 음성, 영상, 데이터가 한꺼번에 처리되는 TPS(Triple Play Service) 서비스가 가능해져 음성통화, 고화질 TV 시청, 인터넷 접속을 동시에 할 수 있다.

65 **5G**(5th Generation Mobile Telecommunication) : 5세대 이동통신 기술로서 4G LTE 대비 데이터 용량은 약 1,000배 많고 속도는 200배 빠르며 최대 속도가 20Gbps에 달하는 이동통신 기술이다. 강점인 초저지연성과 초연결성을 통해 가상현실, 자율주행, 사물인터넷 기술 등을 구현할 수 있다.

66 **주파수 분할 다중 접속**(Frequency Division Multiple Access, FDMA) : 접속을 원하는

다수에게 각각 다른 주파수를 할당하는 다중 접속 방식이다. 이동통신처럼 다수의 이동국들이 수시로 기지국에 요청하여 채널을 할당받아 상호 통신하는 방법이다.

67 **시분할 다중 접속**(Time Division Multiple Access, TDMA) : 하나의 전송 용량을 다수의 사용자가 시간을 배정받아 접속하는 다중 접속 방식이다. 위성 통신에서 다수의 지구국이 하나의 위성 중계기의 전송로 용량을 분할 사용거나, 이동전화에서 다수의 이동국이 하나의 기지국의 전송로 용량을 분할 사용해서 상호 통신하는 방법이다.

68 **코드 분할 다중 접속**(Code Division Multiple Access , CDMA) : 이동국과 기지국 간의 무선망 접속 방식을 코드분할을 통해 사용자가 다중 접속하는 방식이다.

69 **직교 주파수 분할 다중 접속**(Orthogonal Frequency Division Multiple Access, OFDMA) : 접속을 원하는 다수에게 각각 다른 주파수를 할당하는 다중 접속 방식이다. 여러 사용자가 동시에 무선, 이동통신 서비스를 받을 수 있다.

70 **옵션거래**(Option trading) : 통화, 채권, 주식, 주가지수 등 특정 자산을 장래의 일정 시점에 미리 정한 가격으로 팔고 사는 권리를 말한다. 옵션의 매매가격을 프리미엄이라고 한다.

71 **파생금융상품**(Financial derivatives) : 외환, 예금, 채권, 주식 등과 같은 기초자산으로부터 파생된 금융상품이다. 경제 여건 변화에 민감한 금리, 환율, 주가 등의 장래 가격을 예상하여 만든 상품이며 소액의 투자로 변동에 따른 위험을 사전에 방지하고 위험을 최소화하기 위해 개발되었다.

72 **스톡옵션**(Stock option) : 회사가 임직원의 근로 의욕을 고취시키고, 우수 인력의 확보를 통하여 기술 혁신 및 생산성 향상을 도모하고자 회사의 임직원 등에게 자사의 주식을 미리 정해진 가격에 따라 일정 기간 내 매수할 수 있는 권리를 부여하는 것을 말한다.

73 **콜옵션**(Call option) : '살 수 있는 권리'를 말한다. 즉, 옵션거래에서 특정한 기초자산을 만기일이나 만기일 이전에 미리 정한 행사가격으로 살 수 있는 권리를 말한다.

74 **풋옵션**(Put option) : 콜옵션의 반대되는 개념으로 시장 가격에 관계없이 특정 상품을 특정 시점, 특정 가격에 '매도 할 수 있는 권리'를 말한다.

75 **신용 리스크**(Credit risk) : 거래상대방의 경영상태 악화, 신용도 하락 또는 채무 불이행 등으로 인해 손실이 발생할 위험이다. 금융회사 입장에서는 보유하고 있는 대출자산이나 유가증권 등으로부터 발생하는 현금흐름이 계약대로 회수되지 않을 가능성을 의미한다.

76 **유동성 리스크**(Liquidity risk) : 거래자가 일시적인 자금 부족으로 인해 정해진 결제시점에서 결제의무를 이행하지 못함으로써 거래 상대방의 자금조달 계획 등에 악영향을 미

치게 되는 위험을 말한다.

77 **7.62mm×51mm NATO탄** : NATO 군의 표준 소총탄이다. 1950년대 미국에 의해 첫 선을 보였다. 5.56mm×45mm NATO탄에 비해 관통력과 사거리가 우수하여 주로 저격총과 다목적 기관총 계열 화기로 쓰인다.

78 **열병기** : 총, 포 등 화약을 사용하는 무기를 말한다.

79 **냉병기** : 칼, 창, 도끼, 활 등의 화약을 사용하지 않는 무기를 말한다.

80 **용수철 상수의 단위**(N/m) : 용수철 상수는 용수철이 얼마나 잘 늘어나는지를 나타낸 것으로 '뉴턴 퍼 미터'라고 읽는다. F는 용수철의 탄성력의 크기, x는 용수철의 길이의 변화량을 나타내며 이에 따라 용수철은 다른 값의 상수를 갖는다.

81 **레일리 수**(Rayleigh number) : 유체 역학에서, 어떤 유체 사이의 열 전달과 관련된 무차원 수이다. 레일리 수가 유체의 임계값보다 작으면 열은 전도의 형태로 전달되고, 반대로 유체의 임계값보다 크면 대류의 형태로 전달된다.

82 **분기 이론**(Bifurcation Theory) : 동역학계 이론에서 분기는 어떤 매개변수에 의존하는 동역학계의 궤도 따위가 특정 매개변수 값에서 급격히 변하는 현상이다. 동역학계를 분기를 통하여 연구하는 수학 분야를 일컫는다.

83 **하이드라진**(Hydrazine) : 암모니아와 유사한 냄새가 나는 무색의 연기 나는 가연성 액체 화합물이며, 산업 및 의료 분야에서 사용되는 반응성이 높은 염기 및 환원제이다.

84 **스탠리 호**(Stanley Ho) : 홍콩과 마카오의 기업가로서 아시아에서 가장 부유한 사람 중 하나이다. 마카오 카지노의 황제라고 불리는 그는 엔터테인먼트, 관광, 해운, 부동산, 항공 교통을 포함하는 다양한 사업에 참여 중이며 홍콩과 마카오에서 많은 회사의 수많은 요직을 차지하고 있다.

85 **야콥 베르누이**(Jacob Bernoulli) : 스위스의 수학자, 바젤 대학교수, 베르누이 수의 발견자이다. 무한소 계산을 연구하여 라이프니츠의 미분적분학을 충실히 발전시키는데 공헌하였다. 등시성 곡선, 등주문제 등을 논하고, 조합론을 대성했으며 처음으로 확률론에 체계를 만들고 큰 수의 법칙을 세워 통계학에 있어서의 집단적 법칙성의 확률론적 연구를 개척하였다.

86 **마르코프 체인**(Markov chain) : 구소련의 수학자 마르코프(Andrei A. Markov, 1856-1922)가 도입한 확률 과정의 일종으로, 각 시행의 결과가 바로 앞의 시행의 결과에만 영향을 받는 일련의 확률적 시행을 말한다.

87 **이항 분포**(Binomial distribution) : n회의 베르누이 시행에서 성공의 횟수를 X로 표시할 때, X의 확률분포를 이항 분포라고 한다. 베르누이 시행의 결과는 오직 두 가지(성공

과 실패) 중 한 가지로 나타나고 각 시행마다 성공의 확률은 p로서 일정하며 n회의 시행은 독립을 이룬다. 이와 같은 이항 분포는 X~B(n, p)로 표시된다.

88 **기댓값**(Expected value) : 어떤 확률 과정을 무한히 반복했을 때 얻을 수 있는 값들의 평균으로 기대하는 값이다. 평균은 이미 나와 있는 정확한 자료에 대해 그 값을 모두 더하여 도수로 나눈 값이지만, 기댓값은 주어진 사건에 대한 확률을 반영하는 시행에 대하여 평균으로 기대하는 값을 말한다.

89 **21점** : 포커 등과 같은 도박에서 블랙잭을 의미하며 카드의 합이 21점 또는 21점에 가장 가까운 사람이 이긴다.

90 **끈 이론**(String theory) : 이론의 기본 요소가 점이 아니라 길이가 있는 끈인 경우를 다룬다. 끈이 시공간에서 어떻게 움직이며 서로 어떻게 상호작용하는지 기술한다.

91 **다중우주론**(Multiverse) : 현재 지구가 속해 있는 우주 외에 또 다른 우주가 무수히 존재한다는 가설이다.

92 **삼체문제**(Three body problem) : 천체역학의 한 분야로 세 질점이 뉴턴의 만유인력의 법칙을 따르는 힘의 작용을 받으면서 운동하면 어떤 궤도를 그리는가 하는 문제이다. 세 질점에 대해 두 질점만 존재할 때는 이체문제라고 하며, 이체문제의 해는 케플러 운동으로 밝혀졌다.

93 **핼리혜성**(Hally's comet) : 타원궤도를 그린다는 것이 밝혀진 최초의 혜성이다. 18세기 초 뉴턴이 기술한 방법으로 24개의 혜성의 궤도를 찾아낸 핼리는 그 중 1531년, 1607년, 1628년의 대혜성은 궤도가 일치하고 출현 기간도 대략 76년으로 같기 때문에 동일 천체이며, 1758년에 다시 나타난다고 예언하였다. 이는 핼리가 죽은 후 적중하였고 이를 기념하여 이 혜성을 핼리 혜성이라 부른다.

94 **케플러의 3대 법칙** : 케플러는 뉴턴이 만유인력의 법칙을 발견하기 약 70년 전에 브라헤(Tycho Brache)가 평생 동안 행성들을 관측하고 축적한 자료들을 분석하여 3대 법칙(타원궤도의 법칙, 면적속도 일정의 법칙, 조화의 법칙)을 발표하였다.

95 **라그랑주 점**(Lagrangian point) : 케플러 운동을 하는 두 천체가 있을 때, 그 주위에서 중력이 0이 되는 5개의 점을 라그랑주 특수해라고도 부른다. 두 천체를 잇는 직선상에 3개, 두 천체와 정삼각형을 이루는 2개의 점이 있다. 그 중에서도 삼각형을 이루는 2점에 제3천체가 있을 경우 라그랑주 점이라고 부른다.

96 **사이퍼펑크**(Cypherpunk) : 암호기술을 이용해 기존의 중앙집권화된 국가와 기업구조에 저항하려는 사회운동가를 일컫는다. 암호를 뜻하는 사이퍼(cipher)라는 단어에서 'i'를 'y'로 바꾸고, 기존 권위와 조직에 대한 저항을 의미하는 펑크(punk)라는 단어를 결합

하여 사이퍼펑크(cypherpunk)라는 용어가 만들어졌다. 비트코인 등 블록체인 기반의 암호화폐는 사이퍼펑크 운동에 뿌리를 두고 있다.

97 **비잔틴 장군 문제** : 한 체계 내에 연결된 다양한 시스템들 중 일부가 에러 코드, 혹은 잘못된 명령어를 전달하는 상황일 때 어떻게 시스템들의 기능을 정상으로 유지시키고, 체계를 정상작동시킬 수 있는지 고민하는 일종의 사고 실험이다.

98 **해시 알고리즘**(Hash algorithm) : 임의의 문자열을 짧은 길이의 키로 변환하여 고속으로 검색할 수 있게 하는 알고리즘이다.

99 **TCP/IP** (Transmission Control Protocol/Internet Protocol) : 인터넷 네트워크의 핵심 프로토콜이다. 인터넷에서 전송되는 정보나 파일들이 일정한 크기의 패킷들로 나뉘어 네트워크상 수많은 노드의 조합으로 생성되는 경로들을 거쳐 분산적으로 전송되고, 수신기에 도착한 패킷들이 원래의 정보나 파일로 재조립되도록 하는 기능이 있다.

100 **P2P**(peer to peer) : 인터넷에서 개인과 개인이 직접 연결되어 파일을 공유하는 것을 의미한다. 기존의 서버와 클라이언트 개념이나 공급자와 소비자 개념에서 벗어나 개인 컴퓨터끼리 직접 연결하고 검색함으로써 모든 참여자가 공급자인 동시에 수요자가 되는 형태이다.